공학인을 위한

문서작성과 발표

정호연 · 유규선 · 이상곤
이석한 · 문성철 · 장미영

도서출판 동화기술

머리말 Preface

이 책은 공학인증제가 요구하는 학습 성과 중에서 교양교육과 관련된 기준을 만족시키기 위해 기획되었다. 교양교육 관련 기준은 첫째, 효과적으로 의사를 전달할 수 있는 능력, 둘째, 평생교육의 필요성에 대한 인식과 이에 능동적으로 참여할 수 있는 능력, 셋째, 공학적 해결방안이 세계적, 경제적, 환경적, 사회적 상황에 끼치는 영향을 이해할 수 있는 폭넓은 지식, 넷째, 시사적 논점들에 대한 기본 지식, 다섯째, 직업적 책임과 윤리적 책임에 대한 인식, 여섯째, 세계문화에 대한 이해와 국제적으로 협동할 수 있는 능력 등이다.

공학도에게 요구되는 학습 성과 중 이 책은 효과적으로 의사를 전달할 수 있는 능력을 배양하는 데 주안점을 두고 있다. 이러한 의미에서 읽은 글의 논리를 파악하는 읽기 훈련, 글의 구조를 알고 글쓰기의 원리를 익히는 실용 글쓰기 훈련, 주제를 도출하는 토론 훈련, 설득력 있는 발표 훈련 등은 공학을 전공하는 학생들의 기본 소양을 강화시키기 위한 방법이다. 여기에 더해서 보고서, 포트폴리오, 프로젝트 문서, 취업 문서, 사업계획서 등 공학 문서 작성에 대한 이해와 연습은 공학 전공자들에게 실제적 지식을 제공한다.

이 책의 장점은 공과대학의 학부 학생들이 여러 가지 정규 교과 과정에서 지속적으로 맞닥뜨리게 되는 팀작업을 위한 토론과 발표, 정보 습득을 위한 글읽기, 길고 짧은 글쓰기 등의 실질적인 문제들을 해결할 수 있는 가이드북이라는 것이다. 나아가 이 책의 이러한 실용성은 학생들의 학업뿐만 아니라 직업을 준비하는 데에도 유용한 기초 지식으로 활용될 수 있다는 점에서 현실적으로 매우 높은 가치를 가진다.

이 책은 총 4부로 구성되어 있다. 제1부, 공학도를 위한 읽기 훈련은 유규선 교수가, 제2부, 글의 원리와 글 쓰는 법은 장미영 교수가, 제3부, 공학 문서 작성은 이석한 교수, 문성철 교수, 정호연 교수가, 제4부, 공학 문서 발표는 이상곤 교수가 책임 집필했다. 이상의 여섯 필진은 이 책의 기획에서부터 책 제목, 목차 구성, 내용 안배, 교수 방법에 이르기까지 회의에 회의를 거듭하면서 같이 연구하고 서로 조언을 아끼지 않았다. 필진 간의 원활한 의사소통을 위해 회의 소집이며 예산 안배, 출간에 대한 총책임은 정호연 교수가 맡았다.

이 책은 2008년 가을, 처음 세상에 나왔다. 그동안 이 책을 읽고 여러 가지 조언을 주신 분들의 의견을 받들어 이번에는 개정 작업을 하게 되었다. 여러 분들의 말씀을 수용하느라 애쓰신 필진과 차질 없는 출간을 위해 독려를 아끼지 않았던 정호연 교수의 지휘와 배려가 이 개정판이 나오는 데 큰 역할을 했음을 밝힌다.

2023년 새봄

수퍼스타를 키우는 전주대학교 연구실에서

필진 일동.

목 차 Contents

제 I 부 공학도를 위한 읽기 훈련

제 II 부 글의 원리와 글 쓰는 법

제 III 부 공학문서 작성

제 I 부
공학도를 위한 읽기 훈련

제 I 부
공학도를 위한 읽기 훈련

1장
비판적 사고

생각하며 질문하기

나는 논리적인 사람인가?
비판적 사고란 무엇일까?
과학이란 무엇인가?
'생각한다'의 의미는 무엇일까?

1.1 비판적 사고란

비판적 사고와 글쓰기에서 가장 중요한 것은 비판적 사고에 대한 이해일 것이다. 비판적 사고란 무엇일까?

비판적 사고는 논리적 사고(logical thinking)와 결정적 사고(critical thinking)로 나누어 볼 수 있으며 이 두 가지가 현실에서 내지는 어떤 문제를 맞닥뜨렸을 때 조화롭게 상호작용하는 것이 비판적 사고라고 할 수 있을 것 같다.

논리적 사고, 그리고 결정적 사고

논리적 사고(logical thinking)는 논리에 기반한 사고라고 할 수 있다. 이를 설명하기 위해 비논리적 사고를 생각해 보자.

지구는 과연 둥글까를 생각해 보자. 예전 사람들은 지구가 정육면체처럼 생각했다. 왜 그랬을까? 멀리 나가기 두려웠기 때문이다. 바다를 건너 저 멀리 가면 떨어져 다시는 돌아오지 못할 것이라고 생각했다. 그 근거는 무엇이었을까? 없다. 두려움이 근거가 될 수 있다면 근거이리라.

반면 지구는 둥글다고 주장하는 사람이 있었다. 그들이 주장에는 분명한 근거가 있었다. 저 멀리 수평선으로부터 다가오는 배를 보면서 발견한 것이 있었다. 배는 천천히 돛의 끝부분이 보이기 시작하여 점점 배의 전체 모습이 보인다는 것을 그들은 관찰했다. 그 결과 지구는 둥글다는 결론을 도출할 수 있었다.

모든 사건에는 원인이 있는 것이다. 원인이 없이 결과가 있을 수 없다. A라는 결과를 가져오게 한 수많은 원인들을 우리는 발견하고 설명할 수 있어야 한다. 이것이 논리적 사고라 할 수 있다.

나중에 다루겠지만 연역적 사고라는 것은 일반적인 것으로부터 특수한 것을 유추하는 것이라 할 수 있지만 이는 완전하지 못하다. 연역적이란 전제로부터 결론이 필연적으로 도출될 수밖에 없는 논리구조를 가지고 있다. 반면 귀납적이란 개개의 여러 사실로부터 결론을 도출해내는 논리 구조라고 할 수 있다. 지구가 둥글다는 것을 주장할 때처럼 대부분의 과학적 발견은 귀납적이라 할 수 있다.

논리적 사고는 과학적 사고나 과학의 원리와 거의 동일하다. 우리는 사회과학이란 말과 자연과학이란 말을 자연스럽게 사용한다. 사회가 어떻게 과학과 연결될까? 바로 과학적 접근 혹은 과학적 사고가 사회를 연구하는데 동일하게 사용되기 때문이다.

과학 혹은 과학적 사고는 그림 1.1에서와 같은 과정을 거치게 된다. 제일 먼저 관찰이 있어야 한다. 여러 관찰로부터 의문을 가지게 되며 그 의문에 대한 미확인된 해답을 우리는 가설이라고 한다. 가설이 맞는지 틀리는지를 여러 방법을 동원하여 검증하게 된다. 실험을 설계하여 검증하기도 하고 설문이나 인터뷰를 통하여 가설을 검증하기도 한다. 검증과정에서는 다른 사람들의 의견을 듣기도 하고 토의를 하게 된다. 이런 과정을 거쳐 가설이 검증되면 맞는 답으로 정립되고 나아가 법칙으로도 발전할 수 있게 된다.

논리적 사고는 여러 사실과 원인으로부터 결과를 유추할 수도 있고 어떤 결과를 해석할 수도 있다.

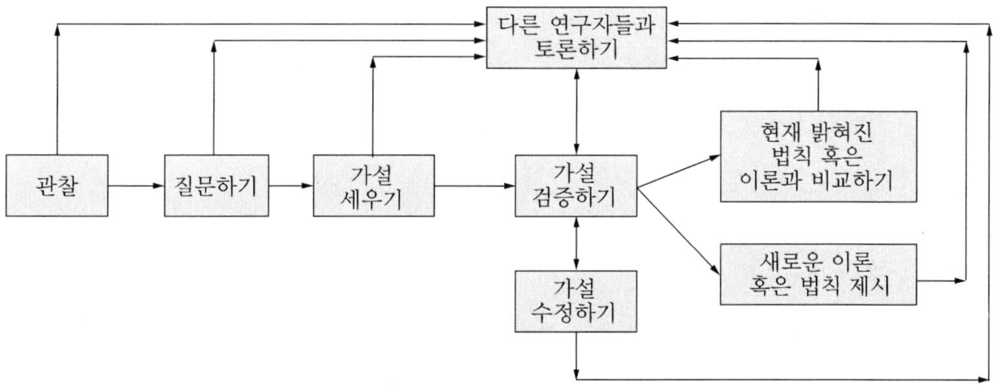

그림 1.1 과학의 방법론

결정적 사고(critical thinking)는 논리구조를 가지고 사고하는데, 결론만 유추하는 것이 아니라 결론뿐 아니라 어떤 선택, 결정을 해야 하는 사고를 말한다.

예를 들어 소풍이나 여행의 장소를 정한다고 가정해 보자. 장소를 선택하는 여러 기준이 있을 것이다. 기후 조건도 있을 수 있고, 문화적 배경도 고려할 수 있으며, 자연환경도 고려할 수 있다. 이런 착안점으로부터 그래서 어디를 목적지로 정할 것이냐를 선택하는 것이다.

이런 예도 가능하다. 연봉 100만원인 직장인에게 대표가 두 가지 제안을 했다. 매년 연말에 연봉을 10만원 씩 인상하는 것과 매 6개월 마다 5만원 씩 인상하는 방안 중에 선택하라는 것이다. 당신은 어떤 경우를 선택할 것인가?

다른 예는 학생들과 설계 경진대회를 할 때의 경험이다. 초등학생 교실에서 산만하거나 떠드는 학생에 대해 선생님이 어떻게 하면 좋을까를 제시하는 과제를 학생들에게 주었을 때였다. 초등학생이 산만한 이유 혹은 옆의 친구와 떠드는 다양한 이유를 토의하여 원인을 몇 가지고 규명하였다. 다음은 초등학교 교실의 여건을 점검했다. 좁고, 책상과 의자는 낮으며 선생님 한 명에 다수의 학생이 수업을 하고 있다. 이를 해결할 대책을 제시해야 하는데 좋은 아이디어들이 도출되었다. 선생님이 종을 쳐서 주위를 환기시키거나, 칠판에 전구 같은 것을 달아 불이 들어오게 하거나, 아니면 학생 모두의 의자에 진동장치를 설치하여 선생님이 산만하거나 떠드는 학생의 의자를 진동시키는 방안이 있었다. 이 가운데 하나는 선택해야 한다. 이럴 경우에 결정적 사고(critical thinking)라고 할 수 있다. 선택의 기준을 정해야 한다. 사회적 여건, 경제적 요건, 효과 등 모든 것을 고려하여 한 가지를 선택하여 실행해야 한다.

비판적 사고가 우리와 늘 함께 하기 위해서는 하루아침에 이루어질 수 없다. 꾸준한 노력으로 우리의 시각을 날카롭게 만드는 것이 필요하다. 리처드 폴(Richard Paul)과 제럴드 노시치(Gerald M. Nosich)는 이를 위해 효과적인 방법을 제시하였다. 김희정과 박은진이 저술한 '비판적 사고를 위한 논리'에서 정리하였는데 이를 요약하면 다음과 같다[1].

(1) 목적(purpose)

우리의 어떠한 행동이나 생각에 목적이 없을 수 없다. 목적이 없다면 망망대해에 표류하는 것과 같다. 어디로 가는지 알 수 없다.

전 세계적으로 기후변화로 인한 피해가 증가하고 있어 이를 막기 위한 노력이 진행 중이다. 탄소중립을 선언하고 친환경에너지를 개발하여 에너지 정책을 변화시키려 하고 있다. 이와 같은 움직임은 다름이 아니라 기후변화를 막아 우리 후손에게 안전하면서 지속가능한 지구 환경을 물려주려는 목적이라고 할 수 있다.

(2) 현안(question at issue)

현안이란 목적을 달성하기 위해서 지금 풀어야 할 문제를 말한다.

탄소중립은 인간활동으로 발생하는 이산화탄소를 최대한 줄이고 그래도 어쩔 수 없이 발생하는 이산화탄소의 양은 친환경에너지를 사용하거나 대체에너지를 사용함으로써 상쇄하여야 한다. 이를 위해 당장 해결해야 할 것은 이산화탄소 발생량을 줄일 수 있는 기술, 그리고 친환경에너지 개발일 것이다. 이것이 현안이 된다.

(3) 개념(concept)

개념은 우리의 지식과 경험을 분류하고 체계화할 수 있는 의식체계라고 할 수 있다. 비판적 사고를 하는 과정에서는 다양한 개념이 사용된다. 개념이 없이는 우리의 생각을 표현해 낼 수 없다. 개념을 정확히 인식하고 있지 않으면 비판적 사고를 할 수 없다.

친환경에너지나 탄소중립의 개념을 이해하지 못한다면 어떤 비판적 사고 행위도 할 수 없을 것이다.

---

1) 김희정, 박은진, '비판적 사고를 위한 논리', 아카넷(2004) pp. 27-33

(4) 가정(assumption)

사회과학이든, 자연과학과 공학에서든 어떤 이론은 특정한 가정 아래에서 성립한다. 다양한 성향의 사람이 살아가는 사회는 물론이고 수많은 변수가 존재하는 자연도 실제는 어떤 변수 하나도 고정할 수 없다. 그러나 이론은 여러 통제 가능하지 않은 변수를 일정하게 통제하였다는 가정에서 성립한다. 이것을 인식하지 못하면 비판적 사고와 결론을 유추하는데 오류가 발생할 가능성을 가지게 된다.

가우스 확산모델을 예로 들어보자. 가우스 확산모델은 오염원으로부터의 이동거리에 따른 대기 오염물질의 농도변화를 예측하는 식을 제시한다. 이 모델은 유용하게 활용되지만 다음에 제시하는 네 가지 가정을 바탕으로 만들어졌으므로 이 가정을 이해한 상태에서 그 결과를 검토해야 한다.

가정 2를 보면 풍속이 시간과 고도에 따라 일정하다고 했지만 현실은 그렇지 않을 것이다. 가정 4도 마찬가지로 수평적이고 평지이기 쉽지 않다.

표 1.1 가우스 확산모델의 가정

가정 1.	오염원으로부터의 배출속도는 일정
가정 2.	풍속은 시간과 고도에 따라서 일정
가정 3.	오염물은 보존된다.
가정 4.	지형은 상대적으로 수평적이고 평지이다.

(5) 정보(information)

정보는 곧 힘이다. 비판적 사고를 위해서는 가능한 많은 정보를 가지고 있어야 한다. 충분치 않은 정보를 가지고는 정확한 사고를 할 수 없고 정확한 결정을 하기도 어렵게 된다.

대기 중의 이산화탄소 농도에 대해서는 지후변화의 원인이라고 주장하는 학자가 있는가 하면, 전혀 문제가 되지 않는다는 학자도 있다. 서로 다른 정보를 사용하고 있으며 그에 대한 해석이 달라지기 때문이다.

글을 쓸 때도 많은 정보를 가지고 있어야 한다. 정보가 많으면 글도 풍성해진다.

(6) 추론을 통한 결론

비판적 사고나 글쓰기는 최종적으로 어떤 결론에 도달해야 한다. 다양한 정보나 전제로부터 결론이 도출되는데, 추론이란 결론에 도달하는 완결된 형태의 사고 과정을 말한다. 여러 정보와 전제, 그리고 가정으로부터 원인과 결과, 선과 후를 파악하고 연결하여 결론에 도달하게 된다.

(7) 관점(point of view)

어떤 사건이나 사물을 보더라도 관점에 따라 서로 다르게 해석될 수 있다. 관점이란 사건을 보는 출발점이라고 할 수 있으며 일종의 사고의 틀이라 할 수도 있다.

예를 들면 이렇다. 기후변화를 환경보전의 관점에서 바로 보는 것과 기업가의 관점에서 바라보는 것은 전혀 다를 수 있다. 하나 뿐인 지구를 후손에게 건강한 상태로 물려주어야 한다고 생각하는 경우라면 기후변화의 징후가 조금이라도 있다면 그것을 감쇄하고 해결하도록 요구할 것이다. 기업을 하는 입장에서 에너지 사용은 큰 비용을 지불하는 분야인데 화석연료의 사용을 제한하면 기업의 이익창출에 어려움을 가져올 수 있어 기후변화를 중요하지 않은 것으로 바로 볼 수 있다.

(8) 결론이 함축하는 귀결(consequence)

귀결이란 결론으로부터 추가적으로 이끌어 낼 수 있는 것을 말한다. 어떤 결론이 가져올 파장이나 연쇄적으로 일어날 일 등을 나타낼 수 있다.

예를 들어 탄소중립을 결정하고 정책을 추진하였을 때 환경적 측면, 경제적 측면, 사회적 측면에서 발생할 수 있는 다양한 영향이 있을 수 있다. 이를 파악하는 것이 귀결이다.

(9) 맥락(context)

모든 사건이나 행위는 맥락 없이 독립적으로 이루어지지 않는다. 여러 요소들이 얽혀 서로 관계를 맺으며 일어난다. 이를 파악하는 것이 비판적 사고에서 중요하다.

(10) 대안(alternative)

대안을 제시함으로써 비판적 사고를 한 차원 높은 곳으로 끌어 올릴 수 있다.

현대를 살아가는 우리는 당면한 어떤 문제에도 대안을 제시할 수 있는 창의적인 인재가 되어야 한다. 비판적 사고 과정에서 대안을 항상 염두에 둘 필요가 있다.

1.2 생각하기

"나는 생각한다. 그러므로 존재한다(Cogito, ergo sum)."

르네 데카르트는 그의 저서 '제1 철학에 관한 성찰'에 위의 명제를 제시함으로써 일약 스타가 되었으며 오늘날에도 널리 회자 된다. 이 개념은 그가 맨 처음 한 생각은 아니며 아우렐리우스 아우구스티누스가 이미 이야기한 바가 있으며 플라톤이나 아리스토텔레스도 비슷한 개념을 이야기 했던 것으로 알려져 있다.

우리는 창의성을 이야기 할 기회가 있을 것이며 이 때 다시 언급하기로 하겠다.

여기서 알아보려고 하는 것은 바로 '생각한다'라는 것이다. '생각한다'라는 것이 과연 어떤 것일까?

표준국어사전에서 정의하는 생각은 다음과 같다: (1) 사물을 헤아리고 판단하는 작용, (2) 어떤 사람이나 일 따위에 대한 기억. 즉, 생각이란 위에서 언급한 '사고'와 비슷하게 무엇을 판단하거나 아니면 예전 일이나 사람을 기억하는 것이라 하겠다.

그렇다면 사물을 헤아리고 판단하기 위한 자료나 정보가 없다면 생각할 수 없는 것이며 마찬가지로 어떤 일이 없거나 만난 사람이 없다면 생각할 수 없게 된다. 외부로부터 정보의 입력이 없으면 생각이란 행위를 할 수 없다.

캐나다 퀸스대의 조던 포펜크 박사는 fMRT(기능적 자기공명 영상) 이미지를 2차원 공간에 투사하여 벌레 모양의 패턴을 발견하고 그것을 '생각 벌레'라고 명명했다고 한다. (그림 1.2) 이 영상은 뇌의 활동 패턴을 단순하게 표현할 경우 인접한 점들의 집합인데 서로 연결된 뉴런을 형상화 한 것으로 생각한다.

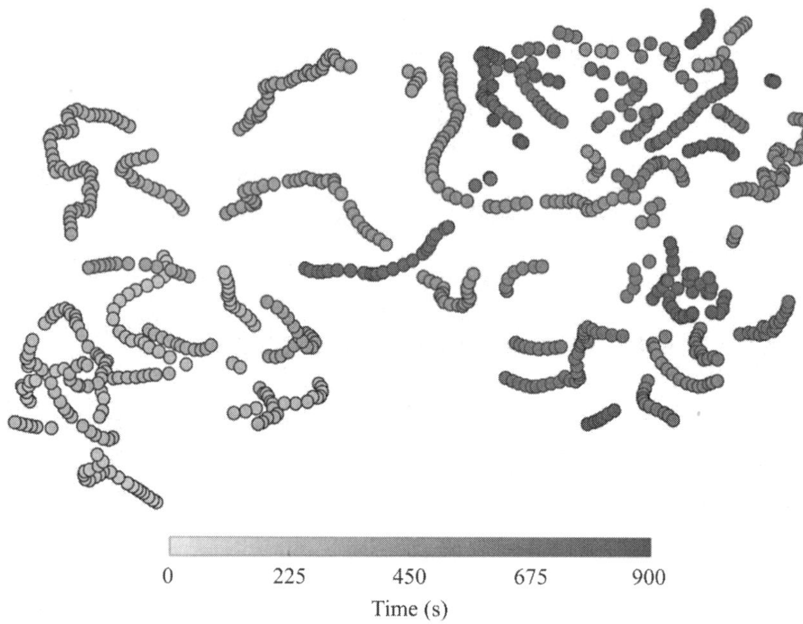

그림 1.2 퀸스대 연구진의 뇌 영상 패턴 단순화 기법을 통해 드러난 생각 벌레들
(출처: https://www.hani.co.kr/arti/science/science_general/954653.html)

이런 뇌의 활동은 외부의 자극 없이는 이루어지지 않는다. 일상적으로 반복되는 일상에서도 생각이라는 현상이 이루어진다고 보기 어렵다. 우리는 식사를 할 때 '이번에는 이 반찬을 먹어야지!'라든가 '국을 떠먹어야겠다.'라고 생각하면서 식사하지 않을 것이다. 문을 열 때도 '손으로 하여금 문의 고리를 돌리라고 해야겠다'라며 문고리를 잡는 경우는 거의 드물 것이다. 그렇다면 생각은 언제 이루어질까? 예상치 못한 상황이 벌어졌을 때 생각을 하게 된다. 문고리를 잡고 문을 열려고 하는데 안 열릴 때처럼 말이다. '왜 문이 알려지지?', '문이 잠겨 있는 것인가?', 혹은 '안에 누가 있는 것인가?' 등등을 생각하게 된다.

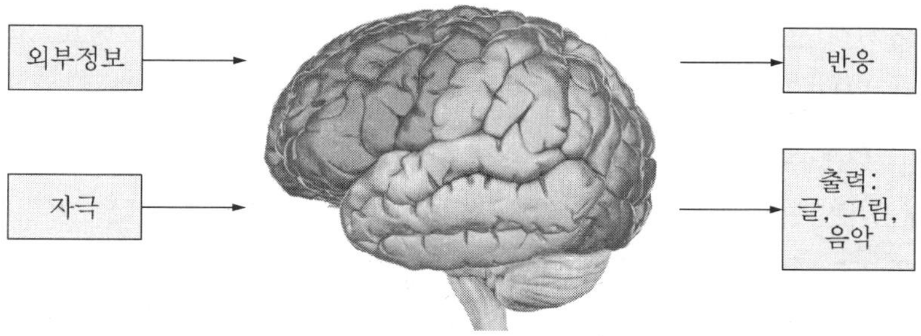

▌그림 1.3 생각하기

나는 글재주가 없다?

컴퓨터의 구조를 간단히 나타내면 그림 1.4와 같을 것이다. 컴퓨터는 입력을 받아 중앙처리장치(CPU)에서 소위 연산이라고 말하는 어떤 작업을 수행한 후에 그 결과를 출력하는 것이라고 할 수 있다.

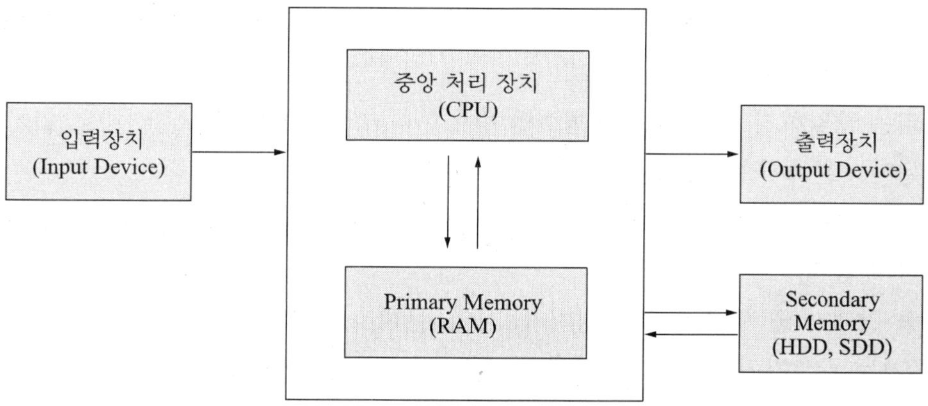

▌그림 1.4 컴퓨터의 간단한 구조

우리 뇌의 구조도 비슷하다. 외부에서 어떤 자극이나 정보가 입력되어야만이 우리 뇌를 통해 생각을 하게 된다. 그 생각의 결과는 우리 머릿속에 그저 가지고 있을 수도 있고, 아니면 여러 방법으로 표현할 수 있게 된다. 어떤 경우는 그림으로, 어떤 경우는 노래로, 어떤 경우는 글로 출력할 수 있다(그림 1.3).

"나는 글재주가 없어."라는 말하는 사람이 있고 그런 경우도 있다. 그러나 나는 그것에 동의하지 않는다. 글재주라는 것은 타고난 어떤 특질이 아니라고 생각한다.

대신 "나는 글재주가 없어"라는 말을 이렇게 바꾸어 쓸 수 있을 것이다. "나는 할 이야기가 없어." 그렇다. 쓸 내용이 없는 것이다. 소위 콘텐츠가 없는 것이다.

우리가 사랑하는 사람이 있다고 가정하자. 그러면 할 얘기가 얼마나 많은가. 만나서 이야기 하고 그렇게 이야기하고도 헤어져서 또다시 전화로 계속 이야기하지 않는가.

글쓰기에 관한 여러 책들이 있지만 우리가 목표로 하는 글쓰기를 가장 잘 표현한 책이 있는데, 그 제목은 바로 'Thinking on Paper'[2)]이다. 글쓰기란 다른 것이 아니다. 그저 자신의 생각을 종이 위에 표현하는 것뿐이다. 글재주와는 아무 상관이 없다. 자신이 어떤 생각을 가지고 있느냐가 문제이다.

생각하기 위하여

생각은 외부의 자극이나 정보 없이 불가능하다고 이야기했다. 우리는 몸으로 외부의 자극을 인식할 수 있다. 바로 오감이라고 한다. 시각, 청각, 미각, 후각, 촉각, 이렇게 다섯 가지 자극으로부터 우리는 많은 정보를 입력받고 생각한다. 짠맛을 느끼면 소금이 많이 들어갔겠구나 생각하고, 매우면 고춧가루가 많이 들어갔을 것이라 생각한다. 미각이 뛰어난 사람은 음식을 먹으면서 그 안에 어떤 재료가 들어갔는지 예상하고 맞을 때가 많이 있다.

우리는 생각하기 위해 정보를 받아들여야 한다. 그 정보의 대부분은 바로 읽기에서 시작된다. '글쓰기'는 바로 '글읽기'라고 해도 과언이 아니다.

읽지 않으면 생각할 수 없고 생각하지 않으면 쓸 수 없다. 글읽기는 아무리 강조해도 충분하지 않다.

당송 팔대가 중 한 사람으로 정치가, 시인, 문학자, 역사학자로 유명한 구양수(1007~1072)는 글쓰기에 대하여 많이 읽고(看多, 간다), 많이 쓰고(做多, 주다), 많이 생각하라(商量多, 상량다)고 말한 것으로 전해진다.

---

2) Howard, V.A. & Barton, J.H. (1986) Thinking on Paper. W. Morrow, New York

연습문제

1. 과학이 무엇인지 정의하고 그 방법론을 기술하시오.

2. 컴퓨터의 구조와 뇌의 구조에 대해 기술하시오.

3. 비판적 사고에 대해 기술하시오.

2장
읽은 글의 논리 파악과 요약

생각하며 질문하기

하늘은 왜 파랄까?
'두 직선이 서로 한 점에서 교차할 때 서로 마주보는 각(맞꼭지각)은 서로 같다'를 설명(증명)하시오.
3단 논법이란 무엇일까?
연역법과 귀납법이란 무엇일까?

우리는 살아가면서 무엇인가를 설명해야 하는 경우가 참 많이 있다. 호기심이 많았던 어린 시절에는 질문이 많았다. 하늘은 왜 파랄까? 혹은 나뭇잎은 왜 녹색일까? 등등. 그것을 상대방이 알아듣기 쉽게 설명하기가 쉽지는 않다. 이런 질문에 대한 답을 하는 것이 모두 넓은 의미의 논증이라고 할 수 있다. 위의 질문은 모두 과학적으로 입증되었다고 할 수 있다.

'두 직선이 한 점에서 교차할 때 서로 마주보는 각(맞꼭지각)은 서로 같다'라는 것도 이미 중학교 때 배워서 다 알고 있다. 소위 '맞꼭지각'은 서로 같다. 이를 설명할 수 있는가? 수학에서 너무 간단하게 증명된다.

우리는 주입식 교육에 너무 익숙하다. 또 선택형 질문과 시험에 익숙하다. 소위 4지선다형 혹은 5지선다형 문제가 아니면 답을 제대로 제시할 수 없다. 선생님이나 교수님이 교단에서 일방적으로 강의하는 것이 너무 익숙하여 질문을 갖지 않고 질문하려 하지 않는다. 그러나 배움은 질문하고 답하는 데서 가장 효과가 좋다고 나는 생각한다. 그것은 동양의 여러 고전에서, 그리고 성경에서도 발견할 수 있다. 공자에게 제자들은

'인(인)이 무엇입니까?'라고 물으면 공자가 대답하지 않는가.

정확한 질문을 하고 그에 대한 논리적 해답을 제시하는 것이 바로 논증이라고 할 수 있다. 논증에 대해 알아보자.

2.1 논증의 기본 원칙

논증에 기본이 되는 원칙이 있다. 바로 동일률, 배중률, 모순율이라고 한다.

동일률이란 앞에서 사용한 논리를 뒤에서도 계속 유지해야 한다는 것이다.

우리가 교통신호를 위반하는 어떤 사람을 보면서 그를 비난한다고 하자. "저렇게 보행신호도 아닌데 무단으로 건너는 사람은 처벌받아야 마땅해. 저러다 사고라도 나면 운전자는 무슨 책임이야."라고 우리는 말 할 것이다. 그러다 우리가 너무 급한 일이 있어서, 학교 수업시간에 늦을 것 같아 무단 횡단을 하면서는 이렇게 말한다고 하자. "지금은 위급한 상황이야. 아주 특별하지. 내가 지각할 수 있잖아. 이런 때는 교통신호를 지키지 않아도 무방해."

이런 경우가 바로 동일률에 위배되는 경우이다. 앞에서 제시한 논리는 끝까지 지켜져야 한다. 소위 말하는 '내로남불', 즉 내가 하면 로맨스지만 남이 하면 불륜이란 말이 동일률에 정확히 저촉되는 경우라 하겠다.

둘째는 배중률이다. 이는 논리에서 중간을 배제한다는 뜻이다.

지구는 둥근가, 아니면 네모난가? 우리가 지금은 지구가 둥글다는 것을 다 알고 있다. 그러나 거의 모든 사람이 지구가 네모나다고 생각했으면 지구가 둥글다고 얘기하는 사람은 이상하게 여겨지던 시대도 있었다. 여기서 어떤 사람은 이렇게 얘기한다고 해보자. "지구는 둥글기도 하도 네모나기도 하다." 이는 잘 못 된 표현이다. 배중률에 위반되는 것이다.

우리에게 잘 알려진 갈릴레이 갈릴레오(1564~1642)는 지동설을 주장하다 종교재판을 받게 되었다. 태양이 지구를 중심으로 돈다고 하는 교리를 위반하고 진짜 지구가 태양 주위를 돈다고 생각하고 있는지, 그 생각을 버리지 않을 것인지 고백해야 하는 위기에 처했을 때 그는 재판정에서 태양이 돈다고 시인했을 것이다. 그래도 나오면서 혼자말로 '그래도 지구는 돈다'라고 했다지 않는가?

'지구가 돌기도 하고 태양이 돌기도 한다'라는 말은 성립될 수 없다. 바로 배중률에 저촉되기 때문이다.

마지막 하나는 모순율이다.

이런 이야기가 있다. 창과 방패를 함께 파는 상인이 있었다. 그 상인은 창에 대해 이렇게 선전한다.

"이 창은 어떤 방패도 뚫을 수 있는 아주 강력하고 날카로운 칼이다."

반면이 방패를 선전하면서는 이렇게 말한다.

"이 방패를 뚫을 수 있는 창은 전혀 없다. 그 정도로 강력한 방패이다."

두 주장은 서로 공존할 수 없는 주장이지 않은가? 창은 어떤 방패도 뚫을 수 있는데 다른 방패는 어떤 칼로 다 막아낼 수 있다니 말이다. 이런 주장은 모순율에 위배된다.

2.2 논증의 구성

2.2.1 우리 글의 구조

우리는 말을 통해 의사소통을 한다. 말은 쪼개고 나누다 보면 아래와 같은 구조로 되어 있음을 알 수 있다.

음운 - 음절 - 형태소 - 단어 - 어절 - 문장 - 문단

(1) **음운**

말의 뜻을 구별하여 주는 소리의 가장 작은 단위로 음소라고도 하며 음절을 이루는 재료이다. 예를 들어 '개미'는 'ㄱ, ㅐ, ㅁ, ㅣ'로 구성되는데 'ㄱ'과 'ㅁ'은 자음이고 'ㅐ'와 'ㅣ'는 모음이다. 음운을 다루는 언어학을 음운론이라고 한다.

(2) 음절

발음할 때의 기본 단위이다. 하나의 종합된 음의 느낌을 주는 단어의 구성 요소로서 말소리의 단위이다. 영어 'syllable'에 해당하며 우리말로는 '소리마디'라고 한다.

예를 들어 '개미'라고 할 때, '개', '미' 각각이 음절이 된다.

(3) 형태소

뜻을 가진 문법의 최소 단위이다. 형태소를 쪼개면 의미는 사라진다.

예를 들어 '개미'를 쪼개면 '개', '미' 혹은 'ㄱ', 'ㅐ', 'ㅁ', 'ㅣ'로 나눌 수 있다. 나뉘어진 각각은 어떤 의미도 띠지 않는다.

(4) 단어

어절을 이루는 요소로서 하나의 형태소, 혹은 둘 이상의 형태소가 결합하여 이루어진다. 단어는 문장을 구성하는 요소이고 품사는 단어의 형태, 기능, 의미에 따라 나누어 놓은 것이다.

다음과 같은 문장을 예로 들어보자.

"종교 재판에서 그는 오랫동안 여러 가지 조사를 받았다."

이를 단어로 나누고 그 아래에 품사를 적으면 다음과 같다.

종교	재판	에서	그	는	오랫동안	여러	가지	조사	를	받았다.
<명사>	<명사>	<조사>	<명사>	<조사>	<명사>	<명사>	<명사>	<명사>	<조사>	<동사>

(5) 문장

생각과 감정을 말이나 글로 표현할 때 완결된 내용을 나타내는 최소 단위이다. 하나 이상의 주어와 서술어를 갖추고 있어야 하지만 때론 생략할 수 있다.

위의 문장을 가져와 다시 분석하면 아래와 같다.

종교	재판에서	그는	오랫동안	여러	가지	조사를	받았다.
<관형어>	<부사어>	<주어>	<관형어>	<관형어>	<관형어>	<목적어>	<서술어>

(6) 문단

글에서 하나로 묶을 수 있는 짤막한 단위이다. 한편의 글을 여러 개의 문단으로 구성된다.

2.2.2 명제

앞에서 우리 글의 구조에 대해 알아보았다. 생각과 감정을 말이나 글로 표현할 때 완결된 내용을 나타내는 최소 단위가 문장임을 설명하였다. 논리를 펼치기 위해서 '명제'에 대해 살펴보아야 한다. 명제는 문장과 어떻게 다른가?

명제는 문장의 일부로서 참과 거짓을 알 수 있도록 주장을 담은 문장을 말한다. 이에 반하여 진술은 상황에 따라 참이 될 수도, 거짓이 될 수도 있는 문장을 말한다. 아래 문장 가운데 명제와 진술을 구분하여 보자.

예) 이승엽은 김제동의 친구다.
김제동은 이승엽의 친구다.
비가 온다.
한국의 현 대통령은 전직 변호사다.
나는 학생이다.

논증이란 이러한 명제들이 어떤 특정한 구조를 가지고 모여 있는 글을 말한다. 이런 문장이 있다고 하자.

"동기는 지혜보다 나이가 많다. 지혜는 미주보다 나이가 많다. 그러므로 동기는 미주보다 나이가 많다."

이 글은 동기, 지혜, 미주라는 세 명의 사람이 있는데 그 중에 동기가 미주보다 나이가 많음을 주장하는 글이다. 그 이유를 동기는 지혜보다 나이가 많으며, 지혜는 미주보다 나이가 많기 때문이라고 언급하고 있다.

같은 의미를 갖지만 다른 구조를 가지는 논증으로 표현할 수 있다.

"동기는 미주보다 나이가 많다. 왜냐하면 동기는 지혜보다 나이가 많고, 지혜는 미주보다 나이가 많기 때문이다."

위 논증은 결론인 동기가 미주보다 나이가 많다는 것을 앞에 제시하고 그 이유를 접속사 '왜냐하면' 이후에 기술하였다.

이런 명제는 수학에서 사용하는 기호를 통하여 그 구조를 나타낼 수 있다. 이를 명제계산이라고 할 수 있다. 명제를 연결하면서 여러 가치중립적인 연결어를 사용하게 된다. '그리고', '혹은', '만약 ~라면 ~~이다', 혹은 '~이 아니다' 등이다. 예를 들어 '만약 P이면 Q이다'라는 논증이 있다면 이는 다음과 같이 표현할 수 있다.

$P \rightarrow Q$ 혹은 $Q \supset Q$

아래 표는 주요 명제 연결자에 해당하는 기호를 보여준다.

표 2.1 명제 연결자에 사용되는 기호

명제 연결자	기호	기호
~이 아니다	~	-
그리고	&	∧
혹은	∨	∨
만약 ~라면 ~~이다.	⊃	→
만약 ~라면 그리고 오직 그런 경우에만…	≡	↔

명제와 진술에 대해 알아본 것과 비슷하게 논증과 논증이 아닌 글들을 구별할 수 있다. 아래의 글은 논증이 아니다.

첫째, 믿음(belief)을 표시하는 글이다. 종교적인 사항에 관한 글은 논증이라고 할 수 없다.

둘째, 기술(description)이다. 어떤 사물에 관해 또는 어떤 사건에 관하여 객관적인 사실들을 나열하는 것은 논증이 아니다. 예를 들어 어떤 꽃이 있다고 하면, 색깔은 어떻고 잎의 모양은 어떠하며 잎이 돋아 난 패턴은 어떻다는 것은 논증이 아니고 기술이다.

셋째, 보고(report)이다. 여행을 다녀온 후에 여행지에 대한 보고문을 작성한다든가, 출장을 다녀와서 출정에서 얻은 결과를 보고하는 것도 논증이 아니다.

넷째, 해설(expository statement)이다. 어떤 사실을 보다 자세하게, 그리고 그것이 가진 숨겨진 의미를 알 수 있도록 하는 것도 논증이 아니다. 우리가 누리호 2차 발사[3]에 성공하였을 때 그것이 가지는 의미를 설명한다면 그것은 논증이 아니라 해설이 된다.

다섯째, 예시(illustration)이다. 어떤 사실을 설명하기 위해 적절한 예를 가져와 기술하는 것은 논증이 아니다.

마지막으로 설명(explanation)이다.

이론을 설명한다든지 수학문제를 설명하는 등의 것은 논증이 아니다.

2.2.3 논증의 구성

사회과학, 자연과학, 그리고 공학의 대부분의 글은 주장하는 내용을 담고 있다. 자신이 관찰한 내용을 바탕으로 추론의 과정을 통해 도출된 결론을 표현하거나, 자신과 자신이 소속된 회사가 추진하는 크고 작은 프로젝트의 장점을 부각시키면서 다른 이들을 설득해야 하는 경우가 대단히 많다. 이때 추론의 과정, 즉 결론을 도출하는 과정을 논증이라고 할 수 있다.

결론을 도출하는 과정은 크게 두 가지로 나눌 수 있다. 연역적 방법과 귀납적 방법이다. 그리스 철학자 아리스토텔레스는 귀납을 개별자들에서 보편자로 행하는 통로라고 했다. 이것을 토대로 연역은 보편적인 것으로부터 특별한 것으로 나아가는 것이라고 알려져 있는데 이는 일부분만 본 것이다. 연역 논증이란 전제로부터 결론이 필연적으로 도출되는 것을 말한다.

연역논증의 예를 아래 (a)와 (b)에 나타내었다. (a)의 경우 전제로 제시된 두 문장 '모든 사람은 죽는다'와 '소크라테스는 사람이다'란 명제의 사실 여부를 떠나 결론, 즉 '그러므로 소크라테스는 죽는다'라는 결론은 도출될 수밖에 없다. (b)의 경우도 마찬가지이다.

---

3) 우리나라가 독자 개발한 한국형 발사체인 누리호는 2022년 6월 21일 오후 3시 59분 59.9초에 나로우주센터에서 발사되어 더미위성을 궤도 700 km 상공에 초속 7.5 km 투입하는 임무를 완수했다. https://www.hani.co.kr/arti/science/science_general/1047925.html

(a) 모든 사람은 죽는다.
소크라테스는 사람이다.
그러므로 소크라테스는 죽는다.

(b) 새는 날 수 있다.
닭은 새이다.
그러므로 닭은 날 수 있다.

연역적 논증은 보통 삼단 논법으로 불리기도 한다. 삼단 논법에는 정언적 삼단논법, 가언적 삼단논법, 그리고 선언적 삼단논법이 있다.

정언적 삼단논법은 기본적으로 'A=B이다. C=A이다. 그러므로 A=C이다'라는 구조를 갖는다. 위의 (a)와 (b)가 정언 삼단논법의 예이다.

가언적 삼단논법은 'A=B라면 C=D이다. A=B이다. 그러므로 C=D이다'의 구조를 갖는다. 아래 (c)가 그 예이다.

(c) 봄이 오면 꽃이 핀다.
봄이 왔다.
그러므로 꽃이 피었다.

선언적 삼단논법은 'A이거나 B이다. A가 아니다. 그러므로 B이다'와 같은 구조를 갖는다. 아래 (d)와 같은 예가 있을 수 있다.

(d) 친구이거나 적이다.
친구가 아니다.
그러므로 적이다.

연역적 추론은 논리학이나 철학뿐 아니라 수학에서도 사용된다. 한 점에서 교차하는 두 직선이 이루는 서루 마주보는 각, 즉 맞꼭지각은 같은 것을 증명하는데도 연역적 방법이 사용된다.

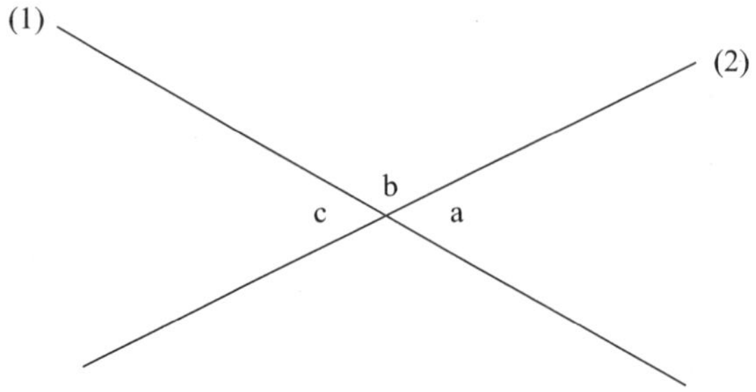

▌그림 2.1 맞꼭지각

직선 (1)과 직선 (2)는 한 점에서 교차하여 4개의 각을 만들어낸다. ∠a와 ∠c는 서로 같다. 이를 논증하여 보자. ∠b와 ∠c의 합은 직석을 이루고 있으므로 180도이다. ∠b와 ∠a의 합 또한 직선 (2)를 이루고 있으므로 180도이다. 여기에 ∠b는 공통으로 있으므로 ∠a와 ∠c는 서로 같다.

이를 식으로 다시 쓰면 아래와 같다.

전제 1. $\angle a + \angle b = 180$
전제 2. $\angle b + \angle c = 180$
결론 $\angle a = \angle c$

귀납 논증의 예는 아래 (e)에 제시하였다. 귀납논증은 먼저 여러 개의 개별 사실에 대한 수집이 필요하다. 귀납논증이 과학의 영역에서 광범위하게 사용되는 이유가 여기에 있다. (e) 논증에서 고조선, 고구려, 신라, 백제, 로마 그리고 몽골제국을 열거하고 그들이 이미 없어진 멸망한 나라임을 밝힌다. 이렇게 수많은 지국 상에 존재했던 나라들이 멸망하였기 때문에 '모든 나라는 멸망한다'란 결론에 도달할 수 있는 것이다.

(e) 고조선도 멸망했다.
고구려도 멸망했다.
신라도 멸망했다.
백제도 멸망했다.
로마 제국도 멸망했다.
몽고 제곡도 멸망했다.
그러므로 모든 나라는 멸망한다.

여러 관찰된 사실들로부터 결론을 도출하는 것이 귀납적 방법이라고 했다. 이런 논증법은 자연과학에서 많이 사용되는 방법이다. 아리스토텔레스에게서 출발하는 귀납법은 자연과학이 발전하는 17세기 이후 크게 발전하게 된다. 17세기 베이컨, 갈릴레이, 뉴턴, 19세기의 허셀, J.S. 밀 등은 연구 방법론으로서 귀납법의 체계와 내용을 구성하는데 큰 영향을 끼쳤다.

J.S. 밀은 1843년 출판한 '논리의 구조'에서 아래 5가지로 인과 관계를 파악하는 귀납적 연구방법을 제시하였다.

표 2.2 J.S. 밀의 귀납적 연구방법

방법	설명
일치법	A, B, C, D는 w, x, y, z와 함께 발생한다. A, E, F, G는 w, t, u, v와 함께 발생한다. 따라서 A는 w의 원인이거나 w의 결과이다.
차이법	A, B, C, D는 w, x, y, z와 함께 발생한다. B, C, D는 x, y, z와 함께 발생한다. 따라서 A는 w의 원인 또는 원인의 일부이다.
일치 차이 병용법	A, B, C는 x, y, z를 각각 발생시켰다. A, D, E는 x, v, w를 발생시켰고, B, C는 y, z를 각각 발생시켰다. 그러므로 A는 x의 원인 또는 원인의 일부이다.
잉여법	A, B, C는 x, y, z를 각각 발생시켰다. B는 y의 원인임이 밝혀졌다. C는 z의 원인임이 밝혀졌다. 그러므로 A는 x의 원인이다.
공변법	A, B, C는 x, y, z와 함께 일어난다. A, B, +C는 x, y, +z와 함께 발생한다. A, B, −C는 x, y, −z와 함께 발생한다. 그러므로 C는 z와 인과적으로 연결되어 있다.

2.2.4 논증의 평가

연역 논증의 평가와 귀납 논증의 평가를 나누어 설명하여야 한다. 두 논증의 평가 방법이 다르기 때문이다.

연역 논증의 타당성과 건전성

타당성이란 연역 논증의 구조에 맞는지 그렇지 않은지를 평가한다. 연역 논증은 전제로부터 결론이 필연적으로 도출되는 논증이라고 했다. 논증의 그와 같이 구성되었는지에만 초점이 맞추어져 있다. 다시 말하면 형식 논리가 성립하는지의 여부를 판단 기준으로 한다.

건전성은 전제로 제시된 명제와 결론으로 제시되는 명제의 참, 거짓에 관련된다. 건전한 논증은 전제로 제시되는 명제가 모두 참이어야 한다. 그러면 결론도 참이 될 수 있다.

아래 제시되는 예를 통해 타당성과 건전성을 알아보자.

(a) 모든 사람은 죽는다.
소크라테스는 사람이다.
그러므로 소크라테스는 죽는다.

(b) 모든 돼지는 귀가 셋이다.
이 동물은 돼지다.
그러므로 이 동물은 귀가 셋이다.

(c) 어떤 고래는 동물이다.
어떤 동물은 땅 위에 산다.
그러므로 어떤 고래는 땅 위에 산다.

위의 (a)와 (b)는 전제로 제시된 명제의 참과 거짓에 상관없이 결론이 필연적으로 내려질 수밖에 없는 구조이다. 전제로부터 다른 어떤 결론도 유도될 수 없다. 따라서 (a)와 (b)는 타당한 논증이다.

다음은 건전성을 따져 보아야 한다. (a)의 전제는 모두 참인 명제이다. 사람은 죽고 소크라테스는 사람이다. 결론도 참이다. 이런 논증은 건전한 논증이라고 할 수 있다. 반면 (b)의 제1 전제, 즉 '모든 돼지는 귀가 셋이다'란 명제는 거짓임이 분명하다. 거짓 전제로부터 유도된 결론, 즉 '이 동물은 귀가 셋이다'도 거짓이다. 그러므로 (b)는 불건전한 논증이 된다.

(c)의 경우는 논증에 '어떤'이란 단어를 사용하여 논증을 특정할 수 없다. 연역 논증의 구조를 갖추고 있다고 할 수 없다. 따라서 (c)는 부당한 논증이 된다. 부당한 논증은 건전한 논증이 될 수 없다.

이를 표로 정리하면 아래와 같다.

표 2.3 연역 논증의 타당성과 건전성

논증	타당성	건전성
a	타당한 논증	건전한 논증
b	타당한 논증	불건전한 논증
c	부당한 논증	불건전한 논증

귀납 논증의 강도와 설득력

귀납 논증은 여러 가지 사실에 대한 관찰이나 예를 제시하여 그것으로부터 일반화되는 어떤 결론을 제시하는 구조를 갖는다. 따라서 강도란 어느 정도 신빙성을 가지고 있느냐를 판단한다. 예를 들어 2가지의 관찰된 사실을 제시한 경우와 100가지 사실을 관찰하여 제시한 경우, 어느 것의 신빙성이 더 높다고 할 수 있겠는가. 그 결과에 따라 강한 논증과 약한 논증으로 구별할 수 있다.

설득력은 여러 사실이나 관찰, 전제로부터 도출된 결론의 참일 가능성의 정도를 나타낸다고 할 수 있다. 100가지의 관찰이나 예를 제시하였다고 하더라도 그것으로부터 도출된 결론이 참이 아닐 수도 있지 않을까? 예를 통하여 알아보자.

(d) 화이자 코로나19 백신은 95%의 예방효과가 있다로 알려져 있다. 16세 이상 총 3만 6,523명(백신군 1만 8,198명, 대조군 1만 8,325명)을 대상으로 평가한 결과, 코로나 확진을 받은 사람은 백신군에서 8명, 대조군에서 162명 발생하였다[4]. 그러므로 화이자 코로나19 백신을 맞은 학생 A는 코로나19에 걸리지 않을 것이다.

4) 화이자社 코로나19 백신 '코미나티주' 품목허가, 식품의약품안전처 보도자료, '21.3.5.(금)

(e) 작년 논리적 사고와 글쓰기 수업을 받은 학생 가운데 파일 노트를 사용하는 학생의 85%가 A학점 이상을 받았다. 나는 구용에게 이 사실을 이야기 하며 파일 노트 사용할 것을 추천하였고 구용은 파일 노트를 사용하고 있다. 구용이는 A학점 이상을 받을 것이다.

(d)의 경우 총 3만 6,523명이 임상실험에 참여하였다고 하고, 그 결과가 95%의 예방효과를 발휘하였다고 한다. 이 정도는 결론, 즉 '학생 A는 코로나19에 걸리지 않을 것이다'에 도달하는데 충분한 데이터나 신뢰성을 준다고 할 수 있을까. 각자에 따라 조금씩 다를 수 있으나 상당한 강도를 지녔다고 할 수 있을 것이다. (e)의 경우도 작년 수업에 참여한 학생 수가 비록 제시되지는 않았으나 85%가 A학점 이상을 받았다면 신뢰할 수 있지 않을까. 따라서 (d)와 (e) 모두 강한 논증이라고 할 수 있을 것이다.

반면, (d)는 백신 접종과 백신 효과에 대한 내용으로 과학적인 검증을 거쳤다고 할 수 있을 것이다. 그러나 (e)처럼 어떤 형태의 노트를 사용하였느냐와 취득한 학점을 과연 과학적으로 검증 가능한 것인가 의문을 제기하지 않을 수 없다. 따라서 (d)는 설득력 있는 논증이라고 할 수 있으나 (e) 설득력이 있다고 할 수 없다.

이를 표로 정리하면 아래와 같다.

표 2.4 귀납 논증의 강도와 설득력

논증	강도	설득력
d	강한 논증	설득력 있는 논증
e	강한 논증	설득력 없는 논증

이상과 같이 논증은 연역 논증과 귀납 논증으로 이루어져 있으며, 논증을 평가하는 방법에는 연역 논증의 경우, 타당성과 건전성을 기준으로 판단하며, 귀납 논증은 강도와 설득력을 기준으로 판단한다. 다음 표는 이를 요약 정리한 것이다.

표 2.5 논증의 평가

연역 논증	타당한 논증	건전한 논증
		불건전한 논증
	부당한 논증	불건전한 논증
귀납 논증	강한 논증	설득력 있는 논증
		설득력 없는 논증
	약한 논증	설득력 없는 논증

2.3 읽은 글의 요약

우리는 요약글을 여러 곳에서 발견할 수 있다. 가장 가까이에는 서평이라는 것이 있다. 책을 읽고 그 책에 관해 기술하는 것이다. 신문이나 잡지 등에서 자주 발견하게 된다. 많은 이들이 서평을 보고 그 책을 구입할 것인지, 빌려서 읽을 것인지, 아니면 읽을 가치가 없는 것인지를 판단하게 된다. 이정도 되면 서평이 얼마나 중요한 것인가를 알 수 있을 것이다.

각종 논문에 빠지지 않고 등장하는 것이 "요약" 또는 "요지"라고 하는 것인데 논문의 서론 앞에 위치하는 단락이다. 이것은 논문이 왜 쓰여 졌는지, 어떤 내용을 담고 있으며 어떤 결론을 가지고 있는지를 개략적으로 보여주는 것이다. "요약" 부분을 정확하고 효과적으로 작성하면 독자들은 그 논문의 본문을 세세하게 읽을지의 여부를 판단하게 되고 나아가 자기에게 필요한 부분을 골라서 읽을 수 있는 것이다.

학교에서는 과제로 부과된 책이나 논문을 읽고 그 글을 요약하고 평가하는 일이 있을 수 있다.

2.3.1 요약글의 특징

요약글은 여러 가지 특징이 있을 수 있으나 그 대표적인 것을 정리하면 다음과 같다.

2.3.1.1 짧은 글이다.

요약글은 짧은 것이 특징이다. 짧게는 500~1,000자 정도의 분량, 혹은 500단어 정도에서 길게는 1000단어 정도가 이용되기도 한다. 최대 15장 정도를 넘지 않는다.

2.3.1.2 독자가 필요로 하는 모든 정보를 담고 있어야 한다.

요약글이 짧다고 해서 허술한 글은 아니다. 원문에서 이야기 하고자 하는 주제를 정확하게 기술하고 있어야 한다. 부연 설명이나 증거 자료들은 가능한 짧게 줄이거나 생략하고 없어서는 안 되는 필수 불가결한 부분만을 정확하게 기술하여야 한다.

2.3.1.3 원문의 출처를 기록해야 한다.

이 요약글이 어떤 원문에 대한 것인지 그 출처를 정확하게 기록해야 한다. 저자와 문헌의 출처, 발행연도, 쪽수 등은 매우 중요한 정보이다. 왜냐하면 나중에 요약글을 접하는 본인이나 다른 이들이 원본을 찾아 읽거나 검토할 수 있도록 해야 하기 때문이다. 요약글이 쓰여진 시기도 중요한 정보가 될 수 있으므로 기록하는 것이 필요하다.

2.3.1.4 창조적인 글쓰기의 기본 자료가 된다.

요약글에는 원문의 내용만이 들어가는 것은 아니다. 자기 자신의 아이디어가 첨가될 수 있다. 원문을 읽고 검토하는 동안 자신이 가지게 된 새롭고 창조적인 아이디어를 첨부하여 분류해 놓으면 차후에 자신의 글쓰기의 글감이 되는 것이다.

2.3.2 읽은 글의 요약 방법

2.3.2.1 내용 파악하기

글의 내용을 정확하게 이해하는 것은 학업이나 실무뿐 아니라 장차 어떤 주제에 대한 연구를 위해서도 매우 중요하다. 정확한 이해에서부터 새로운 아이디어나 문제점의 발견 및 해결책이 나올 수 있기 때문이다.

자연과학이나 공학 영역에서의 글을 이해하기 위해서는 다음 그림에서 나타낸 바와 같이 어휘에 대한 이해, 실험이나 관찰의 결과를 나타내는 표와 그래프에 대한 이해, 논리적인 이해의 세 단계를 거친다고 할 수 있다.

어휘에 대한 이해	표와 그래프에 대한 이해	논리적 이해
- 단어의 의미 파악 - 문맥상의 의미 파악 - 전문용어에 대한 정확한 정의 파악	- 제목에 대한 이해 - 그래프의 각 축에 대한 이해 - 단위에 대한 이해	- 연역적 추론의 건전성 파악 - 귀납적 추론의 강한 정도 파악 - 귀납적 추론의 설득력 파악 - 글에 대한 비판 혹은 평가 - 자신의 의견 추가

(1) 어휘에 대한 이해

글이란 여러 단어의 조합으로 이루어진다. 그러므로 내용을 파악하기 위한 가장 기본은 단어의 의미 파악에 있다. 우선 단어의 기본적인 의미를 파악하고 다른 의미로 사용될 경우 변화되는 의미를 알고 있어야 한다. 나아가 그 단어들을 자유자재로 사용할 수 있어야 한다.

글의 독해 능력과 저술 능력은 어휘력에 의해 크게 좌우된다고 하겠다. 보다 많은 어휘를 구사할 수 있으면 그만큼 더 많은 내용의 생각을 할 수 있고 기술할 수 있기 때문이다. 어휘력 향상을 위해서는 많은 양의 독서를 통해서 가능하다. 그리고 요즘과 같은 기술의 진보가 빠른 시대에는 새롭게 만들어지는 어휘가 대단히 많기 때문에 이에 대한 관심이 필요하다. 기본적으로 어휘력 향상을 위해서는 항상 사전과 가까이 하는 것이 필요하다. 주위에 각종 사전류를 손닿는 위치에 놓고 자주 이용하도록 한다.

문맥이나 문단에 대한 이해가 필요하다. 같은 단어라고 그 단어가 쓰이는 위치와 상황에 따라 그 의미가 달라지기 때문에 문맥의 이해가 필요한 것이다.

전문용어에 대한 이해이다. 각 학문 분야별로 특별히 쓰이는 각종 어휘가 있다. 학술 논문이나 인터뷰 기사를 읽는다면 많은 전문용어들이 사용될 수 있다. 이에 대한 이해력을 높이기 위해서는 전문용어 사전을 사용하는 것이 필요하다.

(2) 표와 그래프에 대한 이해

대학의 교과과정은 저학년에 기초 소양을 향상시키기 위한 과목들이 배치된다. 대표적인 것이 기초과학에 관한 과목으로 일반 물리 및 실험, 일반 화학 및 실험 등이 대표적이라 하겠다. 실험을 실시하고 그 결과를 효과적으로 나타내는 방법이 표와 그래프이다.

표와 그래프는 그 자체로서 독립적인 문단의 성격을 갖고 있으며 다른 부연 설명 없이도 그 의미를 파악할 수 있어야 한다. 정확한 이해를 위해서 아래 제시하는 세 가지에 대한 이해, 즉 제목, 그래프의 축, 그리고 단위에 대한 이해가 필요하다.

제목은 일반적으로 표의 경우, 표의 위쪽에 위치하고 그래프의 경우는 그래프의 아래쪽에 위치한다.

아래 표를 보면 제목으로부터 기존의 연구 결과와 작성자 본인의 연구 결과를 비교하고 있다는 것을 알 수 있다. 내부저항을 비교한 것인데 각 내부저항 이름 다음에 괄호를 이용하여 그 단위는 Ω임을 나타내고 있다. 아래 표로부터 다른 부연 설명 없이 독자는 저자의 연구결과로부터 내부저항이 다른 이의 연구결과와 비교할 때 낮다는 것을 알 수 있다.

표에서 볼 수 있는 것처럼 여러 전문용어가 사용되고 있음을 알 수 있다. '내부저항'이란 단어는 비교적 일반적인 어휘라고 하더라도 '전자전달 내부저항'이나 '확산 내부저항' 및 '옴 내부저항'이라는 단어는 쉽게 그 의미가 와 닿지 않음을 알 수 있다. 이와 같은 단어들은 전문용어사전이나 전공서적을 참고해서 그 의미를 파악해야 할 것이다.

표 2.6 기존 연구와 본 연구에서의 내부 저항 비교

	반응기 형태 (부피)	총 내부저항 (Ω)	옴 내부저항 (Ω)	확산 내부저항 (Ω)	전자전달 내부저항 (Ω)	비고
본 연구	부유공기양극반응기 (750 mL)	18.43	4.8	5.34	8.29	272.25 cm^2 양극표면적
You 등의 연구. (2008)	상향류공기부유양극 (95 mL)	41.0	24.6	8.7	7.7	30 cm^2 양극표면적
		27.5	14.0	7.4	6.1	60 cm^2 양극표면적

다음 그림은 어떤 연구 결과를 그래프로 나타낸 것이다. 그래프는 일반적으로 그 제목을 그림의 아래쪽에 위치시킨다. 그래프에서 중요한 것은 축이며 x축과 y축의 교차점이 어디인지, 각각의 축은 무엇을 의미하는지, 단위가 있다면 무엇인지, 2개 이상의 선이 있다면 각각은 무엇을 나타내는지를 정확히 파악하고 이해하여야

한다.

그림 2.2는 '전력밀도의 변화'라는 제목을 가진 그래프로서 x축은 시간을 날수로 표시한 것이며 y축은 전력밀도를 단위면적(제곱미터)당 발생한 전력(밀리와트)로 표시하고 있다.

어떤 실험을 시작한 이후 처음에는 전력밀도가 매우 낮았는데 시간이 지남에 따라 증가하였다는 것을 알 수 있는 것이다. 25일쯤 후에는 어떤 이유로 전력밀도가 떨어졌음을 의미하는 것이다.

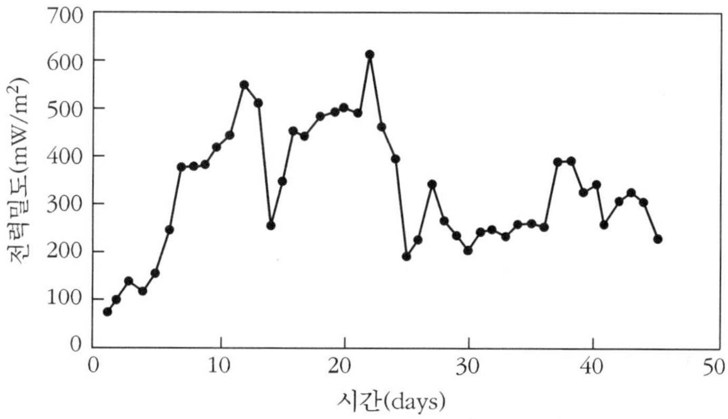

그림 2.2 전력밀도의 변화

그림 2.3은 '발생전압과 전력량의 관계'라는 제목의 그래프이다. 이 그래프는 두 개의 y축을 가지고 있으며 한 그래프 내에 전압과 전력밀도를 동시에 나타냄으로써 한눈에 그 결과를 보여주려고 하였음을 알 수 있다. x축은 전류밀도를 나타내며 그 단위를 괄호 안에 표시하였다. 왼쪽의 y축은 전압을 나타내고 있으며 오른쪽의 y축은 전력밀도를 나타내고 있다. 전류밀도가 증가함에 따라 전압은 감소하며 전력밀도는 전류밀도 0.2(A/m^2) 정도에 최대값을 나타내고 있음을 보여준다. 그래프에서 어떤 선 혹은 표시가 무엇을 의미하는지 나타내는 것을 범례라고 한다. 그림 2.3에서 그래프 안에 나타내주고 있는데 마름모 모양을 한 것이 전압을 나타내고 있으며 사각형 모양으로 표현되고 있는 것이 전력밀도임을 나타낸다. 따라서 전압은 왼쪽 y축을 사용하여 그 값을 발견하여야 하고 전력밀도는 오른쪽 y축을 이용하여야 한다.

이 장의 내용은 독자의 입장에서 읽을 수도 있지만 작가의 입장에서도 읽을 수 있는 부분이다. 독자로서 우리가 표와 그래프로부터 얻고자 하는 정보가 무엇인가를 정확하게 인지하고 있다면 우리가 작가의 입장에 있을 때 그 정보를 정확히 표현해 주면 되는 것이다.

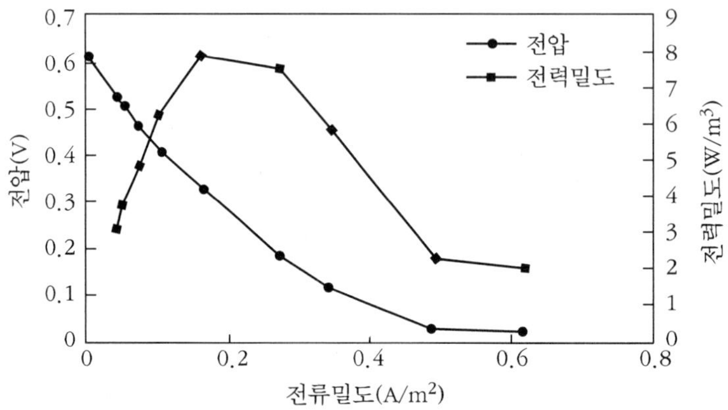

그림 2.3 발생전압과 전력량의 관계

(3) 논리적 이해

논리적 이해는 글을 읽고 이해하는 과정의 최종 단계라고 할 수 있다. 어휘와 문장에 대한 이해와 표나 그림 등의 이해를 통해 글의 문자적인 의미나 내용은 파악되었다고 할 수 있다. 다음은 문장 뒤에 숨어 있는 의미를 찾아 저자가 정말 말하고자 하는 바가 무엇인지를 파악하는 것이 필요하다. 귀납적인 글의 경우 논리의 비약은 없는지, 올바른 결론이 유도되었는지 파악하는 것이 필요하다. 더욱 중요한 것은 글을 읽으면서 혹은 글을 다 읽고 난 후에 자신의 생각을 추가하고 잘못된 점이 있으면 비판하고 새로운 생각을 첨가하는 것이 필요하다. 위의 일련의 모든 과정을 논리적 이해라고 할 수 있다.

앞 장에서 연역논증의 건전성에 대하여 알아보았다. 연역적 논증은 전제로부터 결론이 필연적으로 유도되어야 한다고 하였고 이를 형식논리라고 한다. 연역논증에는 형식논리가 성립하는지를 판단하는 것이 타당성 검토였으며 전제가 참인지 거짓인지를 판단하는 것이 건전성이었다. 읽은 글이 연역적 성격을 띠었다면 전제가 정말 참인지 판단하는 것이 필요하다. 무비판적으로 받아들일 수 없기 때문이다.

귀납적 논증의 경우 특정한 개별 사실로부터 결론을 유도하는데 그 결론에는 항상 진실이 아닐 수 있는 개연성을 가지고 있다. 결론이 참일 확률을 높이는 방법은 보다 많은 개별적 사실들이나 자료들을 확보하여 제시하는 것이라 하겠다.

논리에 대한 검토와 더불어 글에 대한 비판을 모색해 볼 필요가 있다. 비판이란 비난과 확연이 구별된다고 할 수 있다. 비판은 '비평하고 판단함'이라고 정의되어 있으며 비난은 '남의 잘못이나 흠을 나쁘게 말함'이라고 정의되어 있다. 비난은 어떤 사실을 고의적으로 나쁘게 말함으로써 대화의 상대방을 끌어내리려는 목적이 있는 것으로 볼 수 있다면 비판은 어떤 사실에 대하여 논리적이며 객관적으로 사실에 근거하여 평가하고 판단함으로써 보다 나은 방향을 제시해주는 창조적인 행위라고 할 수 있다. 글의 진행과정에서 논리적인 모순이 있는지 앞장에서 살펴본 내용을 기초로 평가하는 것이 중요하다. 전제나 자료의 제시가 적절한지의 여부를 판단하고 논리의 비약은 없는지 검토해봐야 한다.

최종적인 단계는 자신의 의견을 첨부하는 것이다. 글을 읽으면서 글의 구성면에서 추가해야 할 사항이 있는지, 글에서 주장하는 바를 뒷받침하기 위한 인용이나 실험에서 보다 효과적인 방법이 있는지를 추가하는 것이다. 더욱 중요하다고 할 수 있는 것은 읽은 글로부터 새로운 주제를 도출하거나 새로운 연구의 필요성을 인식하고 연구 주제를 계발하는 것이다.

2.3.2.2 메모하기(taking note)

훌륭한 저술가는 새로운 아이디어나 정보를 저장하고 가공하는 자신만의 효과적인 방법을 가지고 있어서 이것들을 자신의 글쓰기에 이용한다. 여기서 가장 좋은 방법은 "메모하기"라고 할 수 있다. 메모하기는 읽기와 쓰기의 경계를 넘나들 수 있는 것으로 새로운 아이디어를 안전하게 저장했다가 다른 글로 재생산할 수 있도록 도와준다.

좋은 메모라 함은 원문의 전체적인 윤곽을 한 눈에 알아 볼 수 있도록 도움을 준다. 원문의 개요와 배경, 글의 전개 과정 및 결론을 대략 알 수 있도록 해준다. 좋은 메모가 되기 위해서는 다음과 같은 사항이 필수적이라고 할 수 있다.

(1) 메모한 일시

메모는 향후 글쓰기의 글감을 제공하게 되는데 메모로부터 창출되는 소재나 주제의 시간성이 매우 중요하다. 얼마나 오래 전의 내용인지, 현시점과는 어떤 관계가 있는지를 제시해야 할 필요가 있기 때문이다.

(2) 메모한 장소

메모의 기본 중 하나는 어디서 기록되었는지 밝히는 것이다. 그 메모가 일어났던 장소를 확인함으로써 그 작성 시간과 더불어 그 당시의 느낌을 회상할 수 있고 그 느낌을 글로 표현할 수 있기 때문이다.

(3) 중요한 데이터나 사실

사람이 단순 기억할 수 있는 정보의 한계는 7가지라고 한다.[5)]

7개의 기억 위치에 새로운 정보가 들어오면 전에 기억되어 있던 정보는 사라지고 새로운 정보가 그 위치를 대신한다고 한다. 반면 새롭게 생성되어 우리에게 들어오는 정보는 하루 190개 이상이라고 한다. 중요한 정보를 메모하지 않는다면 모두 사라지고 마는 것이다. 특히 숫자로 이루어진 것은 혼동의 염려가 있기 때문에 매우 중요하며 데이터 등의 근거를 가지고 기술하는 것이 보다 설득력 있는 글이 될 수 있다.

(4) 자신의 느낌 혹은 대안적 아이디어

메모에서 꼭 필요한 부분이라 할 수 있다. 앞서 요약글의 특징 가운데 '창조적 글쓰기의 자료가 된다'라고 했던 것을 기억할 것이다. 창조적 글쓰기를 위해서는 반드시 자신의 아이디어가 필요한데 메모는 글을 읽는 가운데 떠오르는 새로운 아이디어를 붙잡아 놓는 역할을 하며 새로운 경험으로부터 얻어지는 여러 느낌과 새로운 생각을 기억하여 또 다른 창조적인 글쓰기를 이룩할 수 있도록 이끌어준다.

반면 좋지 못한 비효율적인 메모는 단지 기록을 보관하는 수준에 머무르는 경우이다. 이 경우는, 단순한 사실의 기록 즉, 어떤 사건 혹은 사실의 배경이나 원인, 증거의 제시 없이 그저 단어 나열에 지나지 않는 경우이다. 중요한 정보를 담고 있지 않기 때문에 나중에 들춰보더라도 이런 기록을 남겼는지, 언제, 어떤 느낌을 가지고 남겼는지 알 수 없게 된다.

메모를 하기 위한 방법을 살펴보도록 하겠다. 무엇보다 중요한 것은 메모용 수첩이나 노트의 준비이다. 용도와 목적에 따라서 다양한 크기의 수첩이 사용가능하다. 예를

---

5) "정리 기술(Order from chaos)" 96쪽, 리즈 데번포트 지음, 오수담 옮김, 하서 펴냄, 2003년

들면 이동을 하지 않고 책상에 앉아서 읽고 있는 글을 메모하기 위한 경우라면 좀 큰 크기의 노트(A4 210×297 mm)를 사용하는 것이 가능하다. 여러 다방면의 독서를 하고 있다면 장르별로 노트를 만드는 것도 효과적이다. 기행문, 소설, 수필, 시 등의 주제로 메모용 노트를 만들 수 있고 전공 관련이라면 세부 전공별로, 한 학기 동안 완성하는 글(Term Project용 글쓰기)이라면 그 주제에 관한 노트를 각각 준비할 수 있다. 여행 중이나 취재 혹은 출장 중일 때는 작은 사이즈(A5 148×210 mm, A6 105×148 mm, 95×180 mm, 88×145 mm)의 것을 사용할 수 있다.

두 번째는 자기가 쓰기 원하는 감촉을 갖는 필기구이다. 요즘 컴퓨터나 PDA 등을 이용하는 경우도 있지만 아직까지 종이에 필기구로 쓸 때의 그 감촉을 잊지 못하는 많은 이들이 있다. 만년필, 사인펜, 볼펜, 연필 등 다양한 디자인의 다양한 종류의 필기구가 시중에 나와 있으므로 자신의 취향에 맞는 것을 고른다.

셋째, 메모용 수첩과 필기구는 항상 가지고 다녀야 한다. 어느 곳에서 어떤 새로운 그리고 창조적인 아이디어가 생각날지 모르기 때문에 어디를 가든 몸에 지니고 있는 것이 필요하다.

넷째, 언제나 무엇이든지 메모하는 습관을 들이는 것이다. 처음에는 익숙하지 않아 어렵겠지만 습관으로 몸에 익으면 너무 자연스러운 것이 된다. 습관화하기 위해서는 습관으로 굳어질 때까지 끊임없는 반복 노력이 필요하다.

메모에 관한 사항을 정리하면 아래 표와 같이 할 수 있을 것이다. 이제 여러분 모두 수첩 혹은 노트와 필기구를 준비하여 메모의 달인이 될 수 있도록 시작해봅시다.

메모할 때 필요한 사항	효과적인 메모 방법
메모한 일시	메모용 노트 혹은 수첩
메모한 장소	자신이 원하는 감촉을 갖는 필기구
중요한 데이터나 사실	메모용 수첩과 필기구는 항상 지참한다.
자신의 느낌 혹은 대안적 아이디어	언제나 무엇이나 메모한다.

2.3.2.3 마인드맵 이용하기

마인드맵은 Tony Buzan이 체계화한 기법으로 자신의 정보를 그림이나 선을 이용하여 그리게 되면 보다 많은 연상을 할 수 있다는 사실에 착안 하여 만들어진 것이다.

이것을 기억하는 방법으로 사용하면 서로의 연관성으로 인해 많은 양을 기억할 수 있도록 도움을 주고, 연상법과 연관하여 사용하면 아주 많은 새로운 생각을 이끌어낼 수 있기 때문에 독서토론에도 사용하며, 어떤 상품을 개발할 때 사용하면 개발상품의 아이디어를 보다 많이 만들어낼 수 있기 때문에 다양한 분야에서 사용된다.

(1) 학습기법으로서의 마인드맵

어떤 사실이나 정보를 오래 기억하기 위해 우리가 활용하는 방법으로 색깔을 이용하거나 밑줄을 그어 놓는 것을 이용한다. 어학 공부를 할 때 단어를 공부하기 위해 어원이나 비슷한 말, 보다 보편적으로 사용되는 단어 등에 대해 방사형으로 가지를 만들어나가 듯이 공부하는 것은 매우 효과적이라고 알려져 있다. 이러한 방식을 보다 효과적으로 펼쳐갈 수 있는 방법이 마인드맵이다.

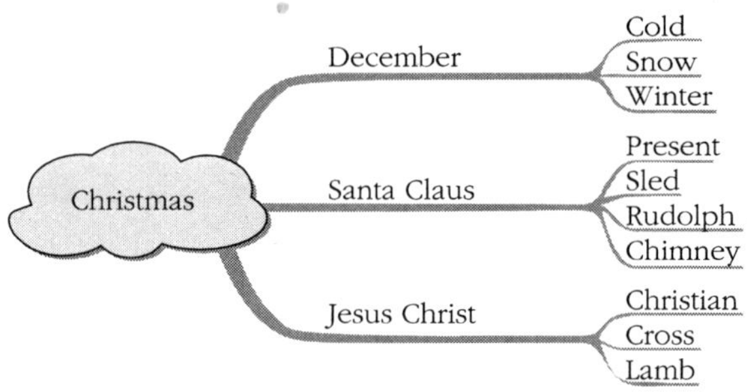

그림 2.4 단어 학습에 이용되는 마인드맵

예를 들어, 위의 그림에서와 같이 'christmas'란 단어를 공부하면서 하위 개념으로 'December'(12월), 'Santa Claus', 'Jesus Christ'를 위치시킬 수 있다. 그리고 각각에 대해 더 많은 단어들을 나열할 수 있다. December의 경우, cold, snow, winter 등이 가능하고 마찬가지로 santa claus의 경우 present, sled, rudolph, chimney 등이 가능하다.

이와 같은 마인드맵은 요약정리에도 사용 가능해서 주어진 문서의 개념들을 위의 예와 같이 상위의 개념으로부터 추출하여 각각에 대해 좀 더 세부적인 내용을 도출해 냄으로써 요약문 작성에 효과적으로 이용할 수 있다.

(2) 상품개발을 위한 마인드맵

어떤 회사에서 상품을 개발하려고 아이디어가 필요할 때에도 마인드맵은 효과적으로 사용 가능하다. 예를 들어 대체연료를 이용한 자동차를 만든다고 생각하면, 아래와 같은 마인드맵이 나올 수 있다.

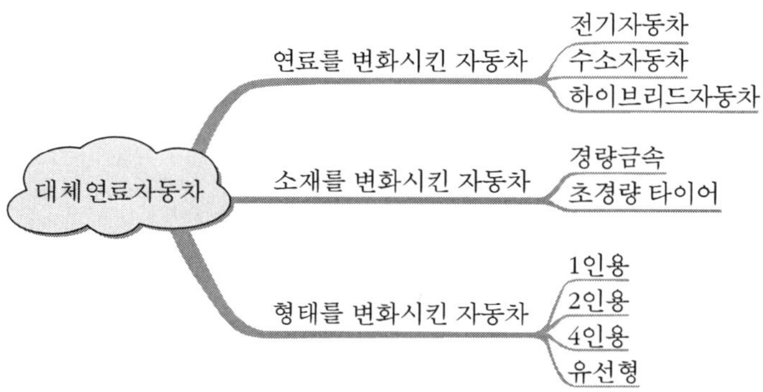

▌그림 2.5 대체연료자동차에 대한 마인드맵

이런 마인드맵은 그야말로 생각의 지도(그림, 그물 등)이다. 아주 다양한 분야에 적용할 수 있고, 이미 무의식중에 사용하고 있는지도 모른다. 연상법이나 마인드맵은 알면 아무것도 아니지만 그때그때 적용할 수 있도록 완전히 자신의 것으로 만드는 것이 중요하다.

2.3.2.4 읽은 글의 요약 방법

읽은 글의 요약 방법을 간단히 정리하면 다음 그림에 나타낸 바와 같이, 주제어 찾기, 자신의 아이디어 정리하기, 자신만의 언어로 기술하기의 순서를 통해 이루어진다.

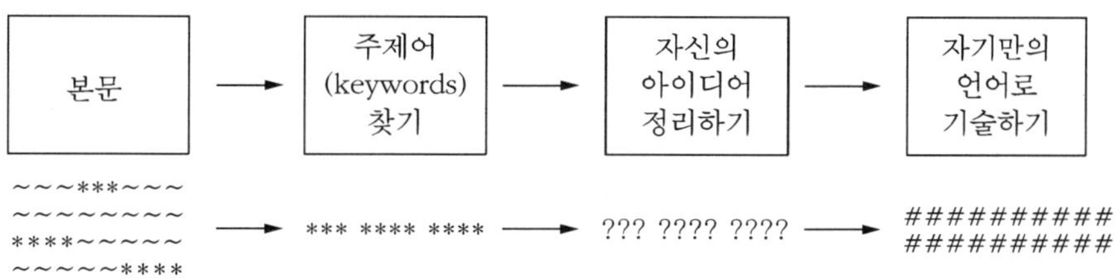

▌그림 2.6 읽은 글의 요약 방법

먼저 주제어 찾기이다. 원문을 충실히 읽고 검토하면서 그 주제어를 찾아내는 것이 최우선으로 해야 할 일이다. 한 문장에서 혹은 여러 문장에 걸쳐서 공통되게 등장하는 단어나 그 글의 전체를 아우를 수 있는 단어를 발견해 내는 것이다.

주제어에는 모두 같은 정도의 중요성을 가지지 않는다. 그것을 나누어 평가하여야 한다. 가장 상위 수준의 개념이나 중요한 내용을 가지는 주제어부터 낮은 수준의 주제어를 나열하여 정리할 수 있어야 한다. 이 수준은 모든 독자에게 있어서 일치할 수는 없다.

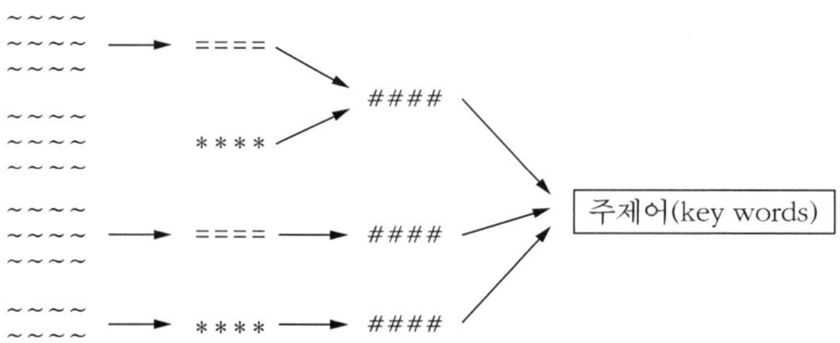

그림 2.7 주제어 찾기

각각의 기준에 따라 주제어의 수준은 바뀔 수 있다. 다만 원문 저자의 판단을 원문 속에서 발견할 수 있어야 하며 첫 번째 주제어 찾기의 단계에서는 원저자의 수준을 따르는 것이 바람직하다.

두 번째는 자신의 아이디어 정리하기이다. 이것은 읽은 글의 평가(critic)라고 할 수도 있다. 그 글을 읽고 검토하는 과정에서 모자란 점이나 부족한 점, 잘된 점 등을 평가하는 것이다. 과학이나 공학 논문의 경우, 연구 방법에서 A라는 방법을 원저자는 사용하였는데 B라는 보다 효과적인 방법이 있을 수 있다고 할 수 있다.

실험을 수행한 경우라면 실험에서 고려되어야 할 여러 가지 사항 가운데 원저자가 간과하고 지나간 부분이 있을 수도 있다. 결과를 놓고 해석하는 경우에 있어서도 원저자가 도출된 결과가 충분하지 못함에도 불구하고 너무 많은 비약을 통해 결론을 유도했다든지, 그와 같은 결론을 이끌어내기 위해서는 어떤 결과를 더 얻었어야 한다는 등등의 아이디어가 첨가될 수 있다.

요약글을 창조적인 글쓰기의 기본 자료가 될 수 있다고 이야기했다. 창조적인 글쓰기의 기본으로 활용하고자 할 때 가장 중요한 부분이 바로 자신의 아이디어를 도출해 내고 이것이 글쓰기나 연구에 이어질 수 있도록 기록하고 보관하는 것이다.

창조적인 아이디어는 가만히 있으면 생겨나는 것이 아니라는 것을 알 수 있다. 가만히 앉아서 아무 일도 않고 먼 산만 바라보면서 창조적인 아이디어, 멋진 아이디어가 떠오르지 않는다고 한탄 할 필요가 없다. 창조적인 아이디어는 보고 듣고 냄새 맡고 느끼는 가운데 불현듯 떠오르는 것이다. 다시 말하면 실제적인 경험 가운데 아이디어가 도출되는 것이며 비판적인 읽기에서 도출되는 것이라는 것을 잊어서는 안 될 것이다.

마지막은 자신만의 언어로 기술하기이다. 모든 글이 그렇듯이 요약글도 다른 이들이 볼 수 있도록 쓰는 것이다. 또 요약글의 궁극적인 목적은 자신의 글이나 연구에 참고가 되고 글감이 되는 것이다. 이런 면에서 자신만의 언어로 기술하는 것은 매우 중요하다.

이것은 마치 우리가 여러 가지 다른 종류의 음식을 먹지만 최종적으로 소화되어 우리 몸에 흡수될 때는 다른 형태로 흡수되는 것과 같다. 자신 만의 정제된 언어로 기술하고 효과적인 문장 구성을 해야 한다. 짧은 글 속에서 최대한 이해와 효과를 갖추기 위해 더 큰 노력이 필요하다.

|연|습|문|제|

1. 논리란 무엇이며 논리 법칙에는 어떤 것이 있는가?

2. 추론이란 무엇인가?

3. 연역적 논증과 귀납적 논증을 설명해 보라.

4. 타당한 논증과 건전한 논증을 기술해 보라.

5. 강한 논증과 설득력 있는 논증을 기술해 보라.

6. 신문 사설 가운데 연역적 추론과 귀납적 추론의 대표적인 예를 찾아보라.

7. 요약글의 특징은 무엇인가?

8. 읽은 글의 요약 방법에 대해 기술하라.

3장
토론

생각하며 질문하기

* 과학기술 전문 기사나 논문을 읽고 500자 내외로 요약해 보라.
토론이란 무엇일까?
토론에 참여하는 자세는 어떤 것이 있을까?
독서 토론을 한다면 어떤 책을 선정할까?

맹의자가 효에 관해서 여쭈어 보자 선생님께서 말씀하시기를 "어기는 일이 없도록 하는 것이니라."

번지가 선생님을 수레로 모셨는데 선생님께서 말씀하시기를 "맹손이 나에게 효를 묻기에 내가 어기는 일이 없도록 하는 것이라고 대답하였다"고 하셨다.

번지가 "무슨 뜻으로 하신 말씀이십니까?"하니 선생님께서 말씀하시기를 "살아 있을 적에는 예로써 섬기고, 죽으면 예로써 장사지내고, 예로써 제사지낸다."

논어 위정편에 나오는 내용이다[6]. 공자가 제자들과 나누는 대화를 기록하고 있다. 제자들은 효가 무엇인지에 관해 궁금했고 알고 싶어 했다. 이에 공자가 효에 대해 이야기하고 있다.

예수께서 제자들과 함께 빌립보의 가이사랴에 있는 여러 마을로 길을 나서셨는데, 도중에 제자들에게 물으셨다.

---

6) 논어, 차주환 역, 을유문화사(1989), p.25

"사람들이 나를 누구라고 하느냐?"

제자들이 예수께 말하였다.

"세례자 요한이라고 합니다. 엘리야라고 하는 사람들도 있고, 또 예언자 가운데 한 분이라고 하는 사람들도 있습니다."

예수께서 그들에게 물으셨다.

"그러면 너희는 나를 누구라고 하느냐?"

베드로가 예수께 대답하였다.

"선생님은 그리스도이십니다."

신약성서 마가복음 8장 27절부터 29절에 기록되어 있는 이야기이다. 이 사건은 기독교에서 매우 중요한 의미를 갖는다. 마지막에 기록되어 있는 베드로의 말 한마디가 베드로를 일약 예수의 수제자로 자리매김하게 한다. 여기에서도 스승과 제자의 대화가 이어지며 무엇인가가 전하여진다.

모든 배움은 대화로부터 시작된다. 근대 교육이 시작되고 학교라는 교육기관이 만들어지면서 선생님은 앞에서 일방적으로 강의하고 학생들은 무비판적으로 받아들이는 시스템이 정립되었지, 그 이전에는 대부분 일대일 교육이었다. 그림 3.1은 자유로운 대화의 장이었던 아테네 학당을 묘사한 라파엘로의 그림이다.

그림 3.1 라파엘로의 아테네 학당

현대 교육에서 대화를 활용하는 교육 방법이 토론이라고 할 수 있으며 특별히 같은 책을 읽고 그 느낌을 공유하며 이해를 넓히는 방법이 독서 토론이라고 할 수 있다. 독서 토론이란 구성원이 동일한 도서를 읽고 문제를 제기하여 여러 사람이 논의함으로써 주관적인 이해보다는 여러 사람과의 토론 과정을 통해서 자신의 이해의 폭을 넓히고 자신이 갖게 되는 의문점을 해결하는 창조적인 과정이라고 하겠다.

이 장에서는 독서 토론을 포함한 토론에 관해 알아보고 효과적이며 논리적인 의사전달을 위한 방안을 알아보기로 한다.

수업에서는 주제를 정하여 찬반 토론이나 독서 토론을 실시할 것을 권장한다.

3.1 토론의 방법

토론의 방법은 크게 세 가지로 나눌 수 있다. 첫째는 발제자, 토론자, 청중으로 구성되는 형태이다. 이는 학술 발표회에서도 많이 이용되는 방법이다. 한 명 또는 몇 명의 발제자가 정해진 주제에 대하여 자신의 의견이나 연구 결과를 발표한다. 그러면 발표 자료를 미리 받은 토론자 몇 명은 이를 바탕으로 비평, 제안, 대안 제시 등을 발표자와 청중에게 발표한다. 이것이 끝나면 청중이 발표와 토론을 듣고 가지게 되는 궁금증이나 비평, 제안을 한다. 이러한 과정은 청중은 물론이거니와 발표자와 토론자에게도 영감을 줄 수 있어 학문발전이나 사회 전반에 영향력을 향상시킬 수 있는 계기가 될 수 있다.

두 번째 방법은 사회자와 청중을 두는 형식이다. 이는 사회자의 역할이 절대적이다. 많은 경험과 학식 등을 갖추고 있어야 하므로 학교 등에서 독서 토론의 방법으로 적절하다고 할 수 있다. 같은 책을 읽고 난 후 실시하는 독서 토론이라면 사회자는 책을 읽고 난 후에 있을 수 있는 의문이나 책에서 다루는 중요한 내용을 청중으로 하여금 떠올릴 수 있도록 대화의 방법으로 유도할 수 있어야 한다. 강의실에서는 학생 한 명을 사회자로 지정하여 토론을 실행할 수 있다. 이런 경우, 교수자는 미리 사회자와 소통하면서 토론이 활발히 그리고 효과적으로 이루어질 수 있도록 지도하여야 한다.

셋째 방법은 사회자와 청중으로 구성하되 청중을 찬성과 반대로 나누어 토론을 진행하는 것이다. 이는 시사 토론 프로그램에서 취하는 방식으로 우리에게 잘 알려져 있다. 독서 토론의 방법으로 적절하지 않을 수는 있으나 찬반이 첨예하게 대립되는 주제가 있을 경우 활용하면 토론의 목적, 즉 자신과 공공의 이해의 폭을 넓히는데 아주 효과적인 방법이다.

필자의 경험으로 보면 '우리 통일 어떻게 할까요?'[7]를 읽고 통일에 대해 찬반 토론을 실시하였는데 우리와 밀접한 관계를 갖는 만큼 열띤 토론이 이루어졌다.

'사형제'에 대해 찬반 토론을 실시하였던 경험도 있다. 찬성측과 반대측에 각각 발제자 2~3명을 지정하여 자신의 주장을 파워포인트 자료로 발표하게 하였는데 매우 깊이 있는 조사와 발표가 이루어져 토론의 효과가 매우 컸던 기억도 있다.

3.2 토론 도서나 토론 주제의 선정

토론은 정치적 입장이나 지적 수준을 고려하여 비슷한 수준의 토론자로 구성하는 것이 효과를 높일 수 있을 것이다. 대략 10명 내외로 그룹을 구성하는 것이 바람직하지만 대학 강의의 경우 40명 정도로도 토론은 가능하다.

독서 토론을 위한 도서는 토론에 참여하는 사람들의 공통의 관심사를 다루고 있는 것이 가장 바람직하다. 토론 참여자의 적극적인 참여를 유도하는 것이 가장 중요하기 때문이다. 토론 수업은 자발적인 참여가 다른 어떤 강의 방법보다 필수적이라고 할 수 있다.

대형 서점이나 대학 등의 기관에서 제시하는 권장도서목록을 이용하는 것도 하나의 방법이 될 수 있다. 한국간행물윤리위원회에서도 권장도서를 발표한다.

다른 방법은 강의의 성격과 목적에 맞게 담당 교수가 독서 토론을 위한 도서를 정하는 것이다. 강의의 교육목표를 달성하는 데는 효과적이라는 장점이 있지만 학생들의 참여를 유도하기 어려울 수 있다는 단점도 있다.

토론의 주제는 토론 참여자의 공통 관심사로 정하는 것이 바람직하다. 40명 정도의 수강생이 있는 강의라면 공통 관심사를 찾기가 매우 어렵다. 이런 때는 보다 많은 수강생이 관심을 가지는 주제를 선정하는 것이 좋다. 그동안 다루었던 주제들은 아래와 같다.

7) 강만길, '우리 통일 어떻게 할까요?', 당대(2003)

- 남북한 통일
- 사형제 폐지
- 동성 결혼
- 존엄사
- 징병제
- 코로나 등 전염병 발생 시 영업제한

3.3 토론을 위한 준비

일반적으로 강의실에서 이루어질 수 있는 토론의 형식인 사회자와 토론 참여 청중이 있는 경우를 가정하여 기술하기로 한다.

강의를 이끄는 교수는 토론 2주 전에는 사회자를 선정하여 준비할 수 있도록 한다. 또한 자유로운 분위기에서 토론이 이루어질 수 있도록 분위기를 조성하여야 한다. 사회자와 참여자 모두 서로를 바라볼 수 있는 좌석의 배치가 보다 효과적이라고 할 수 있다. 토론이 일단 이루어져서 상호 의견 교환이 활발해지기 전까지가 매우 중요하면서 어렵다고 하겠다. 토론의 시작을 위해서 미리 발제자와 비슷한 역할을 할 수 있는 학생을 미리 정하여 두는 것도 효과적이다.

사회자는 토론에서 매우 중요한 역할을 수행한다. 토론의 진행과정 전반을 컨트롤해야 하며 토론할 각각의 작은 소주제들을 미리 제시할 수 있도록 준비하여야 한다. 공정한 토의가 이루어질 수 있도록 발언 시간을 통제할 수 있어야 한다. 선정한 도서의 내용을 완벽하게 파악할 수 있도록 여러 번 읽고 토론에 임해야 한다.

참여자는 토론을 위한 도서를 충실히 읽고 토론에 적극적으로 참여할 수 있도록 도서의 내용을 숙지한다. 도서를 읽으면서 떠오르는 질문이나 의문점, 문제점, 토론할 주제 등을 정리한다.

표 3.1 토론을 위한 준비 사항

	준비 사항
담당 교수	적어도 2주 전에는 사회자를 선정한다. 자유로운 토론이 이루어질 수 있는 자리 배치를 한다. 토론의 시작을 원활히 할 수 있는 발제자를 선정할 수 있다.
사회자	토론의 전체적인 운영을 위하여 도서의 내용을 완벽하게 숙지한다. 토론을 위한 소주제들을 정리한다.
토론 참여자	토론 도서의 내용을 완벽하게 숙지한다. 읽는 동안 떠오르는 질문, 의문점, 문제점, 서로 토론하고 싶은 주제 등을 정리한다.

3.4 토론의 진행

독서 토론의 경우 교수자는 토론 도서를 학기 초 혹은 4주 전에 선정하여 토론 참여자가 충분한 시간을 가지고 읽을 수 있도록 하여야 한다. 찬반 토론을 실시할 경우, 적어도 2주 전에는 주제를 정하는 것이 바람직하다.

교수자는 토론의 형식을 정하고 토론 참여자 가운데 각각의 역할을 배정하는 것도 중요한 일이다. 보통 강의실에서 토론이 진행될 경우 처음 접하는 것이어서 활발한 토론이 이루어지지 않을 개연성이 높다. 이를 대비하여 독서 토론이든 찬반 토론이든 그 형식을 사회자, 발제자, 청중으로 나누는 것이 효과적이다.

토론에 참여하는 각각의 역할은 다음과 같다.

사회자는 토론을 운영하여야 한다. 토론의 시작과 끝을 정하여 관리해야 하며 찬성 측과 반대 측 어디에도 속하지 않은 중립적인 자세를 유지하여야 한다. 토론 참여자의 발언 시간뿐 아니라 발언 순서를 관리하여 어느 한 쪽으로 치우지지 않게 해야 한다.

사회자는 토론 과정에서 발표되는 여러 의견을 간단히 정리할 수 있어야 한다. 그리고 토론이 활발히 진행되지 않거나 토론의 중요한 포인트를 집지 못하고 겉돌 수도 있기 때문에 토론의 주제를 완벽히 이해한 상태에서 토론해야 할 소주제들을 미리 구상하고 적절히 사용할 수 있어야 한다.

사회자는 토론의 끝맺음도 해야 한다. 토론이 마무리됨에 따라 토론 참여자에게 마지막 정리 발언을 할 수 있는 시간을 확보해 주어야 한다. 토론을 통해 토론 참여자가 모두 공감하는 부분에 대하여 정리하여야 한다. 토론 과정에서 나타난 다양한 의견이 그 집단의 수준이다. 이에 가감 없이 정리하여야 한다.

사회자는 마지막으로 토론으로부터 남겨진 과제를 정리하여 제시하여야 한다. 토론은 반드시 어떤 결론에 도달해야 하는 것은 아니다. 토론 과정에서 넓혀진 이해의 폭이 그 집단의 자산이 되는 것이다.

발제자나 토론 참여자는 잘 들어야 한다. 자신의 주장만 고집한다면 의미있는 토론이 불가능하다. 토론은 이기고 지는 게임이 아니라, 서로의 이해의 폭을 넓혀가는 과정이다. 또한 논리적으로 의사를 전달하여야 한다. 1장에서 알아본 바와 같은 논증의 기본원칙과 방법을 동원하고 많은 정보를 가지고 설득력 있는 주장을 펼 수 있어야 한다. 마지막으로 감정을 조절하여야 한다. 승패를 가르는 게임이 아님에도 토론과정에서 쉽게 흥분할 수 있다. 이런 감정을 조절하지 못하면 의미 있는 토론이 진행될 수 없다.

표 3.2 토론 진행 과정에서의 역할

	토론 진행에서의 역할
사회자	1. 토론을 시작하고 끝맺는다. 2. 주제 및 발언을 통제한다. 3. 발언을 요약한다. 4. 공정하게 토론을 진행한다. 5. 결론을 유도한다.
토론 참여자	1. 잘 듣는다. 2. 논리적으로 의사를 전달한다. 3. 감정을 조절한다.

3.5 논리적 의사 전달

토론에 있어서 자신의 주장을 다른 사람에게 정확히 전달하는 것은 매우 중요하다. 왜냐하면 토론의 목적이 자신의 주장을 상대방으로 하여금 받아들이도록 하는 것이기 때문이다. 어떻게 하면 자신의 주장을 논리적이면서 효과적으로 전달할 수 있을까? 그 방법에 대하여 간단하게 기술하면 다음과 같다.

첫째, 토론에 대한 바른 이해가 필수적이다. 토론은 어떤 결론을 꼭 도출해야만 하는 것은 아니다. 꼭 합의된 결론을 도출해야 하는 경우도 물론 있다. 이런 경우에는 여러 번에 걸쳐 토론이 이루어지고 여러 번의 토론 과정을 통하여 자연스럽게 하나의 결론을 유도할 수 있어야 한다. 단 한 번의 토론으로 합의된 결론을 이루어내는 것은 무리라고 할 수 있다. 토론은 이해라고 할 수 있다. 서로 다른 의견과 사상을 가지고 있는 여러 사람이 대화를 통하여 서로를 이해하고 상대방의 의견과 자신의 의견을 조정하는 과정이라고 하겠다. 토론은 전투가 아니며 서로의 배려를 바탕으로 열린 마음으로 이루어져야 한다. 그럼으로써 서로의 안목과 지식을 넓히며 보다 합리적이며 바람직한 방향으로 나아가야 하는 것이다. 토론에 대한 이와 같은 서로의 바른 인식이 무엇보다 필요하다.

둘째, 상대방의 말을 정확히 듣는 것이다. 앞에서 토론 참여자의 역할에서 지적한 바와 같이 토론은 말하기보다 듣기가 더 중요하며 그래서 잘 듣기가 필요하다. 상대방의 말을 열린 마음을 가지고 제대로 듣지 않으면 토론은 효과 없이 끝나게 된다. 상대의 말을 최대한 주의를 기울여 경청하고 메모를 하면서 듣고 그 핵심이 무엇인지, 그것이 자신의 생각과 어떻게 다른지, 논리의 모순은 없는지 등을 파악해야 한다.

셋째, 합리적인 주장을 펼쳐야 한다. 모든 주장과 발언에는 그 이유를 제시하되 구체적인 증거를 제시하며 자신의 논지를 펼쳐야 한다. 정확한 통계의 제시, 구체적인 사례의 제시 등이 뒤따라야 한다. 이렇게 함으로써 주관적인 것을 피해 객관적인 사실에 입각하여 말할 수 있게 되고 독단에 쉽게 빠지지 않게 된다. 무조건 자신의 주장에만 얽매이는 경우가 있다면 이는 합리적인 주장이라고 할 수 없다.

넷째, 명료한 주장을 펼쳐야 한다. 글에서도 명료성은 중요하다. 많은 양의 글을 썼지만 그것이 도대체 무엇을 말하고자 하는지 알기가 어렵다면 이는 좋은 글이 아니다. 하물며 시간이 한정되어 있고 말로 하는 토론에 있어서 명료성은 생명이라고 하겠다. 자신의 주장을 간단하면서 분명하게 전달할 수 있어야 한다. 이를 위해 단어의 선택에 신중을 기하며 발언할 내용을 미리 준비하는 것이 필요하다. 또한 정확하게 표현하도록 노력해야 한다. 애매모호한 주장은 토론에 참여하는 사람이나 청중에게 혼란을 가져올 수 있기 때문이다.

마지막으로 주장의 일관성이다. 1장에서 살펴본 논리의 기본 원칙(동일률, 모순율, 배중률)을 지키면서 특히 동일률에 기초해 자신의 주상을 펴야 한다. 바로 전에 했던 내용과 배치되는 의견을 바로 말하는 것은 논리의 일관성을 유지하지 못한 것이다.

위의 다섯 가지 사항을 주의하면서 토론에 참여한다면 토론의 효과를 최대로 얻으면서 토론 과정에서 보다 폭넓은 이해를 가질 수 있으며 사고의 폭을 넓히는 좋은 기회가 될 것으로 판단된다.

3.6 토론결과 도출 방법

토론은 한정된 시간 안에서 효과적으로 자신의 주장을 전달하고 이해시켜야 하는 과정이다. 따라서 토론은 끝맺는 시점이 존재하며 사회자를 비롯한 토론자는 토론을 마칠 수 있도록 협조해야 한다. 사회자가 중요한 역할을 수행하게 되는데 자연스럽게 토론이 끝날 수 있도록 여유 있게 시간을 남겨 놓고 토론의 종결을 유도해야 한다. 토론을 끝마치기 전에 반드시 짚어야 할 상항이 두 가지 있다. 첫째는 지금까지의 토론 내용을 요약 정리하는 것이고 둘째는 토론이 끝났음에도 아직 해결되지 않은 문제를 정확하게 제시, 확인하는 것이다. 사회자는 토론자들이 스스로 요약하고 남은 질문을 끌어낼 수 있도록 유도해야 한다.

3.6.1 요약

요약은 짧고 정확해야 한다. 사회자는 중립을 지키는 것이 필요하며 토론 중에 토론자를 비롯한 참여한 집단이 도달한 내용이나 결론에 추가하지도 말고 있는 그대로 요약해야 한다. 사회자는 토론 집단에게 정보를 제공하거나 가르치는 것이 아니라 그 집단이 무엇을 이해하게 되었고 그 주제에 대해 무엇을 해결하게 되었는지를 바로 알 수 있도록 도와야 한다.

토론에 참여하는 사람은 토론 후 집단 요약을 형성하도록 도와주어야 한다. 예를 들어 한 토론의 마지막 5분은 토론자들이 그 요약을 반영하며 종합하고 정리하여 발표할 수 있도록 토론 내용에 항상 같은 속도로 따라 가야 한다.

모든 토론은 반드시 종결에 이르게 되지만 어떤 토론도 결론에 이르도록 요구되지 않는다. 그리고 문제들이 한 시기 동안 만족할 만큼 풀리지 않는 경우도 있을 수 있지만 그들은 마침내 어떤 해결점에 도달하게 될 것이다.

3.6.2 남아 있는 문제

제시된 질문이 해결이 되었든 안 되었든 간에 사회자는 집단이 당면한 현재의 질문을 파악해야 한다. 그 질문은 요약으로부터 바로 뒤따라 나온다. 만약 집단이 토론 질문을 해결하였다면 그 해결점을 근거로 해서 새로운 질문이 나올 것이며, 질문을 해결하지 못했다면 해결되지 못한 측면으로부터 그 집단은 새로운 질문들을 갖게 될 수 있다. 왜냐하면 해결되지 못한 과정을 통해 고정된 관념을 벗게 되고 새로운 측면의 시각을 갖게 되기 때문이다.

연습문제

1. 토론의 구성 요소에 대하여 설명하시오.

2. 사회자가 갖추어야 할 기본 소양은 무엇인가?

3. 토론 참여자가 갖추어야 할 기본 소양은 무엇인가?

4. 우리 주변에서 토론이 필요한 주제가 있는지 찾아보고, 토론을 주최하는 입장에서 토론을 이끌어보자.

5. 다음 주제에 대해 찬반을 1,000자 내외로 기술하시오.
   가. 대학 기여 입학제
   나. 스마트 기기의 발달에 따른 올바른 사용
   다. 징병제와 모병제
   라. 조기 해외 유학

제 II 부
글의 원리와 글 쓰는 법

제 II 부

글의 원리와 글 쓰는 법

4장
글의 원리

4.1 글의 구성 요건

글은 크게 나누어 글쓴이 자신만 읽기 위한 글과 다른 사람으로 하여금 읽도록 하는 글로 구분된다. 자신만 읽기 위한 글은 메모나 수첩의 기록, 강의 노트, 일기, 비망록, 잡기장, 연습장 등의 글을 들 수 있다. 이러한 글은 자신만을 위해 쓰고 자신만이 보기 위한 것이므로 어떤 구성을 취하든 상관없다.

예시 example | 비망록

나는 공대를 나와 지금까지 공학 일만 해왔다. 그래서 나를 한마디로 정의하면 머리부터 발끝까지 공학으로 채워진 순수한 공학인이라 할 수 있다. 학교 다닐 때는 연애할 시간까지 아껴가며 수학과 과학 공부에 매달렸었다.

그런데 막상 사회에 나와 직장 업무에 임해 보니 하루 일과의 대부분이 글쓰기였다. 업무상 연락을 주고받느라 끊임없이 글을 써야 했고 상대방이 보내 온 전자메일을 읽고 답장을 써야 했다. 회의가 있는 날이면 어김없이 회의 자료를 준비하느라 글을 써야 했고 회의가 끝나면 회의 내용을 바탕으로 회의록을 정리하느라 글을 써야 했다. 관공서에 공사 관련 협조 요청 공문을 작성하는 것도 글쓰기였다. 실행 예산 보고서도, 결재 서류도, 업무 정리 작업도 모두 글로 쓰는 것이었다. 결국 업무 능력이란 글쓰기를 잘하는 것이었다.

직장일로만 글쓰기가 필요한 게 아니었다. 홈페이지나 블로그, 페이스북, 유튜브 등 나만의 개인적 공간을 가꾸어나갈 때도 글쓰기가 필요했다. 인터넷을 통해 내 의견을 말하고 싶을 때도, 게시판에 올라온 누군가의 글에 댓글을 달고 싶을 때도 글쓰기를 해야 했다.

이제부터 나는 나의 글쓰기 능력을 키우기 위해 다음과 같이 계획을 세워 스스로 글쓰기 공부를 하려 한다. 첫째, 매일 일기를 쓴다. 그 일기는 나의 하루 일과를 마치 보고서를 쓰듯 정리하는 방식을 취할 것이다. 둘째, 매주 책 한 권을 읽는다. 글을 잘 쓰려면 쓸거리가 있어야 한다. 쓸거리는 독서를 통해 확보할 수 있다. 그래서 주말에는 읽은 책의 내용 중 가장 인상에 남는 부분을 그대로 베껴 쓰면서 분야별로 정리하여 쓸거리의 자료로 삼을 것이다. (하략)

- 내가 나에게 남기는 비망록
○○건설회사 과장, 진시황

다른 사람에게 보여주는 글은 그 글을 읽는 상대방이 정확하게 이해할 수 있도록 세심한 주의를 기울여야 한다. 공학계에서 다른 사람에게 보여주는 글은 주로 업무 문서라 할 수 있다. 이를 구체적으로 열거하면 회의록을 비롯하여 조사 보고서, 관찰 보고서, 예산 보고서, 실험 보고서, 출장 보고서, 기술 보고서, 진척 보고서, 검사 보고서 등의 각종 보고서와 회의 자료, 공문서, 사용 안내서, 물품 설명서, 제품 사양 소개서, 신청서, 연구 계획서, 출장 계획서, 제안서, 편지, 논문, 책 등에 이르기까지 다양하다.

예시 example | 회의록

회의 개요	
1. 일시	2027. 11. 5.(금) 16:00~18:00(2시간)
2. 장소	진시황 빌딩 25층 제8회의실(2508호)
3. 참석	뮬란, 베르테르, 변학도, 성춘향, 심학규, 싱클레어, 이몽룡, 홍길동(총 8명)
4. 안건	광고 제작 컨셉
회의 내용	
1. 주제(1)	광고 컨셉 아이디어 건
세부 내용	1) 12. 17.(금)까지 각 부서별로 자료 조사 후 보고서 제출. 2) 12. 24.(금) 16시 컨셉 결정. 3) 아이디어 제안 - 뮬란 : 환경 보호 중심 소재에 대한 필요성 환기. - 베르테르 : 저탄소 생활 중심의 이야기 수집. - 변학도 : 공해로 인한 오염 상황 취재. 4) 제작 단계 회의 - 아이디어 구체화를 위해 각자 스케치 노트 준비할 것. - 회의록 : 각 부서의 의견을 모아서 회의록 보강.

2. 주제(2)	광고 스토리텔링 및 제작 방식에 관한 건
세부 내용	1) 제작 방식 : 펜툴을 이용하여 해당 이미지 만들기. 2) 스토리텔링 : 카톡 단톡방에 조사 자료 공유할 것.
향후 과업	
1. 과업(1) 자료 수집	1) 컨셉 조사기간 : 12. 10.(금)까지: 조사한 내용 단톡방에 공유 2) 담당 : 총원
2. 과업(2) 작업 절차	1) 각 부서별 : 12. 13.(월): 컨셉 결정 → 타깃 설정 → 보고서 작성 2) 팀장 회의 : 12. 24.(금): 각 부서별로 제출된 보고서 검토 → 컨셉 결정 → 타깃 설정 → 레이아웃 결정 3) 담당 : 각 부서별 팀장(8명)

4.1.1 글의 형식적 구성 요건

보고서나 신청서, 계획서, 제안서, 논문 등은 각 기관별로 각각의 업무에 맞게 '작성 양식'이 이미 정해져 있는 경우가 많다. 대개는 보고서 작성 지침, 발간 지침, 배부 지침이 각각 따로 정해져 있다. 작성 지침은 표지, 표제지, 머리말, 차례, 표 목차, 그림 목차, 본문, 참고문헌, 부록, 저자약력, 발행사항, 판형 등으로 구분되어 각각에 대한 세부 지침이 자세하게 제공된다.

예시 example

제1장 보고서 작성

제1조(보고서의 작성) 보고서는 표지, 표제지(또는 제출문), 머리말, 차례, 표 목차, 그림 목차, 본문, 참고문헌, 부록, 저자약력 및 발행 사항 순으로 작성한다.

제2조(판형) ① 보고서는 신국판을 기본으로 하되, 부득이한 경우 그 판형을 달리할 수 있다.

1. 신국판 : 150 mm × 222 mm
2. 사륙배판 : 190 mm × 260 mm
3. 국배판 : 210 mm × 297 mm

제3조(표지 및 표제지) ① 표지에는 국어공학원 등록번호, 국가기록원의 발간등록번호, 보고서 제목, '국립공학원'(국립공학원 로고 포함)을 넣는다. 용역보고서 및

보조사업보고서도 이와 같이 하되, 발간기관명은 '국립공학원'(국립공학원 로고 포함)만 적되, 보고서의 성격에 따라 '국립공학원'(국립공학원 로고 포함)과 해당 기관을 함께 적을 수 있다.

② 표제지도 표지와 같이 하되, 표제지에는 연구책임자의 이름을 적는다.

③ 뒷표지에 중앙에 '국립공학원'(국립공학원 로고 포함)을 넣는다.

④ 표지의 양식은 별도의 '보고서 작성 양식'에 따르며, 표지에 사용되는 글자 크기와 글자체, 국립공학원 로고, 표지 디자인 등은 별도의 '보고서 양식 샘플'을 활용한다.

⑤ 용역보고서 및 보조사업보고서에 연구책임자를 따로 명시할 필요가 있을 경우에는 연구책임자명을 표제지에 기입한다.

제4조(연구책임자명) ① 연구보고서에 사용하는 연구책임자명은 보고서의 성격에 따라 '담당연구원 ○○○'이나 '○○○'를 사용할 수 있다.

② 연구책임자명을 표지에 적지 않은 경우 저자약력 소개란에 '담당연구원 ○○○'을 기재한다.

제5조(머리말) ① 연구보고서에는 반드시 국립공학원장(이하 '원장'이라고 한다.) 명의의 머리말을 기재한다. 머리말의 원고는 별도의 '보고서 작성 양식'에 따라 연구책임자가 작성하여 원장의 승인을 얻어야 한다.

② 용역보고서 및 보조사업보고서는 연구책임자 또는 보조사업자가 보고서의 성격에 따라 필요하다고 판단하는 경우 원장 명의의 머리말을 기재한다.

제6조(제출문) 용역보고서 및 보조사업보고서에는 별도의 '보고서 작성 양식'에 따라 용역자 또는 보조사업자 명의의 제출문을 첨부한다. 제출문에는 연구책임자 등 참여연구자의 명단을 기입하고 필요한 경우 연구협력기관, 연구자문위원의 명단을 기입한다.

제7조(목차) ① 목차는 내용 목차, 표 목차, 그림 목차 순으로 작성하며 각각의 해당 페이지를 명시하여야 한다.

② 목차는 장, 절까지만 기재하는 것을 원칙으로 하되 필요 시 다음 표제까지 기재할 수 있다.

제8조(참고문헌) 보고서에는 반드시 참고 문헌을 첨부하여야 한다. 참고 문헌은 별도의 '보고서 작성요령'의 기준을 준용한다.

제9조(저자 약력 및 발행 사항) ① 저자 약력은 최종학력, 주요 경력, 주요 저서, 현직을 주내용으로 간단하게 적는다.

② 연구책임자 외의 참여연구자의 약력은 생략할 수 있다.

③ 참여연구자의 약력 및 발행 사항은 별도의 '보고서 작성 양식'에 따라 기재

한다.

제10조(등록번호) ① 등록번호는 국립공학원 등록번호와 국가기록원의 발간등록번호를 말한다.

② 국립국어원의 등록번호는 다음의 예시와 같이 발행순서에 따라 부여한다.

1. 연구 2007-1
2. 정기간행물 2007-2
3. 연수 교재 2007-03
4. 각종 홍보 자료 2007-4

③ 모든 보고서는 국가기록원의 발간등록번호를 받되, 대외비적 성격을 갖는 보고서는 국가기록원의 번호를 받지 않는다.

④ 별도의 '보고서 작성 양식'에 따라 표지 및 표제지, 등배에 국립공학원 등록번호와 국가기록원의 발간등록번호를 기입한다.

작성 지침과 세부 지침을 확인한 후에는 글의 형식을 어떻게 구성할지 생각해야 한다. 글의 형식은 곧 글의 종류와도 일맥상통하는데, 보고서 형식, 논문 형식, 일기 형식, 독후감 형식 등이 있다. 독후감 형식은 가장 먼저 책을 읽게 된 동기로부터 시작하여 책의 개략적 내용 소개, 독서 후의 감상, 교훈 등의 순서를 취한다. 보고서는 보고를 받는 담당 부서와 담당자 이름을 명기하고 보고할 내용, 작성자, 작성날짜 순으로 구성한다.

예시 example | 견학 보고서

견학 보고서

담당부서 : ______________
담당자 : ______________

- 견학 장소
- 견학 날짜 및 시간
- 견학 참석자
- 견학 목적
- 견학 내용
- 견학 후 느낀 점
- 다음 견학 희망 사항

작성자 : ______________
작성 날짜 : ______________

4.1.2 글의 내용적 구성 요건

글의 내용적 구성이란 글을 어떻게 짤 것인가의 문제이다. 글쓰기에서 '글을 짠다'는 것은 글의 목적이 가장 선명하게 드러날 수 있도록 기술 순서를 정하는 것이다. 기술 순서란 글을 어디서 시작해서 어디서 끝내야 할지를 정하는 것으로, 좀더 구체적으로 말하면, 먼저 글의 내용을 몇 부분으로 구성할 것인지, 각 부분은 어떤 순서로 배열할 것인지, 그 순서는 어떤 논리에 바탕을 두고 어떻게 연결할 것인지를 고려하는 것이다.

일반적으로 글을 구성하는 방법은 크게 2단 구성, 3단 구성, 4단 구성, 5단 구성으로 구분할 수 있다.

4.1.2.1 2단 구성

2단 구성이란 '결론 - 본론'식으로 신문기사문에서 많이 볼 수 있는 글쓰기 방식이다. 2단 구성은 글쓴이가 드러내고자 하는 글의 목적을 맨 앞에 제시한 후 그 뒤에 구체적인 설명을 덧붙이는 형식이다. 이러한 구성법은 글의 목적이 매우 분명하게 드러나므로 뉴스나 보고서 등 단순한 문서를 쓸 때 주로 사용한다.

예시 example | 2단 구성

남자와 여자는 근본적으로 다르다. '화성에서 온 남자, 금성에서 온 여자'라는 우스갯소리가 있듯이 남자와 여자는 같은 사건을 놓고 반응하는 태도나 행태가 현저히 다르다. (결론)

남녀가 다르게 태어났다는 말은 전혀 허황된 것이 아니다. 미국 펜실베이니아대학 연구팀은 8~22세의 아이와 젊은이 1,000명을 대상으로 연구한 결과, 남성과 여성은 두뇌의 구조 자체가 서로 다르다는 분석을 내놓았다. 연구팀은 여성의 뇌가 좌반구와 우반구 간의 연결이 남성보다 더 촘촘한 반면, 남성의 뇌는 반구 내에서의 연결망이 여성의 뇌보다 더 촘촘한 특징을 보이고 있는 것을 확인했다.

이것이 의미하는 바는 평균적인 남성들은 혼자서 하는 자전거 타기나 비행기 조종에 능숙한 반면, 여성들은 여럿이서 같이 문제를 해결하거나 멀티태스킹을 하는 일에 더 능숙한 특징을 보이는 것과 관련이 있다는 것이다. 이번 연구를 수행한 라지니 베르마 박사는 이 연구가 "왜 남성과 여성이 각각 다른 분야에서 뛰어난 면을 보이는지를 설명해준다."고 말했다. (본론)

4.1.2.2 3단 구성

3단 구성은 '서론 - 본론 - 결론' 또는 '기 - 서 - 결'로 표현한다. '초장 - 중장 - 종장'으로 구성되어 있는 우리나라의 시조도 이에 해당한다. BC 384년, 그리스에서 출생한 아리스토텔레스는 『시학』에서 3단 구성을 '시작 - 중간 - 끝'으로 표현하고 이에 대한 자세한 설명을 곁들인 바 있다. 아리스토텔레스에 의하면 글의 핵심 원리는 구성(plot)이고, 구성은 한 편의 글을 만드는 데 있어서 가장 중요하다는 것이다. 『시학』 6장을 보면, '시작'은 선행되는 글쓰기가 필요치 않고 다음에 올 글만 준비하는 것을 의미하고, '중간'은 시작한 이야기를 받아 잘 이끄는 것을 의미하며, '끝'은 그 다음 글쓰기가 필요 없는 것이다. 이 구성은 오늘날 가장 널리 애용되는 글쓰기 구성 방식이다.

> 구성은 시작과 중간과 끝이 있다. 시작은 앞은 없고 뒤가 있는 것이고, 중간은 앞이 있고 뒤도 있는 것이며, 끝은 앞은 있고 뒤는 없는 것이다.
>
> \- 아리스토텔레스 〈시학〉

영국의 작가이며 문학이론가인 E.M.포스터는 아리스토텔레스의 구성이론을 더욱 명쾌하게 설명한 바 있다. 그에 따르면 구성이란 글의 앞뒤가 필연적인 인과관계가 있도록 결합시켜 놓은 것을 말한다는 것이다. 예를 들면 '왕이 죽었다. 얼마 안가서 왕비도 죽었다.'라고 글을 쓰는 경우는 사건들을 그저 연속적으로 결합시켜 놓은 것에 불과한데, '왕이 죽었다. 얼마 안가 그 슬픔으로 왕비도 죽었다.'라고 기술하는 경우는 원인(그 슬픔으로)과 결과(왕비도 죽었다)의 관계맺음을 하는 것으로 이것이야말로 제대로 글을 구성한다고 볼 수 있다는 것이다.

3단 구성은 언뜻 생각하면 '본론'이 가장 중요한 것처럼 착각하기 쉬운데, 제대로 3단 구성을 하려면 서론은 본론과 결론의 요소를 품고 있고, 결론은 서론과 본론으로부터 필연적인 인과관계가 있도록 해야 한다.

예시 example | 3단 구성

서론 : 댐의 일반적인 특성
본론 : 한국 댐의 특징과 기능
(일반적인 댐과 한국 댐을 연관시키면서 작성한다.)
결론 : 댐의 필요성과 해악, 그리고 자연환경과의 관계
(본론에서 거론된 댐의 특징 및 기능과 연관시켜 작성한다.)

4.1.2.3 4단 구성

4단 구성은 '기 - 승 - 전 - 결(起承轉結)'의 형식으로, 이는 한시의 형식 가운데 절구(絕句)를 구성하는 방법이다. 기(起)구에서는 시상(詩想)을 일으키고, 승(承)구에서는 그 생각을 이어받아 발전시키며 전(轉)구에서는 그 뜻이나 사상을 새롭게 전환시키고, 결(結)구에서는 기승전(起承轉)구의 뜻을 종합하여 전체를 묶어서 여운(餘韻)과 여정(餘情)이 깃들도록 끝맺는다. 이러한 구성법은 앞뒤의 내용을 다시 음미해 볼 수 있도록 문학적 효과를 주는데 바람직하다. 보통 기승전결이라 할 때, '기(起)'는 '서론'에 해당하고, '승(承) - 전(轉)'은 '본론1 - 본론2'에 해당되며, '결(結)'은 '결론'에 해당된다고 보면 된다.

예시1 example | 4단 구성

山中問答<산중문답>

이태백

기(起) --- 問余何事棲碧山(문여하사서벽산)
승(承) --- 笑而不答心自閑(소이불답심자한)
전(轉) --- 桃花流水杳然去(도화류수묘연거)
결(結) --- 別有天地非人間(별유천지비인간)

기(일으켜서) - 그대는 어이하여 이런 산중에 혼자 사냐고 묻기에
승(이어받아) - 웃으며 대답하지 않았지만 마음만은 스스로 한가롭구려.
전(전환하고) - 복사꽃은 물에 흘러 아득히 멀리 떠내려가는데
결(끝맺는다) - 인간세계가 아닌 별천지가 바로 여기 있구나.

예시2 example | 4단 구성

시세의 기승전결(시세 Life's cycle) 구조의 이해
: 클라이막스는 짧고 침체는 길다

blog.naver.com/bestrs/80142138102

기 : 인간의 삶이 유한하듯, 기업도 유한하다 보니 인생이나 기업이나 각각의 인생 주기(life cycle)를 놓고 보면 비슷한 점이 많다.

승 : 기본적으로 주가의 초기 시세는 완만하다. 그러다가 특정 주식이 점차 시장의 관심 종목으로 부각되면 주가는 45도 이상으로 급상승한다. 이때가 가장 탄력 있는 시기이다.
전 : 그런데 주가는 시세를 분출하고는 이내 장기간의 침체에 들어선다. 역시 클라이막스는 짧고 침체는 길다.
결 : 사람은 한번 죽으면 끝나지만 기업은 M&A 및 사업 영역 확대 등으로 결에서 다시 기승전결로 새로운 시세를 형성할 수 있다. 그러므로 주가는 기승전결의 계속된 반복이라고 할 수 있다.

4.1.2.4 5단 구성

5단 구성은 '발단 - 전개 - 위기 - 절정 - 결말'의 형식으로, 보통 문학에서 이야기를 전개하는 방식으로 사용한다. 발단은 어떤 글의 시작이자 사건의 실마리가 싹트는 단계로, '그의 문제 제기가 토론의 발단이었다'거나 '서로 자기주장이 옳다고 언성을 높인 것이 싸움의 발단이 되었다'라고 기술한다. 전개는 어떤 사건이 차츰 진전되며 이야기가 복잡하게 얽히고 갈등이 표면화되는 단계이다. 위기는 갈등이 높아져 사건의 극적 반전이 나타나는 한편 새로운 사건이 발생하게 되어 다음 단계인 절정을 유발시키는 단계이다. 절정은 갈등이 최고로 높아지며 주제가 슬그머니 드러나면서 사건 해결의 열쇠가 나타나는 단계이다. 결말은 사건이 해결되는 단계로서 모든 갈등과 위기가 해소되고 사건의 윤곽과 등장인물의 운명이 분명해지는 해결의 단계이다. 이러한 구성의 특징을 보여주고 있는 우리나라의 고전소설 『춘향전』을 예로 들면 다음과 같다.

예시 1example | 5단 구성

발단(發端) : 남원 부사의 아들 이몽룡과 퇴기 월매의 딸인 성춘향이 만나 백년가약을 맺는다.
전개(展開) : 본관사또는 춘향에게 수청 들기를 강요하고 춘향은 정절을 내세우며 이를 거부하다가 하옥된다.
위기(危機) : 이몽룡이 과거에 장원급제 한 후 어사가 되었으나 걸인의 모습으로 남원에 나타나고 춘향은 변함없는 사랑과 정절을 드러낸다.
절정(絕頂) : 이몽룡은 본관사또의 화려한 생일잔치에 참석하여 본관사또의 폭정을 풍자하고 암행어사 출도로 본관사또를 봉고파직한 후 능청스럽게 춘향을 시험하나 춘향은 변함없는 절개를 보인다.
결말(結末) : 춘향은 정렬부인이 되어 이몽룡과 행복한 백년동락을 누린다.

예시 2example | 5단 구성

술자리의 5단 구성

blog.naver.com/dorocinante/150179082690

나의 소중한 작업실

발단 : 술자리가 시작되는 지점, 적당히 어색하다. 모인 사람들은 주로 폰을 보며 친구를 부르는 척 하거나 근황을 묻는 대화를 한다.

전개 : 안주가 나오며 흥이 돋는다. 좀 더 심도 있는 근황 토크가 시작된다. 다들 본격적으로 말이 많아진다. 한 두 명은 이 단계에서부터 얼굴이 붉어지기 시작한다.

위기 : 빈 술병이 나뒹굴기 시작한다. 다들 취기가 오른다. 술 못 마시는 사람은 얼굴이 완전히 붉어진다. 속도가 빠른 집단은 안주를 다 해치운다.

절정 : 고성방가가 따로 없을 정도로 시끄러워지며 이 시점부터 기억을 잃는 사람들이 속출한다. 다들 자기가 무슨 생각을 하고 있는지 모른다. 그 중에 제 정신인 사람은 취한 사람을 구경하며 집에 빨리 가고 싶다고 생각한다. 폭력적인 성향을 띤 사람은 싸움을 일으키기도 한다.

결말 : 아쉬움과 푸른 새벽 공기 속에서 술자리는 끝을 맞이한다. 회비를 걷거나 돈 잘 버는 사람이 계산을 한다. 차가 있는 사람은 대리를 부르고, 나머지는 콜택시를 부른다. 집이 가까운 경우는 도보를 이용하여 귀가한다. 분위기에 취해 또는 술이 아쉬워 2차나 3차를 가는 사람들도 있다.

4.2 글의 내용 요건

글의 내용은 자신의 생각을 쓰는 것만으로 그치는 것이 아니다. 글의 내용은 자신의 생각이 다른 사람에게 제대로 전달되었느냐의 여부나 다른 사람의 생각이 변하도록 얼마나 영향을 미칠 수 있는가가 더 중요하다. 그러기 위해서는 글의 내용이 정확성, 중요성, 논리성, 공정성, 충분성, 적절성, 깊이, 넓이, 독창성, 명료성, 일관성, 타당성을 갖추어야 한다.

1) 정확성

정확성(accuracy)이란 글의 내용이 부정확하지 않고 정확하다는 것이다. 정확하다는 것은 글의 내용이 어떤 사물이나 사건의 실제에 맞다는 것이다.

소들은 대부분 30년 넘게 산다.

이 문장에 나타난 글쓴이의 생각은 짐작이 가능하다. 글쓴이는 어떤 장소에 있는 특정한 소를 관찰한 후 소들이 30년 이상 살고 있는 상황을 기술한 것이다. 그러나 이 문장은 결코 정확하다고 말할 수 없다. 왜냐하면 소의 평균수명은 15년 안팎이기 때문이다. 이처럼 사실과 일치하지 않는 문장은 정확성이 떨어진다고 말한다. 정확성은 사실과의 관련 여부나 '참'과 관련된 정도를 가지고 판단한다. '참'이란 어떤 진술을 입증할 수 있는 강력한 증거가 뒷받침되는 경우에만 확보될 수 있다. 위의 문장은 다음과 같이 고쳐 써야 정확성을 가진다고 할 수 있다.

소들은 대부분 15년 정도 산다.

---

2) 중요성

중요성(importance, significance)은 글을 쓰고자 하는 주제와 관련된 여러 목적, 개념, 정보 가운데에서 좀 더 중요한 목적, 개념, 정보에 더 주의하는 것이다. 중요성은 목적에 부합되는 정도로 평가가 가능하다. 목적을 잘못 알고 있거나 목적에 해당하는 세부사항을 빠뜨리는 경우는 중요성이 떨어진다고 말한다.

3) 논리성

논리성(logicalness)은 문장의 내용이 조리 있게 결합되는 정도를 말한다. 문장들이 서로 지지하고 있는 내용으로 구성되고 그래서 의미가 있다면 그 글은 논리적이라고 말할 수 있다. 이와 달리 문장들이 서로 연관되지 않고 따로 놀거나 또 서로 모순이 된다면 그런 글은 비논리적인 글이라 할 수 있다.

내가 만든 창은 어떤 방패도 뚫을 수 있는 세상에서 가장 강한 창이다.
내가 만든 방패는 어떤 창도 뚫을 수 없는 세상에서 가장 강한 방패다.

위 내용은 '모순'이라는 용어가 유래된 중국의 고사에 나오는 말이다. 모든 방패를 뚫는 창과 모든 창을 막는 방패는 동시에 존재할 수 없다. 논리성 있는 글은 이러한 모순이 없는 문장으로 엮인 글을 말한다.

4) 공정성

공정성(fairness)이란 어떤 주제에 대해 글을 쓸 때, 자신의 견해가 정당화될 수 있다는 것을 확신할 수 있게 만드는 것이다. 사람들은 글을 쓸 때, 흔히 자기기만에 빠지기 쉽다. 그것은 글을 쓸 때 자신의 견해를 정당화시키기 위해 의식적이든 무의식적이든 자신의 견해와 다른 중요한 정보를 빠뜨릴 수 있다는 것이다. 공정성 높은 글을 쓰기 위해서는 주제와 관련된 중요한 정보가 빠졌는지를 확인하는 세심함과 겸허함이 필요하다.

5) 충분성

충분성(sufficiency)은 어떤 주제에 대해 글을 쓸 때, 주제를 뒷받침하는 소주제문을 가장 먼저 구성하는 데 그 소주제문의 내용을 뒷받침할 수 있는 근거를 여러 면에서 다각도로 서술해주는 것을 말한다. 충분성은 글을 쓰는 목적과 요구에 적절하도록 주제와 관련된 세부사항들이 철저히 고려 되었는가로 판단할 수 있다.

6) 적절성

적절성(relevance)은 어떤 글이 제기된 문제나 주제와 잘 맞아떨어지는 정도를 말한다. 맞아떨어진다는 의미는 글의 내용이 서로 적절한 연관을 맺고 있다는 뜻이다. 연관의 정도는 글의 내용에서 인과관계의 긴밀성으로 평가할 수 있다.

열심히 노력한 결과 좋은 성적이 나왔다.

위의 문장은 인과관계의 긴밀성이 약하다. 열심히 노력했다고 해서 반드시 좋은 성적이 나오지 않기 때문이다. 열심히 노력하지 않았다고 생각했는데도 좋은 성적이 나올 수 있는 가능성은 얼마든지 있다. 따라서 이 문장은 적절성이 약하다고 할 수 있다.

7) 깊이

깊이(depth)는 글의 주제를 피상적으로 다루지 않고 주제 안의 복잡한 사안을 파악해서 본질까지 다루는 정도를 말한다. 그러려면 주제에 포함될 수 있는 세부 사항에 대해 면밀히 검토하여 용의주도하게 설명해야 한다.

8) 넓이

넓이(breadth)는 글쓴이의 관점과 관련이 깊다. 한 가지 관점에서만 쓰여진 글은 폭넓지 못하다고 평가된다. 글을 폭넓게 쓰려면 먼저 한 관점을 취해 충분히 깊이 있게 사고한 다음 대안이 되는 다른 관점을 취해 또 충분히 깊게 사고한 뒤에 써야 한다. 사람들은 흔히 선입견에 젖어 있는 경우가 많기 때문이다. 폭넓은 글을 쓰려면 열린 마음과 다각도로 관심을 기울이는 포용력 있는 태도가 선행되어야 한다.

글의 내용 구성 요건 중 독창성, 명료성, 일관성, 타당성은 글의 내용을 구성하는 가장 기본적이고도 대단히 중요한 요건이기 때문에 아래에 따로 기술하기로 한다.

4.2.1 독창성

독창성(originality)은 글의 내용을 구성하는 가장 핵심적인 요건이다. 글의 생명력이라 할 수 있는 독창성은 달리 말해 창의성이라고도 하는데, 어떤 문제에 대해 새로운 해결안을 제시하거나 새로운 고안을 해내는 것이다. 그런데 '하늘 아래 새로운 것은 없다'는 <성경(전도서)>의 구절처럼, 모든 것은 이미 있는 것이다. 그러므로 독창성이란 이전에는 결코 존재하지 않았던 전혀 새로운 것을 만들어내는 것이 아니다. '모방은 창조의 어머니'라는 경구나 아리스토텔레스가 <시학>에서 '기술은 자연을 모방하고, 창작술은 인간의 행위를 모방하는 기술'이라고 설파했던 것처럼, 독창성이란 이전에 이미 있어왔던 것들에 새롭게 기능을 추가한다거나 다른 사람이 미처 생각하지 못한 작은 아이디어를 첨가하여 새로운 형태로 다시 만드는 것이다.

흥행에 크게 성공했던 배용준 주연의 한국 영화 『스캔들 - 조선남녀상열지사』는 18

세기 프랑스의 사교계를 무대로 한, 쇼데를로 드 라클로(Choderlos de Laclos)의 『위험한 관계』라는 책의 내용을 각색한 것이다. 이 영화는 『위험한 관계』라는 원작을 영화화하는 과정에서 무대를 프랑스에서 조선시대 사교계로 바꾸었다. 물론 이 영화는 프랑스 귀족에게 한복만 입힌 것이 아니라 한국적인 정서와 역사성을 갖춘 한국 영화로 다시 가공한 것이다. 푸른 나뭇잎이 우거진 사이로 드러나는 기와집, 강한 보색 대비를 이룬 배우들의 한복, 여백의 미가 돋보이는 한국화, 양반가의 좌식 안방 풍경 등은 이 영화를 한국 양반가의 한 이야기로 탈바꿈 시켰다.

예를 하나 더 들어보자. 세상 사물의 이름과 의미와의 관계를 노래한 김춘수의 시 『꽃』은 장정일 시인에 의해서 전혀 다른 작품으로 새롭게 태어났다. 김춘수의 『꽃』은 언어가 단순한 도구에 지나지 않는 것이 아니라 인식의 근본적인 조건이라는 철학적 성찰을 우리에게 보여주고 있다. 그런데 김춘수의 『꽃』을 패러디한 장정일의 시 『라디오와 같이 사랑을 끄고 켤 수 있다면』에서는 김춘수의 『꽃』과 달리, 현대인의 일회적이고 찰나적인 인스턴트식 사랑을 풍자하고 있다.

예시1 example | 김춘수, 〈꽃〉

꽃

김춘수

내가 그의 이름을 불러 주기 전에는
그는 다만 하나의 몸짓에 지나지 않았다
내가 그의 이름을 불러 주었을 때
그는 나에게 와서 꽃이 되었다
내가 그의 이름을 불러 준 것처럼
나의 이 빛깔과 향기에 알맞은
누가 나의 이름을 불러다오

그에게로 가서 나도 그의 꽃이 되고 싶다
우리들은 모두 무엇이 되고 싶다
너는 나에게
나는 너에게
잊혀지지 않는 하나의 눈짓이 되고 싶다

예시2 example | 장정일, 〈라디오와 같이 사랑을 끄고 켤 수 있다면〉

라디오와 같이 사랑을 끄고 켤 수 있다면

장정일

내가 단추를 눌러 주기 전에는
그는 다만 하나의 라디오에 지나지 않았다.

내가 그의 단추를 눌러주었을 때
그는 나에게로 와서 전파(電波)가 되었다.

내가 그의 단추를 눌러 준 것처럼
누가 와서 나의 굳어 버린 핏줄기와 황량한 가슴 속
버튼을 눌러다오.

그에게로 가서 나도
그의 전파가 되고 싶다.

우리들은 모두 사랑이 되고 싶다.
끄고 싶을 때 끄고 켜고 싶을 때 켤
라디오가 되고 싶다.

이와 같이 독창성 또는 창의성이란 누군가가 이미 해놓은 것이라 할지라도 새로운 의미나 가치가 파생될 수 있도록 재구성하는 경우에도 해당한다. 이것은 독창성 있는 보고서나 논문을 쓸 때도 마찬가지이다. 보고서든 논문이든 한 편의 글을 쓰기 위해서는 먼저 선행 자료 조사를 해야 하는데, 이 때 조사된 자료 중에서 자신의 글에 인용하고 싶은 부분을 컴퓨터에 입력해 두거나 메모해 두는 것이 바로 독창성 있는 글의 시작이 된다. 물론 너무 많은 인용은 자기 문장이 아니라 인용문 내지 표절이라 하여 무의미한 글로 치부된다. 인용문은 자신의 문맥과 잘 배합되어 조화를 이루어야만이 비로소 독창적인 내용을 생산할 수 있는 것이다. 이러한 글의 예는 다음 인용문에서 찾을 수 있다.

예시3 example | 이진경, 〈모더니티의 지층들〉

어린이날이 제정되기 불과 몇 십 년 전까지 아이들은 『동몽선습』을 기본으로 한 조선시대 성리학의 가르침 속에 있었고, 이 지침서는 '부모가 사랑하시면 기뻐하여 잊지 못하고, 미워하시면 두려워할 뿐, 원망하지 않는' 아니, 심지어 '부모가 노하여 때려서

> 피가 흘러도 감히 원망하지 않는' 아이를 기대했다. 게다가 많은 전래동화는 여전히 부모의 병을 고치기 위해 자식을 버리는 매정한 효부의 이야기를 전한다. 이전 시대에 가족을 둘러싼 미담의 다수는 어려운 삶의 조건 속에서 조상과 후손을 잇는 끈을 어떻게 유지하고 이어갔던가를 다루고 있다. 그리고 이야기 속 아이들은 가문의 구성원으로서 활동하고 있었다. 그때의 아이는 어머니의 세계가 아니라 아버지의 법 안에서 교육받고 양육되고 있었다.
>
> - 이진경 외(2007), 『모더니티의 지층들』, 174쪽..

위의 글은 자신의 주장을 펴기 위해 『동몽선습』에 나오는 내용과 전래 동화의 내용을 끌어다 자신의 글 속에 인용하고 있다. 위 글처럼 남의 글을 인용할 때는 자신의 주장을 뒷받침하기 위한 용도로만 사용해야 한다.

4.2.2 명료성

명료성(precision)은 다른 말로 하면 구체성이다. 명료하다는 것은 어떤 글의 내용을 이해하는 데 필요한 세부 사항이 제공되고 있다는 뜻이다. 명료한 느낌을 주는 글을 쓰기 위해서는 상세하고 구체적으로 써야 한다. 예컨대, '냉장고에 우유가 있다'라는 진술 대신 '냉장고에 500 mL 우유가 1병 있다'는 식으로 정밀한 양이나 수치를 제시하는 것이 바람직하다. 또한 어떤 진술에 있어 본인의 주장이 옳다는 것을 입증하려면, '어떻게 그것이 정확한지', '어떻게 확인할 수 있는지'를 명백한 기준을 가지고 구체적으로 제시해야 한다.

철수네는 중산층이다.

이 문장에는 중산층에 대한 정확한 정보가 들어 있지 못하다. 중산층은 소득이 얼마이며 재산을 얼마나 소유해야 하는지에 관한 논의가 없는 것이다. 이 문장은 다음과 같이 고쳐야 명료해진다.

중산층은 연소득 3천만~5천만원에 3억~5억 정도의 재산을 가진 계층을 의미한다.

위 문장처럼 어떤 개념은 적용되는 영역과 범위를 엄밀하게 정해줄수록 더 명료해지는 것이다.

4.2.3 일관성

글의 일관성(coherency)은 크게 외적 일관성과 내적 일관성으로 구분할 수 있다. 외적 일관성이란 글쓴이의 서술방식이나 태도, 문체, 종결어미 등을 통해 나타나는, 즉 글의 내용 외적인 측면에서 동일한 방법을 유지하는 것이고, 내적 일관성이란 글의 내용을 배열하는 방식에 있어서 동일성을 유지하는 것이다. 글의 내용을 시간적 혹은 공간적 순서에 의하여 배열하거나 아니면 논리적 순서에 의해 조직하는 글쓰기 방식도 글의 일관성을 유지하는 좋은 방법이다.

세부적으로 글의 일관성을 유지하기 위한 방법으로는 중심 단어(keyword) 몇 개를 선택하여 그 단어가 포함된 중요어구를 반복함으로써 독자들이 글쓴이의 의견에 집중하고 일관된 개념을 유지할 수 있게 하는 방식이 있다. 더 나아가서는 중심 단어와 본질적으로 같은 뜻을 나타내는 유의어를 사용함으로써 글쓴이가 선택할 수 있는 단어의 폭이 현저히 넓어질 수 있다.

생태계(ecosystem)는 상호작용하는 **유기체**들과 또 그들에게 영향을 주고 영향을 받는 주변의 **무생물**의 환경을 묶어 하나로 칭하는 말이다. **생태계**를 연구하는 학문을 **생태학**(ecology)이라고 한다.

한 **생태계**는 **유기체** 집단 전체와 생명의 특별한 분야에 관해서 영향을 끼치는 무생물적인 요소로 이루어져 있다. 어떤 **생태계**의 다양성은 **영양**물질의 순환과, 태양에서 생산자로 소비자로 이어지는 **에너지**의 흐름에 의존한다.

이 글에서 중심 단어는 '생태계'이다. '유기체', '무생물', '생태학', '영양', '에너지' 등의 단어는 중심 단어인 '생태계'를 설명하기 위해 동원된 연관 단어들이다. 이 연관 단어들은 '생태계'라는 중심 단어와 함께 한 문장을 이룸으로써 개념의 일관성을 유지하는 토대가 된다.

4.2.4 타당성

타당성(validity)이란 시인될 수 있는 내용으로 글이 구성되어 있는가의 여부이다. 타당성에는 보편적 타당성이라든가 객관적 타당성이라고 부르는 것이 포함된다. 보편적 타당성이란 개별적, 특수적인 것이 아니라 일반적으로 통용되는 것인가를 말한다. 객관적 타당성이란 주관적인 것을 떠나 널리 인정되어 통용되는 것을 말한다.

글을 쓸 때는 시작 단계에서 글을 면밀하게 구성하는 것이 중요하다. 글의 타당도를 높이려면 무엇보다도 글쓴이가 주제를 전개해나갈 키컨셉(key concept)을 만들 필요가 있다. 원고지 5장 분량 정도의 짧은 글에서는 키컨셉이 하나면 된다. 그러나 원고지 10장 이상의 글을 쓸 때에는 키컨셉을 세 개 정도 선택해야 한다. 요컨대 세 개의 키컨셉은 한 편의 글 전체를 구성하는 세 개의 다리이다. 그런데 만약 키컨셉들이 너무 비슷하면 다리 사이의 거리가 너무 가까워서 안정적인 형태가 되지 못한다. 서로 적당히 떨어진 세 개의 다리를 세워서 글의 중심을 잡는 것이 중요하다. 삼각형으로 되어 있는 의자나 테이블이 다리 간의 거리가 서로 멀수록 안정적이듯 마찬가지로 키컨셉이 완전히 다른 것일수록 좀 더 안정적이고 타당도가 높은 글이 된다.

만일 키컨셉이 두 개밖에 없는 경우에는 글의 내용이 직선으로 연결되어 버린다. 그러면 키컨셉 간의 논리가 동일한 것처럼 보여 글의 타당성이 살지 못한다. 이것은 마치 다리가 두 개만 있는 의자와 마찬가지로 불안정한 글이 될 것이다. (사이토 다카시: 2005, 원고지 10장을 쓰는 힘)

예시 example | 이어령, 〈디지로그〉

문명의 수수께끼

"이 세상에서 가장 귀한 보물을 가진 왕자만이 이 세상에서 가장 아름다운 공주를 얻을 수 있다." 이 소문을 들은 세 왕자는 값진 보물을 갖고 공주가 있는 먼 궁성으로 찾아 간다. 그런데 길 위에서 우연히 만난 세 왕자들은 자신들의 보물을 두고 서로 자랑하게 되었다. 맨 먼저 천리안을 가진 왕자가 그 거울로 천리밖에 있는 공주의 모습을 비춰 주었다. 그러자 그 거울에는 놀랍게도 정원을 거닐고 있는 공주가 독사에게 물려 죽어가고 있는 광경이 나타났다.

그것을 본 천리 말을 가진 왕자는 다른 두 왕자를 말에 태우고 번개처럼 공주의 왕성으로 달려갔고, 천년 묵은 불사 초를 가지고 있던 왕자는 그것을 공주에게 먹여 죽음으로부터 소생시켰다. 천리안과 천리마와 천년 묵은 약초가 모두 그 진가를 발휘해 아름다운 공주를 살려낸 것이다. 문제는 그 세 보물 덕분에 다시 살아나게 된 공주가 과연 누구와 결혼해야 되느냐 하는 것이었다. 정보시대에 살고 있는 네티즌들은 당연히 천리안의 왕자라고 할 것이고 자동차시대를 살았던 산업주의 포드주의자들은 천리마의 왕자 편을 들 것이다. 그러나 먹는 것을 하늘을 삼는다는 농자천하지대본의 사상을 지닌 농경시대의 선비들은 누가 뭐래도 불사약을 먹인 왕자와 결혼해야 된다고 주장할지 모른다.

천리안과 천리마 그리고 천년의 불사약은 발단 - 과정 - 결과의 인과율 속에 서로 얽혀 있어서 하나님이 와도 그 중 하나를 따로 떼어낼 수는 없을 것이다.

그런데도 농경시대에 살던 사람들은 불사초약을 먹인 왕자와 결혼하는 것이 정답이라고 생각했다 그 이유는 천리안과 천리마는 단지 사용만 했을 뿐 여전히 남아 있지만 불사약은 이미 공주가 먹었기 때문에 그 왕자만이 보물을 잃게 된 셈이기 때문이다. 그러므로 소유권 상으로 볼 때 사용권을 행사한 두 왕자보다 소유권을 제공한 불사약의 왕자 쪽이 결혼할 권리가 있다.

하지만 지적재산권이 물질의 소유권보다도 파워가 강한 지식정보시대에는 이러한 논리가 통하지 않는다. 소유보다 접속이 더 중시되는 사회에서는 사용권이 소유권보다 더 널리 행사 되고 있어 보이지 않는 지식재산이 재물의 가치를 능가하는 경우가 많다. 소유보다 사용권이 주류를 이루고 있는 이 세상에서 누가 불사약에 대해서만 후한 점수를 주겠는가.

- 이어령, 『디지로그』 중에서

이 글은 불사약, 천리마, 천리안의 3가지 비유적 단어를 키컨셉(key concept)으로 삼아 각각 농경시대, 산업시대, 정보시대를 대입하고 이 세 시대의 특징을 압축적으로 표현함으로써 안정적이면서도 타당도가 높은 내용을 구성해냈다.

4.3 글의 표현 요건

글은 뚜렷하고 분명하게 써야 한다. 그래야 글을 읽는 사람이 글의 내용을 제대로 이해할 수 있다. 이런 의미에서 글은 표현이 무척 중요하다.

공학계에서 말하는 좋은 글은 인문계의 글과 상당한 차이가 있다. 인문계에서는 '마음을 움직이고', '영혼을 울리는' 글쓰기를 지향한다. 이에 반해 공학계에서는 정보와 의견의 선명한 전달을 사명으로 한다. 이러한 지향점의 차이로 말미암아 공학계 글쓰기는 그 나름의 전형적인 글의 표현 방식을 취하게 된다.

4.3.1 한 마디

한 마디로 잘라서 말한다.

한 마디로 자른다는 말은 요점을 짧은 문장에 담는다는 의미다. 업무를 제대로 수행하기 위해서는 많은 서류를 읽어야만 한다. 그런데 그 서류들이 분량이 많다면 일단 읽는 데도 많은 시간이 걸린다. 게다가 긴 글의 요점을 찾는다는 것은 상당한 시간과 수고가 필요하다. 그래서 보고서가 주가 되는 이공계 글쓰기에서는 우선 짧게 써야 하고, 부연 설명이나 에두르는 표현 대신 간결하고 명료한 언어를 구사할 수 있어야 한다. 아래 문장을 살펴보고 간결한 언어의 효과를 느껴보자.

- 다음 사항들을 중요하게 다루어야 한다. → 중요한 것은 다음 사항들이다.
- 오류가 있을 가능성도 염두에 두어야 한다. → 오류의 가능성이 있다.
- 귀 회사에 대해 감사해 하고 있습니다. → 감사합니다.
- 우리 회사는 논쟁에 익숙해진 회사이다. → 우리 회사는 논쟁에 익숙해졌다.
- 주어진 조건하에서 해보겠습니다. → 가능한 한, 해보겠습니다.
- 미리부터 예약되었었다. → 이미 예약되었다.
- 주가의 값이 급하강했다. → 주가가 급하강했다.
- 각 기관마다에 돌려주십시오. → 기관마다 돌려주십시오.
- 가장 우수한 사원의 한 사람이다. → 가장 뛰어난 사원이다.

4.3.2 한 눈

한 눈에 알아볼 수 있게 한다.

전달하고자 하는 내용은 약도와 같이 핵심 내용이 한 눈에 전달될 수 있어야 한다. 신속한 전달을 하기 위해서는 도표나 그래프, 그림과 같은 기호들을 적극적으로 활용하는 글쓰기가 유용하다. 도표, 그래프, 그림 등은 이미지 사이즈, 폰트 사이즈, 행간 및 레벨 등을 세심하게 정하여 명료하게 하되, 반드시 설명이 곁들여져야 한다.

4.3.3 항목 구분

항목을 구분한다.

글을 명료화하기 위해서는 글의 내용을 관련 정보별로 구분하여 항목화 하는 방법도 바람직하다. 특히 긴 글을 항목화 할 때는 항목별로 소제목을 붙이는 것이 좋다.

1. 공학윤리란 무엇인가

공학윤리란 응용윤리의 한 분야로서 공공, 고객, 고용인, 그리고 자신의 전문 분야에 대한 엔지니어가 지켜야 하는 의무의 표준을 이룬다. 이러한 공학윤리는 표준을 만드는 사람의 입장에 영향을 받는 경우가 많은데, 특히 공적인 성격으로서 시민을 위하여 서비스를 제공할 경우와 기업에 고용되어 제품을 개발하고 생산하는 경우는 같은 윤리라는 이름 아래 서로 극단적인 차이를 이루게 된다. 우리나라의 경우에는 공학윤리규약이 명문화되어 있는 경우가 거의 없지만 미국의 경우 많은 전문 공학자 집단에서 공학윤리규약을 명문화해놓았다. 그리고 일반적인 규약의 대전제로는 공공의 안전과 건강을 위하여 자신의 전문적인 지식과 능력을 사용할 것을 두고 있다.

2. 공학윤리의 허점

1986년 1월 28일 미국 우주왕복선 챌린저호는 발사 73초 만에 폭발하여 승무원 7명이 사망하고 미국의 자존심을 추락시켰다. 발사를 앞두고 공학자들은 로켓 추진 장치의 오링의 안전성에 문제를 제기하였지만 이 부품을 만든 회사의 부사장인 메이슨은 회사의 신임도를 생각하여 공학자들에게 침묵을 종용하였고 이는 곧 사고의 원인이 되었다. 이 경우 부사장의 판단과 공학자들의 판단은 공학윤리에 의하여 어떠한 가치를 지니게 되는가. 챌린저호 발사에서 직접적으로 문제를 발견하고 판단하는 사람은 공학자이지 부사장이 아니다. 부사장의 판단이 자신의 분야에서의 공학윤리에 의거하여 옳을지는 몰라도 이는 적절한 판단이 되지 못한다. 하지만 부사장은 책임 엔지니어에게 자신의 판단을 종용하였고 이는 결국 챌린저호의 폭발을 야기하였다. 엔지니어들은 자신들의 전문적 지식을 이용하여 문제가 있음을 확인하였고 문제를 제기하였지만 발사를 막을 권한은 없었고 결국 관리계층의 결정에 따라갈 수밖에 없었다.

3. 공학윤리의 한계

공학윤리에서는 엔지니어가 책임을 다하기 위하여 문제를 제기하고 고위층에게 문제의 해결을 요구하며 고위층의 묵인이 있을 경우 최후의 수단으로서 엔지니어에게 고발의 의무를 지니게 한다. 하지만 이것이 현실적으로 가능한 이야기일까. 일반적으로 공학자들은 관리계층에 대하여 피고용자의 관계에 놓여 있다. 그리고 관리계층이 문제 제기에 대하여 침묵할 것을 요구할 때 이를 수용하지 않고 최후의 선택으로서 고발을 하게 될 경우 공학자는 자신에게 돌아올 피해를 감수하여야 한다. 일반적으로 그 대가는 그 분야에서의 영원한 퇴출이 된다. 이러한 상황에서 공학도들이 자신의 전문 분야에서의 수명을 담보로 하여 문제를 제기할 수 있다고 생각하는 것은 이상에 불과하다.

- http://fluorineacid.mireene.com

4.3.4 부록 처리

통계 분석에 기초한 보고서는 부록으로 처리한다.

복잡한 요인이나 통계 분석에 기초한 보고서는 글의 본문에 넣지 않고 글의 끄트머리에 참고자료로 덧붙여 부록으로 처리해야 한다. 그래야 읽는 이가 글의 요점을 찾기 쉽다.

연 습 문 제

1. 글의 구성 요건에 대하여 설명해 보시오.

2. 글의 내용 요건 중 독창성을 얻기 위한 방법에 대하여 설명하시오.

3. 글을 명료하게 쓸 수 있는 여러 가지 방법에 대하여 설명해 보시오.

4. 글의 타당성을 확보하는 방법에 대하여 구체적인 예를 들어 설명해 보시오.

5장 글 쓰는 법

5.1 다양한 사고

5.1.1 브레인스토밍

글을 쓰려고 할 때 가장 어려운 점은 '무엇'을 써야 할지를 모르는 것이다. 간혹 써야 할 주제가 분명히 주어진 경우라 해도 글을 쓰는 데에 익숙하지 않은 사람은 '무엇'부터 써야 할지에 대해 난감해 한다. 그것은 쓸거리를 찾아내는 사고 능력이 부족하기 때문에 생긴다. 쓸거리를 잡는 사고 능력이 생기면 글쓰기에 대한 두려움은 크게 줄어든다.

쓸거리를 잡는 방법으로 가장 널리 사용되는 전략은 브레인스토밍이다. 브레인스토밍은 1941년 BBDO광고 대리점의 알렉스 F. 오스본(A. F. Osborn)이 개발한 아이디어 생성 기법으로, 그의 저서 『독창력을 신장하라』(1951년)를 통해 널리 알려졌다. 이 기법은 일정한 테마에 관하여 회의 형식을 채택하고 구성원의 자유발언을 통하여 아이디어를 끌어내는 것이다. 이 기법은 문제의 해결책을 찾으려고 할 때 '놀이'와 같은 방식으로 문제에 쉽고 재미있게 접근할 수 있게 한다. 브레인스토밍은 '놀이'를 하는 것과 같이 편안하고 자유분방한 심리 상태를 유지하면서 동시에 폭넓고 다양한 생각을 활발히 끄집어낼 수 있게 하는 것을 기본 원리로 삼고 있기 때문이다.

브레인스토밍(brainstorming)은 브레인(brain), 즉 '뇌'라는 단어와 스톰(storm), 즉 '폭풍'이라는 단어가 조합된 브레인스톰(brainstorm)에서 시작되었다. 브레인스톰(brainstorm)은 원래 '발작적 정신착란'을 의미하는 단어로 사용되다가 미국의 구어체 영어에서 '영감(inspiration)', 즉 '순간적으로 떠오르는 아이디어'를 가리키기도 했다. 그러다 오스본에 의해 브레인스톰은 '문제를 브레인스토밍으로 토의하다'라는 의미로 바뀌게 되었다. 이에 브레인스토밍은 '각자가 아이디어를 내놓아 최선책을 결정하는 창조 능력 개발법'이라는 의미로 통용되기에 이르렀다.

브레인스토밍의 핵심 원리는 구성원 모두가 거리낌 없이 참여하여 자유롭게 의견을 교환하는 것이다. 브레인스토밍을 할 때는 아이디어 각각을 참여자 전원이 이해할 수 있도록 의미의 명확화에만 초점을 둔다. 즉 브레인스토밍은 자유롭고 재미있어야 하기 때문에 상대방의 의견에 대한 비판이나 찬사, 코멘트, 토의 등을 배제하는 것이 관건이다. 따라서 이 기법은 아이디어의 질보다 가능한 많은 수의 해결안을 도출할 수 있는 아이디어의 양을 더 중요시한다.

이와 같이 브레인스토밍은 원래 6~10명 정도의 집단에서 이루어질 수 있는 회의기법으로 개발된 것이긴 하지만, 글쓰기를 시작하는 단계에서 쓸거리를 생성하기 위한 효과적인 방법으로 활용할 수 있다. 아이디어를 생성하기 위해서는 여러 사람이 집단으로 브레인스토밍을 하는 것이 바람직하나 쓸거리를 잡기 위해서는 혼자서도 브레인스토밍의 원리와 기본 취지를 바탕으로 많은 아이디어를 이끌어낼 수 있다.

5.1.2 단어 나열

단어 나열하기

쓸거리를 잡기 위해 브레인스토밍을 활용할 경우에는 우선 써야 할 중심 내용을 제시어로 놓고 그것과 관련된 단어를 생각나는 대로 써 나가는 방법을 사용하는 것이 좋다. 이 때 중요한 것은, 과감하고 다양하게 생각하되 머리에 떠오르는 대로 그냥 단어를 써 내려가는 것이다. 생각나는 단어를 쓰다가 막히면 '모른다'를 반복해서 써도 무방하다. 이 단계에서는 창의적 착상이 쏟아져 나와야 하므로 글씨를 잘 썼는지의 여부나 단어가 정확한지 여부도 고려할 필요가 없다. 중요한 것은 '모른다'를 쓰든, 같은 단어만을 반복해서 쓰든, 글씨 쓰는 손이 멈추지 않게 함으로써 단어의 개수가 많게 하는 것이다. 이 훈련은 어떤 문제가 주어졌을 때 겁을 먹지 않고 일단 덤벼드는 과감성을 키울 수 있다. 뿐만 아니라 이 훈련은 어떤 문제에 부딪쳤을 때 스스로 문제 해결을 위한 실마리를 찾아내려는 적극적인 마음가짐을 갖게 하는 데에도 효과적이다.

아래 제시어를 보고 생각나는 단어를 1분 동안 멈춤 없이 계속 써 보자.

[제시어]

통계

[브레인스토밍 하기]

숫자 모른다 모른다 모른다 데이터 거짓 허용 오차 모른다 모른다 모른다 모른다 선거 투표 모른다 모른다 모른다 모른다 인구통계 출생통계 국민소득 모른다 모른다 모른다 대량의 사실 모른다 모른다 모른다 모른다 정확도 정확도 정확도 정확도 예측 예측가능

위의 예시는 '통계'에 관한 글을 쓰고자 할 때 쓸거리를 잡는 첫 번째 단계로 실행된 것이다. 이 사례는 '통계'에 대해서 정해진 시간, 1분 내에 생각나는 것을 제한 없이 적어 내려간 것으로, 혼자서 활용할 수 있는 아이디어 생성 전략이다.

처음에는 '모른다'나 중복된 같은 단어까지를 포함하여 몇 개의 단어를 썼는지 확인해 볼 필요가 있다. 이 훈련을 2회, 3회, 4회로 거듭 반복하면서 쓴 단어를 확인해보면 같은 시간 내에 쓴 단어라 할지라도 점차 단어의 개수가 증가하는 것을 살필 수 있다. 이 방법을 사용하면 쓸거리를 찾아내기가 쉬울 뿐만 아니라 '무엇'을 써야 할지 막막한 글쓰기의 시작 단계에서 어려움을 극복할 수 있다.

[실전 연습]

다음은 숫자에 관한 글을 쓰려고 한다. '숫자'에 관하여 생각나는 것을 1분 동안 멈춤 없이 계속 써 보자.

1차 훈련

[제시어]

생명공학

[브레인스토밍 하기]

전체 단어의 개수를 세어보자. (　　　　　　개)
'모른다'의 개수를 세어보자. (　　　　　　개)
'중복된 단어'의 개수를 세어보자. (　　　　　　개)

2차 훈련

[제시어]

실험

[브레인스토밍 하기]

전체 단어의 개수를 세어보자. (　　　　　　개)
'모른다'의 개수를 세어보자. (　　　　　　개)
'중복된 단어'의 개수를 세어보자. (　　　　　　개)

5.1.3 단어 연상

유의미한 단어 연상하기

브레인스토밍을 통해 쓸거리에 대한 아이디어를 생성하는 과정에서 '모른다'나 중복되는 단어가 많이 나왔다면 그것은 글 쓰는 이에게 제시어가 친숙한 단어가 아니라는 의미이다. 글 쓰는 이에게 친숙하지 않은 제시어는 사고력과 어휘력에 한계를 보일 수밖에 없다.

브레인스토밍을 통해서 일단 글에 대한 두려움을 극복했다할지라도 주어진 제시어에 대한 지식이나 경험이 풍부하지 않으면 좋은 글이 나올 수 없다. 따라서 글을 쓰기 전에 브레인스토밍의 결과에서 도출된 단어와 관련된 글을 읽는 것이 바람직하다.

글을 읽을 때는 그 글에서 연상되는 단어를 나열해가면서 읽는 것이 좋다. 연상은 사람에 따라, 상황에 따라 아주 다양한 양상을 보인다. 그렇지만 연상은 하나의 단어에서 얻은 관념이 다른 관념을 불러일으킴으로써 제시어에 대한 의미 영역을 확대시킬 수 있고 사고의 깊이를 심화시킬 수 있다.

다음은 숫자에 관한 글이다. 이 글을 읽으면서 연상되는 단어를 나열해 보자.

예시 example

숫자, 숫자, 숫자의 세상

인생에는 끊임없이 다양한 일들이 벌어진다. 이렇듯 다양한 일들은 특별히 인생에서만 일어나는 것은 아니다. 잠자리, 런던탑, 갠지스 강에 있어서도 마찬가지이다. 그러나 이 '다양한' 이라는 말을 인식하는 방법과 능력은 어쩌면 인간만이 지닌 특권일지도 모른다.

그러나 같은 인간이라 하더라도 선진국에 살고 있는 사람들과 그렇지 못한 나라의 사람들 사이에서도 '다양한'이라는 말을 인식하는 방법에는 많은 차이가 있다.

그 차이는 여러 가지 형태로 나타나는데, 첫째, 선진국의 사람들은 전체적으로 정량적이라는 점이다. 그 증거로 우리들은 거리낌 없이 숫자를 사용하고 있다. '보름달이 뜬 날 밤, 야자나무 아래에서 만납시다.' 대신에 우리들은 '10월 10일 저녁 7시 30분에 명동 ○○ 백화점 4층에서……' 이러한 식으로 약속을 한다. '일을 하지 않으면 오늘 저녁은 굶는다.' 대신에 '한 달에 3번 이상 지각을 하면 지각 1번에 월급의 1/60을 삭감한다.'라는 경고를 받는다.

우리들은 숫자에 둘러싸인 생활을 하고 있다. '이 달의 매상은 1,389,795,000원이므로 전달에 비해 18.7% 늘었다.'와 같은 자료를 만들어 즐거운 마음으로 집으로 돌아오면 '이 달에는 71,830원 적자예요. 돼지고기 600 g에 5,000원이나 하니까……'라는 잔소리를 듣는다. '에이' 하고, 화가 난 김에 맥주 한 병을 들이키면 거기에 또, 맥주 한 병에 1,500원이고 그 중에 50%는 세금이라는 글이 적혀 있는 것을 볼 수 있다.

숫자의 범람은 그렇게 간단하게 볼 일이 아니다. 집을 나서면 온 세상은 숫자로 도배해 놓은 듯이 이쪽을 보아도 숫자, 저쪽을 보아도 숫자, 온통 숫자뿐이다. 우리들은 이제 숫자 없이는 살 수 없다. 숫자는 우리 인생의 한 부분이 되었다.

- 오오무라 히도시, 『통계를 알면 인생이 달라진다』, 자음과모음.

[연상되는 단어 나열하기]

- 인생 - 여자 - 차 - 맛 - 헛소리
- 특권 - 흥미 - 시험 - 실험 - 실험 계획
- 차이 - 고민 - 불행 - 경험
- 정량적 - 주장 - 검증 - 검증 방법 - 논의
- 경고 - 고안 - 준비 - 대답

[연상 된 단어로 문장 만들기]

예문 1

- 내 인생을 흔든 한 여인이 차에 우유를 부어 마시는 것과 우유에 차를 부어 마시는 것은 서로 맛이 다르다고 주장했다.
- 사람들은 여인의 주장이 헛소리라고 여기며 비웃음을 보냈다.
- 여인 옆에 앉을 수 있는 특권을 가진 남자가 흥미롭다는 표정을 지었다.
- 남자는 '한번 시험해 보자'고 말했다.
- 남자는 여인의 주장을 실험을 통해 증명해주고 싶어서 실험 계획을 내놓았다.
- 남자는 여인 말대로 맛의 차이를 낼 수 있는 실험을 했다.
- 남자는 실험이 아무런 가치가 없다고 생각하고 고민하기 시작했다.
- 남자는 불행했던 첫사랑의 경험을 떠올렸다.
- 남자는 여인의 주장을 검증할 수 있는 검증 방법에 대해서 논의를 주선했다.
- 나는 여인의 주장이 틀릴 경우를 대비하여 경고 문안을 고안하고 있었다.
- 실험이 준비되고 결과에 대한 답이 맞는지 틀렸는지 판가름 나기 직전에 이르게 되었다.

글을 읽으면서 연상된 단어를 가지고 문맥이 있는 문장을 만들어 보았다. 이렇게 하면 단순히 단어를 떠올리는 단계에서 한 발 더 나아가 단어를 개념 확대하여 문장으로 나아갈 수 있게 한다. 이 때 문장은 연상된 단어를 크게 벗어나지 않으면서도 단어의 재배열을 통해 문맥이 있는 글의 형태를 갖추게 된다. 이렇게 만들어진 각각의 문장은 이제 단어가 아닌 어떤 장면, 혹은 어떤 상황을 연상할 수 있는 기반이 된다.

문장이 한 편의 글이 되기 위해서는 문장들끼리 긴밀한 연관관계가 있어야 한다. 문장들 간에 연관관계를 만들기 위한 방법으로는 가장 먼저 각각의 문장들을 접속사를 이용하여 연결시켜 보는 것이다. 접속사는 두 개 이상의 문장을 글의 흐름에 맞게 연결시켜 주는 말이다. 접속사에는 '그리고, 또한, 그런데, 그러나, 하지만, 그래서, 왜냐하면' 등이 있다. 이러한 접속사를 이용하여 문장들을 연결해보면 각각의 독립적이었던 문장이 어떤 연관성 아래 묶이게 된다.

접속사 외에도 문장을 연결시키는 방법에는 시간 부사를 사용하는 경우가 있다. 시간 부사는 시간의 흐름을 인식할 수 있게 하는 단어들이다. 보편적으로 많이 쓰이는 시간 부사로는 '이윽고, 갑자기, 이내, 얼마 (후), 잠시 (후)' 등이 있다.

문장들끼리 연관관계를 가질 수 있는 또 다른 방법은 대명사를 사용하는 것이다. 앞 문장에 나왔던 사람이나, 물건, 혹은 앞 문장 전체를 지칭하는 대명사를 사용하여 뒷 문장을 구성하면 접속사 없이도 문장간에 연관관계가 생기게 된다. 그러면 문장들은 하나의 흐름으로 이어지게 된다.

이와 같이 문장들끼리 어떤 관련을 가질 때, 문장들은 단순히 하나의 문장이 아닌 한 편의 글로 나아가게 된다. 이상의 내용을 예시하면 다음과 같다. 아래 (예문 2)는 위 (예문 1)에서 만들어진 각각 독립된 문장들을 대명사와 시간 부사, 접속사를 사용하여 연결한 것이다.

예문 2

- 내 인생을 흔든 한 여인이 차에 우유를 부어 마시는 것과 우유에 차를 부어 마시는 것은 서로 맛이 다르다고 주장했다.
- **<u>그러자</u>** 사람들은 **<u>그</u>** 여인의 주장이 헛소리라고 여기며 비웃음을 보냈다.
- **<u>그</u>** 여인 옆에 앉을 수 있는 특권을 가진 남자가 흥미롭다는 표정을 지었다.
- **<u>그</u>** 남자는 '한번 시험해 보자'고 말했다.
- 남자는 **<u>그</u>** 여인의 주장을 실험을 통해 증명해주고 싶어서 실험 계획을 내놓았다.

- 남자는 **그** 여인 말대로 맛의 차이를 낼 수 있는 실험을 했다.
- **그러나 이내** 남자는 그 실험이 아무런 가치가 없다고 생각하고 고민하기 시작했다.
- **그러면서 그** 남자는 불행했던 첫사랑의 경험을 떠올렸다.
- **잠시 후에** 남자는 여인의 주장을 검증할 수 있는 검증 방법에 대해서 논의를 주선했다.
- 나는 **그** 여인의 주장이 틀릴 경우를 대비하여 경고 문안을 고안하고 있었다.
- **이윽고** 실험이 준비되고 결과에 대한 답이 맞는지 틀렸는지 판가름 나기 직전에 이르게 되었다.

<예문 2>는 한 편의 글이 될 수 있는 기본적인 조건을 갖추었다. 이 (예문 2)를 이용하여 한 장면을 엿볼 수 있는 완성도 높은 글로 작성해보면 다음과 같다.

[장면 만들기]

차 마시는 여인

1920년대 후반, 영국 케임브리지의 어느 여름날 오후, 대학 연구원과 부인들, 그리고 다른 손님들이 앞마당 탁자에 앉아 차를 마시고 있었다. 그중 한 부인이, 우유에 차를 부어 마실 때와 차에 우유를 부어 마실 때 차 맛이 다르다는 주장을 펴기 시작했다. 거기 모인 사람들의 과학적인 사고방식에 비추어본다면, 그것은 터무니없는 주장으로 비웃음을 살만했다. 도대체 뭐가 다르겠는가? 똑같이 차와 우유가 만들어내는 화학적인 혼합물인데, 무엇을 먼저 붓느냐에 따라 맛이 달라진다는 것은 있을 수 없지 않은가. 그때 잿빛으로 변해가는 턱수염을 기른 작고 마른 남자가 안경 쓴 얼굴에 흥미롭다는 표정을 띤 채 입을 열었다. "한번 시험해봅시다." 그는 곧이어 차를 먼저 따르는지 우유를 먼저 따르는지에 따라 차 맛이 다르게 우러난다는 그 부인의 얘기를 시험할 수 있는 실험계획을 내놓았다.

이 이야기가 어쩌면 더위 먹은 사람의 헛소리처럼 들릴지도 모르겠다. "설사 그 부인 말대로 차를 타는 순서에 따라 맛의 차이를 구별할 수 있다고 한들 그게 뭐 그리 중요하단 말인가?" 하고 물을지도 모르겠다. 코웃음을 치면서 "그건 중요한 문제도 아닐뿐더러 과학적으로 탐구할 가치도 없는 일이다."라고 할 수도 있을 것이다. "그 똑똑한 머리를 가지고 인류에 좀더 유익한 것을 고민할 일이지……." 하며 혀를 끌끌 찰 수도 있을 것이다.

불행하게도 내 경험으로는, 과학자들이 연구를 하는 까닭은 보통 사람들이 과학을 어떻게 생각하든 간에 그 결과가 그들 자신에게 그저 흥미롭기 때문이고, 그 일에서 스스로 지적인 만족을 얻기 때문이다. 자신의 연구가 얼마나 '중요'한지 과학자들이 고려하는 경우는 거의 없다. 따라서 케임브리지의 화창한 여름날 오후, 그 부인의 주장이 맞고 틀리고를 떠나서, 그것이 옳은 주장인지 알아보는 과정 자체가 흥미로운 것이었을 수도 있다. 어쨌든 그들은 뾰족한 턱수염을 가진 남자가 하자는 대로 그 부인의 주장을 검증할 수 있는 방법을 논의하기 시작했다.

흥미롭게도 거기 모인 사람들 대부분이 실험을 고안하는 데 참여했다. 그리고 불과 몇 분 만에, 그 부인이 안 보이는 곳에서, 우유와 차를 각각 다른 순서로 섞어 두 잔을 준비했다(우유를 먼저 따르고 차를 나중에 부어 한 잔을 준비하고, 반대 방법으로 또 한 잔을 준비하고). 그러고 나서 턱수염 사내는 부인에게 차를 마셔보도록 했다. 그녀는 맛을 한 모금 보더니 곧바로 차를 먼저 따르고 거기에 우유를 부은 것이라고 대답했다. 맞는지 틀렸는지 알려주지 않은 채, 그 사내는 다음 잔을 권했다.

- 데이비드 살스버그, 『천재들의 주사위』, 뿌리와 이파리

브레인스토밍을 통해 일차로 연상된 단어에서는 읽을거리를 찾아내었다. 그리고 다시 읽을거리 속에서는 연상된 단어를 이어가면서 비록 어설프긴 하지만 의미가 담긴 문장을 만들어냈다. 이 때 문장은 연상된 한 단어를 이용하기도 하고, 몇 개의 단어를 동시에 이용해서 만들기도 한다.

만들어진 문장들은 일정한 순서로 재배열되면서 하나의 이야기처럼 꾸며질 수 있다. 그 다음으로는 꾸며진 하나의 이야기에 본인의 생각을 덧붙인다. 이렇게만 하여도 훌륭한 한 편의 글이 만들어질 수 있는 것이다.

[이어지는 글쓰기]

실험을 설계하는 데 나타날 수 있는 문제는 다음과 같았다. 만일 그녀가 차 한 잔을 건네받았을 때 차를 만드는 순서가 빚어내는 맛의 차이를 전혀 구별하지 못하더라도, 그 순서를 알아맞힐 확률은 50퍼센트다. 그녀가 두 잔의 차를 마셨더라도, 두 잔 각각에 대해 혼합순서를 알아맞힐 가능성이 있다. 만일 그녀가 우유를 먼저 부었는지 차를 먼저 부었는지 구별해낼 능력이 없더라도, 최소한 두 잔의 맛이 다르다는 것을 알 수 있다면, 여전히 그녀는 두 잔 각각에 대해 혼합순서를 알아맞힐 가능성이 있다.

역으로 그녀가 혼합순서에 따른 차 맛의 차이를 정확하게 분간할 수 있는 능력을 가졌더라도 그녀가 판단을 실수할 가능성, 차와 우유가 잘 섞이지 않았을 가능성, 그리고 물이 충분히 뜨겁지 않았을 때 차와 우유가 섞일 가능성 따위로 인해 그녀가 제대로 답을 하지 못할 수가 있었을 것이다. 그녀가 차 맛의 차이를 구별할 능력을 가졌더라도 그녀가 시음한 차 열 잔 중 아홉 잔만을 정확히 알아맞혔을 수도 있다.

- 데이비드 살스버그, 『천재들의 주사위』, 뿌리와이파리

[생각쓰기]

다음 예시문을 읽으면서 눈에 띄는 단어와 함께 연상되는 단어를 나열해 보자.

<예시문> 감성과 지성

오늘 아침까지만 해도 글씨기 작업은 집단적 사유를 생산하기 위해 실험된 가장 효율적인 방법들 가운데 하나였다. 도서관들은 이미 죽었거나 생존하고 있는 수많은 인간들의 창작과 경험을 기록한다. 독서와 해석은 대대손손 쌓여온 기억의 끊어지기 쉬운 끈을 회복시키고, 잠들었던 사유들을 재활성화시킨다. 한 언어에서 다른 언어로, 또는 한 분야에서 다른 분야로의 번역은 별개의 사유의 공간들을 서로 통하게 만든다. 그러나 고전적인 글쓰기는 본질적으로 흔적들의 정적이고 불연속적인 체계이다. 그것은 무기력하고, 부서지고, 흩어지고, 언제나 더 크게만 느껴지는 몸체라서 그것을 재통합하고 희생시키기 위해서는 각 개인이 오랫동안 탐구하고 해석하고, 또 연결하기 위해 애써야 한다.

이러한 상황을 해결하기 위해 집단 지성의 가상 세계들은 새로운 글쓰기를 개발할 것이다. 예를 들어 움직이는 픽토그램이나 영상 언어(cine langage)가 그것인데, 이들은 가상공간 항해자들의 쌍방향 대화의 흔적을 간직할 것이다. 집단적 기억은 저절로 조직되어 각 항해자 앞에 펼쳐질 것인데, 이 펼쳐짐은 가상 세계 속에서의 항해자의 관심과 경력에 따라 결정될 것이다. 마치 천사와 같은 새로운 기호 공간은 민감하고 활동적이고 지적일뿐더러 그 공간을 탐험하는 사람들을 돕는다.

- 피에르 레비, 『집단지성』, 문학과지성사

5.2 개요 작성

5.2.1 쓸거리 설계

쓸거리 초안 설계

앞에서 살펴 본 것처럼 '무엇에 대해서 쓸 것인가'라는 물음의 답이 쓸거리였다. 다시 말하면 쓸거리란 글에서 다룰 문제 또는 그 내용과 범위를 대체적으로 가리키는 말이다. 쓸거리는 가장 먼저 자기가 직접 보고, 듣고, 겪은 일 가운데 생각이나 느낌이 좀더 생생한 인상적인 것이기 쉽다. 대개는 이러한 쓸거리, 다른 말로 글감이라 할 수 있는 것이 곧 제목이 되거나 아니면 제목과 유사하게 된다.

쓸거리를 생성하고자 하는 초기 단계에서는 위에서 소개한 대로 브레인스토밍의 원리를 활용하여 아이디어를 얻되, 관련 정보에 대해서 충분히 독서를 한 후에 본격적으로 글을 써 나가기 위해서는 마인드맵을 활용하는 것이 좋다.

마인드맵은 1970년대 초 영국사람 토니 부잔이 개발한 학습과 기억의 새로운 두뇌사용기법이다. 마인드맵(Mind Map)이란 '생각의 지도'라는 뜻으로 무순서, 다차원적인 특성을 가진 사람의 생각을 종이에 이미지로 표현해 두고 거기서 핵심어, 이미지, 컬러, 기호, 심볼 등을 사용하여 방사형으로 사고를 펼침으로써 사고력과 창의력을 높이는 두뇌개발기법이다. 마인드맵은 여러 분야에서 여러 가지 방법으로 다양하게 사용할 수 있으나 글쓰기에서 활용할 수 있는 장점은 전체와 부분을 보는 안목을 키워줄 수 있다는 것이다.

한 편의 글은 글쓴이의 생각이 작은 주제로부터 점차 확대 또는 확산되면서 만들어진다. 예컨대 한 권의 책을 보면, 처음에는 제목이 있고, 그 다음으로는 장, 절 등의 소제목 하에 내용이 담겨 있다.

그래서 한 권의 책은 목차만 보고도 전체의 내용을 먼저 파악할 수 있다. 즉 목차는 글 전체의 내용이 어떠한 세부 내용들로 어떻게 구조화되어 있는지를 한 눈에 쉽게 파악할 수 있게 한다. 적은 분량의 글도 한 권의 책이 구조화되는 것과 마찬가지의 과정을 거친다. 쓰고자 하는 글의 내용은 분량에 상관없이 우선 큰 주제를 정하고, 그 주제에서부터 작은 주제로 생각을 확대해 가면서 이루어지게 되는 것이다. 이러한 글 전체의 설계는 다음과 같이 마인드 맵핑을 해봄으로써 더욱 구체적이고 선명하게 구조화할 수 있다.

마인드맵 예시

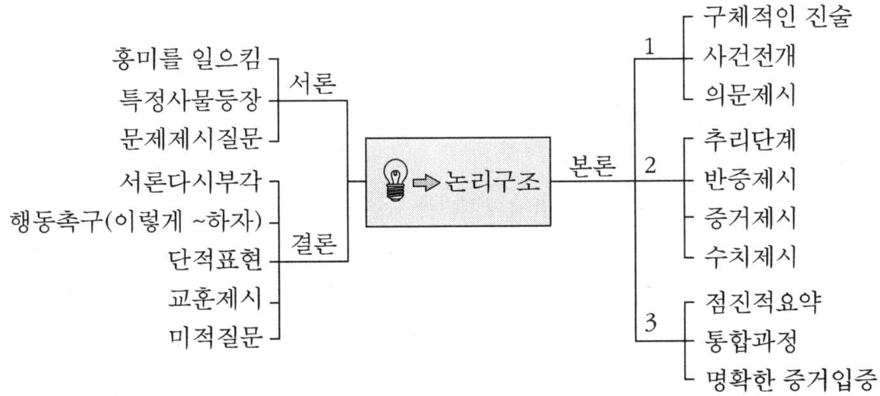

- 출처: http://mindscape.co.kr

한 편의 글을 구상할 때는 위의 (마인드맵 예시)에서와 같이 쓸거리를 어떻게 배열할 것인가를 미리 정리해 두는 것이 좋다. 이러한 마인드맵은 글 전체에 대한 설계도 내지 안내도나 다름없다. 따라서 본격적인 글쓰기를 시작하기 직전에 마인드맵 상에서 쓸거리를 미리 조정하고 수정할 수 있다. 이렇게 하면 글을 써 나가는 중간에 수정해야 하는 시행착오를 미리 줄일 수 있으며 아무리 긴 글이라도 흐트러짐 없이 써 나가기가 용이하다.

<예시문>

뉴턴의 보편 시간, 그리고 칸트

시간이 오직 한 가지뿐이라는 건 삼척동자라도 금방 배우게 되는 사실이다. 시간은 일률적으로 흐르며 시간 축 어느 지점에서나 동등한 부분으로 분할할 수 있다. 이것이 뉴턴(Isaac Newton)이 1687년에 정의한 시간이다.

"절대적이고 참되고 수학적인 시간, 그것은 자연히, 그리고 본성상 외부의 어떤 것과도 관계없이 동등하게 흐른다." 『순수이성비판』(1781)에서 칸트(Immanuel Kant)는 뉴턴의 절대적이고 객관적인 시간론을 (우리가 그것을 경험할 수 없을 것이라는 이유에서) 부정하고, 시간은 모든 경험의 주관적 형식 혹은 기초라고 주장했다.

시간은 비록 주관적인 것이지만 모든 이에게 동일하다는 점에서는 또한 보편적인 것이었다. 틀림없이 뉴턴과 칸트가 경험한 사적인 시간(private time)은 서로 달랐을 테지만 19세기 후반 이전에는 누구도 시간의 균질성에 대해 체계적으로 의문을 제기하지 않았다.

『트리스트럼 섄디(Tristram Shandy)』에서 사적인 시간을 탐사한 로렌스 스턴(Laurence Sterne)만이 예외일 수 있을 것이다. 시간의 균질성에 대한 증거는 매년 제작된 수백만 개의 벽시계와 손목시계의 문자반(文字盤)에 씌어져 있었다.

기계 시계가 발명된 14세기 이래 단일하고 공적인 시간의 역사에서 가장 중요한 진전은 19세기 말 표준시(standard time)의 도입이었다. 시간을 단일화하기 위해 애쓴 선구자는 캐나다의 공학자 플레밍(Sanford Fleming)이었는데, 그는 1896년에 표준시를 채택해야 하는 이유를 이렇게 설명했다. 전신(電信)을 사용함으로써 “지구상의 모든 곳이 문명사회의 관측범위 안으로 들어왔고 멀리 떨어진 지역들 간의 시차도 모두 지워져버렸다.” 이러한 시스템에서 ‘정오, 한밤중, 일출, 일몰은 모두 동시에 관찰되었고 그러자 낮과 밤은 완전히 뒤섞여 버렸다. “일요일이 실제 시작되는 것은 토요일의 중간이고 그것은 월요일의 중간까지 지속된다.” 한 사건의 발생 시점이 이 달인지 다음 달인지, 심지어는 이 해인지 다음 해인지 확정할 수 없는 경우조차 가능했던 것이다.

현지 시간들(local times)을 확정하는 것, 법률이 언제 발효되는지, 그리고 보험증서의 개시는 언제부터인지를 정확히 알려주는 것은 정말 중요한 문제가 되었다. 결국 현재의 시스템은 정치적·경제적·과학적·법률적으로 셀 수 없이 많은 문제점들을 낳을 것이다. 그러므로 세계적인 네트워크(coordinated network)를 만들어서 그 문제점들을 예방하자는 것이 그의 결론이었다.

- 스티븐 컨, 『시간과 공간의 문화사』, 휴머니스트

5.2.2 목차식 개요와 문장식 개요

한 편의 통글을 구성할 때는 글 전체의 얼거리를 짜 놓고 시작하는 것이 좋다. 이러한 글의 얼거리를 개요라고 한다. 개요는 크게 보아 목차식 개요와 문장식 개요로 나눌 수 있다. 목차식 개요란 책의 목차처럼 글에서 다룰 내용을 간단히 항목화한 것이다. 문장식 개요는 글의 전체 내용을 몇 개의 문장으로 간략하게 요약 정리한 것을 가리킨다. 두 가지 개요 방식은 글쓴이의 필요와 성향에 따라 선택적으로 사용하면 된다.

5.2.2.1 목차식 개요

글 제목 : 경제와 인간
주제어 : 경제 문제, 생태계, 인간 소외, 행복, 인간관, 인간 중심 경제
주제문 : 현대의 바람직한 경제 사회는 인간의 삶 자체의 발전에 기여하는 모델로 인간 중심의 경제 체제를 이루어야 한다.
전체 글 분량 : 1,000자
서론(100자) : 현대 사회에서 경제가 문제가 되는 이유
본론(700자) : 1. 경제 문제가 초래한 인간의 위기
- 제시문 (가) : 고용의 위기, 생태계의 위기
- 제시문 (나) : 생태계의 위기, 인간 소외
2. 경제의 본질 - 인간 행복에의 기여
3. 바람직한 경제 사회를 이루기 위해 요구되는 인간관
결론(200자) : 삶 자체의 발전에 기여하는 인간 중심의 경제

5.2.2.2 문장식 개요

글 제목 : 현대 패션의 소비 이데올로기 분석
주제어 : 소비, 패션, 차별, 성, 여가, 상품화
주제문 : 현대 패션은 차별, 성, 여가를 상품화하는 소비 이데올로기에 의해 조성된다.
전체 글 분량 : 원고지 100매

1. 서론(5매)
소비 행위라는 것은 원래 경제적 현상이며 소비의 대상이 되는 물건은 품질, 성능, 기능 등의 유용성으로 이루어진 물적 가치라는 것이 경제적 원리이다.

2. 소비의 이데올로기와 의미 기호(35매)
(1) 소비의 개념
생산 양식의 맥락에서 이루어진 것으로 '산업의 생산품을 구매하여 써버리는 행위' 즉, 인간의 욕구를 만족시켜 주는 사물의 유용성을 사용하는 것으로서의 소비이다.
(2) 소비 이데올로기
특정 집단의 사람들에 의해서 형성된 체계적인 사상의 형태이다.

3. 현대 사회의 소비 이데올로기(50매)

(1) 차별의 상품화

소비 욕구는 어느 특정한 상품에 대한 것 이라기보다는 '차이에의 욕구'이며 이것은 지위나 서열을 위한 차별화의 상품화로 나타난다.

(2) 성의 상품화

성이 하나의 상품으로 생산, 매매, 소비 되는 것이며 자본주의적 영리 추구의 수단이 되는 것을 말한다.

(3) 여가의 상품화

현대 사회에서의 여가는 노동에서 빼앗긴 에너지의 회복이나 긴장의 완화뿐만 아니라 여가 자체가 에너지나 재화의 소비를 동반하는 독립된 상황으로서 적극적인 위치로 변모하고 있다는 것을 의미한다.

4. 결론 및 제언(10매)

현대 패션을 소비 이데올로기와 연관 지어 이해하고자 하는 작은 시도였으며, 앞으로 소비 이데올로기를 정의하는 기준은 학자에 따라 다를 수 있으므로 그에 따라 새롭게 연구되어야 하며 현대 패션을 심도 있게 분석하여 밝히는 후속 연구로서 이루어져야 할 것이다.

[생각쓰기]

한 편의 글을 구상해보자. 먼저 글의 제목을 쓰고 주제어를 나열한 후 주제문을 써보자. 그 다음으로 위에서 살펴 본 항목식 개요와 문장식 개요로 각각 작성하면서 글의 분량을 안배해 보자.

<글 제목>

<주제어>

<주제문>

<항목식 개요>

<문장식 개요>

5.3 주제 펼치기

5.3.1 한 문장 표현

한 문장으로 표현하기

'왜 쓰는가?' 이 '왜'에 대한 대답이 주제이다. 즉 주제란 글을 쓰는 목적이다. 달리 말하면 주제란 글에서 다루어지는 주된 문제이다. 더 자세히 설명하면, 주제는 글에서 전달하려고 하는 필자의 주장 또는 중심 생각이라 할 수 있다.

아무리 세련된 표현의 문장을 쓰고 화려한 수식어를 사용했다 하더라도 글을 통해 전달하고자 하는 주장이나 생각이 뚜렷이 드러나 있지 않은 글은 잘못 쓴 글, 무가치한 글이 된다. 그렇기 때문에 글을 쓸 때는 처음부터 주제를 정하고 시작하는 것이 좋다. 그 무엇에 대해서 왜 써야 하는지가 한 문장으로 표현될 수 없다면 주제가 잡히지 않은 것이다.

주제는 다음과 같이 메모식이나 문장식의 주제문으로 작성할 수 있다.

> ① 정확한 숫자 나열의 무의미함
> ② 쓸데없이 정확한 숫자를 나열해 그럴듯하게 보이는 느낌을 주는 것은 신뢰할 수 없는 통계 숫자로 이어져 혼란을 초래한다.

①은 메모식 구성이고 ②는 문장식 구성의 주제문이다. ①은 주제가 한 눈에 파악되는 한편 구체적이지 못하고 ②는 문장이 길어 한 눈에 들어오지 않는 반면 의미 내용이 정확하게 머릿속에 입력되기 쉽다. 주제를 메모식으로 작성하면 빠른 시간 내에 간단하게 정리할 수 있어 편리하면서도 한 눈에 파악할 수 있다. 그러나 메모식 주제문은 의미 내용이 명확하게 드러나지 않아 정작 글을 쓸 때, 다시 생각해보아야 하는 불편함이 있다. 주제를 문장식으로 작성하면 개요식보다 시간이 걸리기는 하나 글쓰는 이의 주제의식이 명확히 표현되기 때문에 글의 중심 생각이 비교적 분명하게 나타난다.

메모식이든 문장식이든 글쓰는 이는 자신이 글을 쓰는 상황에 맞게 선택적으로 주제문을 작성할 수 있다. 중요한 것은 주제문이 글의 궁극적인 방향을 정확하게 제시하고 있어야 한다는 것이다.

문장식으로 주제문을 작성할 때는 다음과 같은 점에 유의해야 한다.

첫째, 반드시 주어와 서술어가 하나씩 있는 완전한 문장으로 기술한다.

- 여론조사의 오류에 대하여 (×)
- 여론조사는 견강부회의 가능성이 크다. (○)

둘째, 평서문으로 작성한다. 감탄문이나 의문문, 명령문 등은 주제문이 될 수 없다. 왜냐하면 평서문 외의 문장으로는 필자의 생각을 선명하게 드러내기가 쉽지 않기 때문이다.

- 평균이란 무엇인가? (×)
- 평균은 하나가 아니다. (○)

셋째, 중의적 표현이나 애매모호한 표현은 피한다. 주제문에는 주제에 대한 글쓴이의 관점이 한 가지로 통일되어 드러나야 하고 글쓴이의 태도나 입장이 선명하게 드러나도록 해야 하기 때문이다.

- 통계는 의미 있는 논리이다. (×)
- 통계는 두 특성 사이의 의미 있는 상관관계를 밝히는 논리이다. (○)

넷째, 가능한 한 은유, 직유, 환유 등의 수사법을 동원한 비유적인 표현은 피한다. 비유적인 표현은 독자에게 여러 가지 다양한 해석을 가능하도록 하기 때문에 글쓰는 사람의 생각이 정확하게 전달된다고 보증하기 어렵다.

- 평균치는 사기꾼과 같다. (×)
- 평균치는 의도적으로 악용될 수 있는 통계의 한 방법이다. (○)

[생각쓰기]

다음 예시문의 주제를 메모식과 문장식으로 작성해 보자.

<예시문>

가을에 잎새는 왜 색이 변할까

색이 변하는 나뭇잎은 처음에는 녹색을 유지하다가 엽록소가 점차 파괴되면서 노랑과 빨강의 반점을 드러낸다. 진한 녹색은 잎에 엽록소는 열과 빛에 파괴되지만 꾸준히 대체된다. 가을에는 새로운 엽록소가 생산되지 않고, 그래서 항상 거기, 잎새 속에 있었으면서도 엽록소의 강한 녹색에 가려 보이지 않던 다른 색이 드러나게 된다. 위장색이

사라지면 우리는 처음으로 이 색을 보고, 경탄한다. 그러나 그것은 여름의 뜨겁게 타오르는 녹색에 가려진 채 항상 거기 있었다.

(… 중략 …)

색채의 이상한 성질은 그것에 특별한 목적이 없다는 점이다. 우리는 일몰, 봄 꽃, 수송아지의 예쁜 엉덩이의 황갈색 가죽, 홍조 띤 얼굴의 떨리는 분홍빛에 감탄한다. 동물과 꽃의 색깔에는 환경에 대한 적응이라는 이유가 있지만 잎새가 가을에 그토록 아름답게 물드는 데는 이유가 없는 것 같다. 하늘과 바다의 색깔이 푸른 것과 같은 것이다. 대지가 매년 선사하는 우연한 아름다움일 뿐이다. 타오르는 색깔을 보며 전율하지만, 어떤 의미에서는 기만당하는 것이다. 단풍은 살아 있는 듯한 색이지만, 사실 그것은 죽음과 해체를 표시한다. 시간이 흐르던 단풍잎은 쇠약해져 먼지로 돌아간다. 단풍은 죽음 순간에 대한 우리의 희망을 구현하고 있다. 사라지지 않는 것, 하나의 아름다운 상태에서 또 다른 아름다움으로 승화하는 것. 잎새들은 녹색 생명을 잃어버릴지라도 간절한 색깔로 피어나고, 숲은 하루하루 말라가면서 더욱 육감적이고, 말없고, 빛이 난다.

단풍잎은 어떻게 떨어질까? 잎새가 나이가 들면서 성장 호르몬 옥신은 줄어들고, 잎자루의 기저부에 있는 세포는 분화한다. 잎자루 축에 정확히 직각으로 존재하는 두 층의 작은 세포층은 물과 반응하여 떨어져 나가고, 잎자루는 몇 가닥의 물관부에 의해 지탱된다. 가벼운 산들바람에 나뭇잎은 공중으로 날린다. 나뭇잎은 보이지 않는 요람에 실린 듯 날아다니고 빙글빙글 선회한다. 몸 전체가 날개인 나뭇잎은 작은 회오리바람이나 상승기류에 실려 빙빙 돌며 이곳저곳으로 옮겨 다니기도 한다. 대지에 붙박여 있는 인간은 비눗방울, 풍선, 새, 낙엽 등이 훨훨 날아다니는 모습을 보는 것을 좋아한다. 계절의 끝은 변덕스럽다는 사실을 상기시켜주는 것들이다.

- 다이앤 애커먼, 『감각의 박물관』, 작가정신

<주제의 메모식 작성>

<문장식 주제문 작성>

5.3.2 뒷받침 재료의 선택과 배열

주제가 잡힌 후에는 주제를 뒷받침 할 수 있는 풍부한 자료들이 필요하다. 자료는 많을수록 좋다. 모아진 자료들은 글의 재료로 이용될만한가에 따라 선별되어야 한다. 자료를 선별할 때는 주제와 관련되면서도 주제를 발전시킬 수 있어야 한다. 만약 주제와 밀접한 관련이 없는 재료가 글에 끼어들게 되면 그 글은 방향 감각이 흐려져 통일성을 잃게 된다.

다음으로는 선별된 뒷받침 재료들이 주제를 효과적으로 펼쳐낼 수 있도록 배열되어야 하는 문제가 남는다. 뒷받침 재료들은 내용이 서로 연결되도록 배열되는 것이 관건이지만 먼저 써야 할 내용과 뒤에 써야 할 내용이 순리적으로 연결되는지도 중요하다. 그것은 마치 옷의 단추를 채우듯 올바른 위치를 찾아 맞는 구멍에 단추를 끼워 넣어야 옷매무새가 제대로 갖추어지는 것과 마찬가지 이치이다. 글의 재료도 주제를 중심으로 제대로 배열되어야 진가를 발휘하게 된다.

[생각하기]

다음 글을 살펴보자. 다음 글에서는 특히 주제와 주제를 뒷받침하는 재료들이 어떻게 연관되고 있는지에 주목해야 한다.

<예시>

쓸데없이 정확한 숫자로 그럴듯해 보이는 방법

쓸데없이 정확한 숫자를 나열해 그럴듯하게 보이는 느낌만을 주는 숫자들은 신뢰할 수 없는 통계숫자로 이어지는데, 그 대표적인 예로 소수가 있다.

예를 들어 100명에게 어젯밤 몇 시간씩 잠을 잤느냐고 물어 보아 그 결과 합계 781.1

시간이 되었다고 하자. 사실 이런 데이터는 처음부터 정확하다고 할 수 없는 성질의 것이다. 왜냐하면 대부분의 사람들이 추측한 수면시간에는 15분 정도의 오차는 반드시 있을 것이고 또 이런 차이들이 서로 상쇄되리라는 보장도 없기 때문이다. 그들 중에는 불과 5분 정도 잠을 못 이루고 뒤척이는 것을 마치 하룻밤의 절반이나 잠을 못 이룬 것처럼 느끼는 사람도 있기 때문이다.

그러나 어쨌든 그건 그렇다 치고, 산술평균을 구하여 한 사람당 하루 평균 7,831시간 수면을 취한 것으로 발표를 하자. 이 숫자를 보고 우리는 이것이 무엇인가 의미 있는 것을 던져 주는 것 같은 착각을 하기 마련이다. 만약 이 결과를 보고 사람들의 하룻밤 평균 수면시간이 7, 8시간(또는 약 8시간)이라고 어림잡아 생각했다면 정말 무미건조한 일이 될 것이다. 그 근사치는 너무나 조잡할 뿐만 아니라 누구나 다 아는 수면시간과 별다른 차이가 없기 때문에 굳이 이런 조사를 해야 할 필요도 없기 때문이다.

쓸데없이 정확한 숫자를 나열해 그럴듯하게 보이는 느낌을 주게 하는 데 있어서는 칼 마르크스(Karl Marx)도 뒤지지 않았다. 방적 공장에서의 잉여가치율을 계산하는 데 있어서 마르크스는 놀라울 정도의 많은 가정과 추측 그리고 어림수를 써서 계산을 시작하고 있다.

"쓰레기는 6%라 가정한다.……원료비는 어림잡아 약 342파운드라 한다. 1만 개의 방추는 한 개의 원가가 1파운드라 가정하고 …….. 그 감가상각률은 10%라 하자. …… 공장건물의 임대료는 300파운드라 추정한다. ……"와 같은 식으로 나아간다.

그리고 마르크스는 "이상의 신뢰할 만한 데이터를 맨체스터의 어느 방적공장 주인으로부터 입수했다"고 기록하였다.

마르크스는 이 근사값에서 "……따라서 잉여가치율은 80/52 = 153.8%이다"라고 계산을 한다. 그러므로 하루 열 시간의 노동을 하는 경우에 "필요노동시간은 3 31/33(3.94)시간, 잉여노동시간은 6 2/33(6.06)시간"이 된다는 것이다.

이 6.06시간의 소수 자리인 0.06시간이란 숫자는 꽤 정확한 느낌을 주고 있지만 사실은 야바위꾼의 속임수와 같은 것이다.

- 데럴 허프, 『새빨간 거짓말, 통계』, 더불어책

위 글의 주제는 "쓸데없이 정확한 숫자 나열이 신뢰할 수 없는 통계 숫자로 이어져 혼란을 초래한다"인데, 글의 재료로 선택된 수면시간 조사 사례, 마르크스의 잉여노동시간 계산 사례 등의 재료들은 이 주제를 잘 뒷받침하고 있다. 이 글에서는 먼저 흔히 저지르기 쉬운 잘못된 통계 사례를 이야기하고, 이어 유명한 마르크스의 오류를 제시하면서 잘못된 통계가 일반인들에게 어떤 정서적 파급 효과를 낳게 하는지를 설명하고 있다.

글의 재료를 배열하는 방식은 일반적인 것에서 특수한 것으로 하거나 아니면 그 역도 가능하다. 또 시간적 순서에 따라, 공간적 질서에 따라, 논리적 순서에 따라 배열할 수도 있고 글의 성격에 따라 어떤 질서를 무시할 수도 있다. 보고서를 쓴다 해도 시간의 흐름에 따라 쓸 수도 있고 공간적 질서에 따라 재료를 배열할 수도 있으며 어떤 사건의 발생 원인과 결과순으로 쓸 수도 있으며 단편적인 사례 중심으로 나열할 수도 있다. 중요한 것은 어떻게 해야 주제가 가장 잘 드러날 수 있는가이다.

[생각쓰기]

다음 예시문은 영화를 보고 난 후의 소감을 적은 글이다. 이 글은 원래 쓰여진 것과 다르게 문단을 흩트려 놓았다. 문단을 다시 배열하여 앞뒤의 내용이 자연스럽게 연결될 수 있도록 해 보자.

<예시문>

사랑을 하면 서로가 창공을 나는 새가 된다. 조롱 속에 갇혔다가 창공에 풀어진 새처럼 서로를 풀어 줘야 한다. 그가 나를 안 만났더라면 불가능했을 꼭 그만큼 풀려야 하고 내가 또한 그를 만나지 못했더라면 어림도 없었을 그만큼은 풀려야 한다.

누군가 한 사람을 만나면서 내가 물을 만난 물고기처럼 살아나는 것 그것이 사랑이다. 눌려 있던 것, 갇혀 있던 것, 잠겨 있던 그 모든 것들이 일시에 부풀리고 터져 오르는 순간에 사랑은 비롯된다.

내가 누군가를 만나 새처럼 풀리고 또 그 누군가도 새처럼 풀어지게 하는 것이 사랑이다. 사랑은 여름 새벽의 호수처럼 넓고 삽상해야 한다.

사랑에 전혀 소유가 없다고는 말할 수 없다. 그러나 사랑의 소유는 늘 개방을 더불어야 한다.

그가 나를 만나서 그 만남이 아니었다면 불가능할 성싶도록 밋밋하게 그리고 푸르게 삶의 자유를 누리게 할 때 느끼는 충족감, 그때 느끼는 마음속에 사랑하는 이들은 '저 사람을 내가 소유했다'고 실감한다.

사랑하는 이들은 그들의 사랑이 호수인가를 물어보아야 한다. 상대가 내 사랑의 호수에서 비로소 생생하게 활개치며 헤엄치는 물고기인가를 물어보아야 한다. 그리고 내가 그의 사랑을 호수삼아 자유롭게 떠돌아다닐 수 있는 물고기인가도 아울러 물어보아야 한다.

사랑의 소유에는 이 부유감이 따라야 한다. 사랑의 소유는 움켜잡지 않는다. 그 소유는 상대가 내 속에서 더없이 그 스스로일 수 있는가를 확인하는 것이다. 아주 특이한 소유다. 바다가 그 속에 물고기를 지니듯이 사랑은 상대를 소유한다. 하늘이 새를 가지듯이 꼭 그렇게 사랑은 소유한다.

- 김열규, 『사랑과 죽음』

5.3.3 주제의 구체화

주제를 잡은 후에는 주제를 뒷받침하는 글의 재료를 어떻게 구성할 것인가를 고민해야 한다. 글의 재료는 주제를 펼치는 역할을 하기 때문에 하나하나의 재료가 주제를 펼치는 소임을 다해야만 좋은 글을 만들어 낼 수 있다. 글의 재료를 달리 말하면 하나의 내용 단락이라 할 수 있다. 단락이 단락으로서 제 역할을 제대로 해내기 위해서는 단락마다의 주제가 있어야 한다. 이러한 단락의 주제는 글 전체의 주제와 구별하기 위해 '소주제'라 한다.

소주제도 글 전체의 주제와 마찬가지로 주제를 뒷받침하는 문장이 필요하다. 이때도 소주제를 뒷받침하는 문장은 소주제를 발전시키는 데 없어서는 안 되는 필수 요소들로 채워져야 한다. 소주제를 펼치는 방법, 즉 내용 단락을 구성하는 방법으로는 풀이하기, 합리화하기, 예시하기 등이 있다.

5.3.3.1 풀이하기

풀이하기는 구체적으로 개념을 풀어나가는 글의 서술방식이다. 대개 글의 주제는 글 전체의 내용을 간추린 것이기 때문에 추상적이거나 포괄적이다. 이렇게 추상적이거나 포괄적인 주제에 대해서 풀이하기는 좀 더 하위 개념으로 분석하여 설명하는 것이다. 주제가 어떤 사물의 공통된 성질을 나타낸다면 풀이하기는 구체적인 사물 하나하나의 속성을 나타내는 식이다. 즉, '통계는 자칫 거짓 정보를 유포할 수 있다'는 추상적인 주제문에 대해 '통계는 그럴듯한 거짓 정보, 새빨간 거짓 정보, 오차가 큰 거짓 정보를 통해 사람들을 현혹시킬 수 있다'는 식으로 풀이할 수 있다.

주제가 어떤 일화나 실화의 의미를 집약해서 일반적인 개념으로 표현하는 것이라면 풀이하기는 그런 일화나 실화의 내용 하나하나를 구체적으로 들려주는 식이다. 또 주제가 결론이나 결과를 서술하는 것이라면 풀이하기는 결론이나 결과가 도출될 수 있었던 이유나 원인을 드러내는 것이다.

풀이하기 방식으로 글을 전개하는 요령은 주제가 뜻하는 바를 독자가 쉽게 이해할 수 있도록 친절한 마음가짐으로 한 문장 한 문장을 이어가는 것이다. 풀이하기를 할 때는 대개 다음과 같은 접속어구를 문장 앞에 놓으면 그 다음 글을 전개해 나가기가 쉽다. 비록 글의 표면에 이러한 접속어구를 직접 내세우지 않더라도 이러한 접속어구를 염두에 두면 글을 써 나가기가 용이하다.

'즉, 세부적으로 말하면, 자세히 말하면, 또한, 특히, 구체적으로 말하면, 다시 말하면, 풀어서 말한다면, 알기 쉽게 풀이하면 등'

예시 example

옛말에 생즉언(生卽言)이라 하였다. (풀어 말하면) 산다는 것은 곧 말을 한다는 것이다. (더 자세히 말하면) 아침에 눈을 떠서 저녁에 잠이 들 때까지 우리는 수천 마디의 말을 하고 산다. (다시 말하면) 말을 통해서 우리의 생각을 남에게 전하고 또 남의 생각을 들어서 서로 협력하고 사랑하며 사는 것이 인생인 것이다. (다른 말로 말하면) 삶이 있는 곳에는 반드시 말이 있게 마련이다.

- 장미영 외, 『창의적 발상과 문화콘텐츠 작법』, 글누림

풀이하기는 필자의 주관적 의견으로 구성할 수도 있고 객관적 사실로 구성할 수도 있다. 또 필자의 강한 주장을 전면에 내세워 풀이할 수도 있고 필자의 분석적 해석에 토대를 둘 수도 있다. 좀 더 구체적으로는 풀이하기를 통계에 기반을 두고 할 것인지 역사에 근거를 둘 것인지도 생각해 볼 수 있다.

[생각쓰기]

'공학이란 무엇인가'를 풀이하기 방법으로 설명해 보자.

5.3.3.2 합리화하기

합리화하기는 글쓴이가 내세우는 주장에 대해 그 근거를 밝히는 것이다. 이 때 주장의 근거는 적극적으로 드러내야 한다. 합리화를 할 때는 '일 것 같다'든지, '일 수 있다'와 같은 표현은 쓰지 않는 것이 좋다. 합리화하기의 핵심은 필자의 주장이 분명하여 주제가 명확하게 드러나는 것이다.

필자의 주장을 확고히 하기 위해서는 주제에 맞는 어떤 한 측면에 특별히 초점을 맞추어야 한다. 이럴 수도 있고 저럴 수도 있다는 양다리 걸치기식의 모호한 태도로는 글쓰는 이의 주장을 설득력 있게 내세울 수 없다. 필자의 주장은 글쓰는 이의 세계관, 즉 인간관, 자연관, 역사관, 사회관, 경제관, 교육관 등에 따라 달라진다. 어떤 정보나 사실의 나열은 합리화하기가 아니다. 합리화하기는 주제에 대한 필자의 주장을 풍부한 근거로서 입증하는 것이다. 근거는 인류보편적인 사실이나 객관적인 지식, 권위 있는 의견 등을 들어 글쓰는 이의 주장이 왜 정당한지를 뒷받침하는 글이다.

합리화하기로 주제를 펼칠 때는 다음과 같은 접속어구를 활용하는 것이 바람직하다.

(1) 주제가 앞에서 명시될 경우 : 왜냐하면, 그 까닭은, 그 이유는, 그 원인은
(2) 주제를 뒤에서 명시할 경우 : 그러므로, 그래서, 그 결과로, 그리 하여

예시 example

내가 꿈꾸는 기본에 충실한 세상은 최소한 사람들의 권리가 자동차의 권리보다 존중받는 세상이다. 운전자와 보행자는 같은 사람인데 이들의 권리는 평등하지 않다. 자동차는 열차와 달리 궤도가 없기 때문에 운전자의 능력에 따라 보행자는 각종 사고의 위험에 일방적으로 노출된다. 만약 둘이 충돌한다면 보나마나 보행자의 완패로 끝난다. 전체 교통사고 사망자 가운데 보행자가 50% 정도나 된다. 또한 보행자는 운전자보다 훨씬 고농도의 배출가스를 마셔야 한다(물론 자동차 내부도 길이 막히는 경우에는 바깥보다 더 심할 때가 많다).

도심을 떠나 국도로 들어가면 이런 상황은 더욱 악화된다. 국도 주변엔 경운기나 자전거 등 저속으로 이동하는 교통수단에 대한 배려가 전혀 없을 뿐 아니라 심지어는 도로변에 사람 다닐 공간이 없는 곳이 대부분이다. 오로지 2차선, 4차선 도로만 있을 뿐 사람이 다닐 틈이 없다. 도로를 이용해 학교에 가고 논에 가고 이웃 마을에 가야 하는 시골

> 사람들은 매일 생명의 위협에 시달리고 있다. 효순이와 미선이도 보행자가 다니는 공간조차 마련되지 않은 좁은 국도를 무방비 상태로 지나다 희생되었다.
>
> 그동안 자동차의 위세에 눌려 말 한마디 제대로 못한 시민들의 잃어버린 권리를 되찾아야 한다. 도시인이 누려야 하는 권리는 다음과 같이 소박한 것들이다. 맑은 공기를 마시며 걸어 다닐 권리, 자전거를 타고 안전하게 가까운 거리를 이동할 권리, 자동차들로부터 아이들이 보호받을 권리 등이다. 공공의 공간에서는 당연히 자동차를 탄 소수의 권리보다 다수의 권리가 우선되어야 한다. 어린이, 노인, 환자, 장애인들이 안심하고 이동할 권리가 보장되는 사회가 인본주의사회다.
>
> \- 박정훈, 『책으로 만든 환경의 역습』, 김영사

위 글은 '기본에 충실한 세상은 사람들의 권리가 자동차의 권리보다 존중받는 세상이다'라는 주제를 펼치기 위해 여러 가지 근거를 제시하고 있다. 가장 두드러진 근거는 통계적 자료와 '효순이와 미선이'의 사례, 즉 객관적 사실이다. 뿐만 아니라 글쓴이는 자신의 주관적인 의견을 근거로 내세우기도 했다. 이렇듯 합리화하기에서는 독자를 납득시키기 위해 여러 가지 풍부한 자료가 동원되어야 한다. 이 외에도 합리화하기에서는 객관적 자료나 정보에 대한 해석이 사용되기도 하고 풀이하기가 함께 동원되기도 한다.

[생각쓰기]

'공학은 실생활에 유용하다'를 합리화하기 방법으로 설명해 보자.

5.3.3.3 예시하기

"예시"란 한 마디로 말하면 예를 들어 보여 주는 것이다. 어려운 수학 공식이나 자연과학의 난해한 개념도 예를 들어 설명하면 훨씬 이해하기 쉽다는 것을 우리는 흔히 경험한다.

예시는 자신이 실제로 겪은 여러 가지 경험이나 다양한 매체를 통해 알게 된 일이나 사건, 행동, 사태 또는 학습을 통해 습득하게 된 역사적 사실이나 공인된 자료 등을 예를 들어 보여 주는 것이다. 예시하기는 주제와 밀접하게 관련된 사건이나 사실 자료, 일화 등을 통해 생생한 느낌을 전해 줌으로써 독자가 주제를 좀 더 쉽게 이해할 수 있도록 도와주는 방법이다. 이런 예시는 주제를 인상 깊게 뒷받침할 수 있다. 다음 예시에서는 통계적 모순에 대해 한 사례를 들어 설명하고 있다.

예시 example

통계적인 모순이 심심찮게 나타나는 사례 중 하나가 성적인 문제에 관한 앙케이트다. 1993년, 프랑스에서 성에 관한 조사를 하면서 응답자들에게 최근 5년간 성관계를 했던 상대편 성 파트너의 숫자에 대한 질문을 한 적이 있었다. 그런데 놀라운 결과가 나왔다. 여성들은 지난 5년간 평균 1.6명의 파트너가 있었다고 답한 반면, 남성들은 그 두 배에 가까운 2.9명이 있었다고 답한 것이다.

그 기간 동안 성 관계를 가졌던 남성 1명과 여성 1명으로 이루어진 커플의 수를 n이라고 할 때, 남성이 관계를 한 파트너 평균 숫자는 n을 전체 인구 중 남성의 숫자로 나누면 나오고, 여성이 관계를 한 파트너 평균 숫자 역시 n을 전체 인구 중 여성의 숫자로 나누면 나온다.

인구에서 남성의 숫자와 여성의 숫자는 거의 동일하기 때문에, 파트너의 평균 숫자도 각각의 성에 대해서 같다고 봐야 한다. 따라서 그 설문 조사는 남성과 여성에 대해 비슷한 결과가 나왔어야 정확한 것이다.

그 결과에 차이가 있었던 이유는 여러 가지 방식으로 설명할 수 있다.

첫 번째 가설은, 응답자를 추출할 때 편향이 있었다고 보는 것이다.

예를 들어, 조사를 실시한 측에서 응답자 가운데 매춘부가 거의 포함되지 않았을 가능성이 있음을 인정할 경우, 그것을 편향의 원인으로 볼 수 있다. 하지만 그런 편향만으로는 결과가 그렇게 큰 폭으로 차이가 나는 것을 설명하기에는 충분하지 않다.

두 번째 가설은, 조사에 응한 남성들이 마침 성적으로 아주 매혹적인 사람들로만 있었다거나 아니면 조사에 응한 여성들이 마침 정조 관념이 몹시 투철한 사람들로만 있었다고 보는 것이다. 하지만 이 역시 너무 억지스러운 감이 있다.

> 가장 그럴 듯해 보이는 것은 세 번째 가설인데, 질문에 답을 했던 사람들이 진실을 말하지 않았다고 보는 것이다. 이러한 가설은 앞의 조사 응답자들에게 지금까지 살아오면서 성 관계를 가졌던 파트너 전체 숫자는 몇 명이냐고 물어 본 조사에서, 여성들의 대답은 3.4명이었던 것에 비해 남성들의 대답은 그 세 배나 많은 11.3명이라는 엄청난 차이를 보였다는 사실에 의해서도 한층 더 힘을 얻는다.
>
> 이러한 조사에서 응답자 한 명 한 명을 놓고 보면 앞뒤가 맞지 않는 말을 한 사람은 아무도 없다. 다른 응답자들끼리도 서로 명백하게 모순이 되지는 않는다. 그리고 그 결과를 다른 여론 조사 결과와 대조한다고 해도, 응답자들이 사실과는 다른 것을 말했다고 확신하기란 불가능하다. 응답자들의 진술에서 끌어낼 수 있는 시나리오가 정말 가능할 수도 있기 때문이다.
>
> \- 질 도웩, 『여론조사를 믿어도 될까?』, 민음바칼로레아

[생각쓰기]

'그래프는 사람 눈을 속일 수 있다'를 예시하기 방법으로 설명해 보자.

연습문제

1. 다양한 사고를 할 수 있는 방법에 대하여 설명해 보시오.

2. 문장식 주제문을 작성할 때 지켜야 할 원칙에 대하여 설명하시오.

3. 주제를 펼치는 방법에 대하여 설명해 보시오.

6장 실용적 글쓰기

6.1 간결한 글쓰기 원리

6.1.1 분명한 마음가짐

분명한 마음가짐을 갖는다.

누군가에게 읽히려고 쓰는 글은 글쓴이의 감정을 위로하거나 갈팡질팡하는 글쓴이의 생각을 드러내서는 안 된다. 글에는 글쓴이의 쭈뼛거리는 머뭇거림이나, 잘 몰라서 두려워하는 마음이 고스란히 드러난다. 글을 쓰기에 앞서 글쓰는 이는 자기주장에 대하여 확고한 신념을 가지고 있어야 한다. 그래야 그 글이 논지가 분명하고 힘을 얻게 된다. 이러한 글이라야 독자의 흥미를 끌 수 있는 것이다.

예시 example

통섭의 시대를 위한 대학교육

우리가 하는 모든 학문은 다 진리를 추구하는 인간의 활동이다. 그런데 야속하게도 진리의 행보는 우리가 엄격하게 그어 놓은 학문의 경계를 존중해주지 않는다. 학문의 구획은 자연에 실재하는 것이 아니다. 학문이란 진리의 궤적을 추적하기 위해 우리 인간이 편의대로 만든 것이다.

진리는 때로 직선으로 또 때로 완만한 곡선을 그리며 학문의 경계를 넘나드는데 우리는 우리 스스로 쳐놓은 학문의 울타리 안에 안주하면서 잠깐 들렀다 가버리는 진리의 그림자를 붙들고 평생 씨름하고 있다. 이제는 진리의 행보를 따라 과감히 그리고 자유롭게 학문의 국경을 넘나들 때가 되었다. 학문의 국경을 넘을 때마다 여권을 검사하는 불편한 과정을 생략하자. 생물학에서 출발한 문제가 경제학과 심리학을 거쳐 물리학과 수학에 정착하기도 하고, 사회학의 문제인 줄로만 알았는데 알고 보니 행정학과 법학은

> 물론 기상학과 화학 그리고 음악의 영역까지 이어지는 게 요즘 세상이다. 대학생들에게는 누구에게나 전공이 있다. 그리고 대부분은 그것이 절대로 바뀔 수 없는, 하늘이 정해준 또는 유전자에 각인된 운명인 줄 알고 신주단지처럼 떠받들고 산다. 그 운명에 순응해 착실하게 준비만 하면 평생이 보장되는가 하고 열심히 공부하는 학생들도 있다. 하지만 대학에서 전공했던 분야에서 평생 종사하는 사람은 실제로 극소수에 지나지 않는다. 대학교육 4년으로 보장 받기에는 우리 인생이 너무 길기 때문이다. 더구나 이제는 우리 인간의 수명이 놀랍도록 길어져 한 가지 일만 하고 살기가 점점 어려워지고 있다. 우리 사회는 이미 '사오정'이다 '오륙도'다 하며 이 같은 현상을 뼈저리게 경험하고 있다. 그런데도 대학은, 좀더 직접적으로 말하면, 대학생들은 여전히 안일하게 미래를 준비하고 있다.
>
> 통섭의 시대를 맞이하게 될 우리 대학생들에게 예전처럼 하나의 학문을 전공하며 안심해서는 안 된다고 강조하고 싶다. 21세기의 대학은 통섭의 시대를 준비하는 학생들에게 그에 걸맞은 교육을 제공해야 한다. 어설픈 복수전공제도 정도가 아니라 철저하게 여러 학문을 넘나들 수 있도록, 이제 대학의 변신은 '필요'가 아니라 '필수'이다. 대학생 각자의 변신도 절대 예외일 수 없다.
>
> - 최재천,『통섭의 시대를 위한 대학교육』, 한국대학신문

위 글은 최재천 교수의 주장이 분명히 드러난 기고문이다. 최 교수의 주장은 미래형 학문의 추세가 통합이기 때문에 대학교육도 이에 맞춰 통합형으로 변해야 한다는 것이다. 이 글에 나오는 통섭이란 용어는 영어의 consilience를 최 교수가 번역하며 채택한 말이다. 최 교수에 의하면 통섭이란 인문학과 자연과학의 통합을 지향하는 새로운 학문 방법론이다. 통섭을 쉬운 말로 하면 '통합'이라 할 수 있다. 그런데 최 교수가 이미 널리 사용되고 있는 '통합'이라는 쉬운 말을 놔두고 굳이 '통섭'이라는 어려운 용어를 만들어 쓴 이유는 오해의 소지를 없애기 위해서라 한다. 통섭은 '큰 줄기'라는 뜻의 '통(統)'과 '잡다'라는 뜻의 '섭(攝)'을 합친 말이다. 요컨대 통섭이란 큰 줄기를 잡는 것이다. 그러기 위해서는 학문의 경계를 뛰어넘어야 한다는 것이다. 최 교수의 주장은 공학 전공자라고 공학의 범위 안에 안주하기만 해서는 안 된다는 이야기다. 20세기는 분야를 나눌 수 있는 데까지 계속 쪼개가는 분과 학문의 시대였기 때문에 전공 중심의 교육이 필요했지만 21세기는 통합 학문의 시대이기 때문에 21세기를 살아갈 학생들에게는 통섭적인 지식을 가르쳐야 한다는 것이다. 이와 같이 자신의 신념이 확고하고 주장이 분명한 글은 독자에게 호소력이 있어 대중적인 파급효과도 상당하다.

공학계에서 발생하는 실무는 자신의 의견과 주변 사정을 분명하게 전달해야 할 상황이

많다. 이 때 자신의 생각을 확실히 표현하지 않는 언어습관은 상황을 애매모호하고 불투명하게 만들어버리는 경향이 있다.

'나는 3일 정도 일본에 다녀와야 한다'거나 '제 생각에는 시작해도 좋지 않을까합니다'와 같은 식의 모호한 언어 표현은 '나는 3일간 일본에 다녀와야 한다'나 '제 생각에는 시작해야 한다고 봅니다'와 같은 분명한 표현으로 고쳐져야 한다. 평소의 우물쭈물한 마음가짐은 주저주저한 표현으로 나타나고 불분명한 글쓰기로 이어진다. 따라서 명쾌한 글을 쓰기 위해서는 마음가짐부터 명쾌해지지 않으면 안 된다.

6.1.2 사실과 의견 구별

사실과 의견을 구별한다.

공학계 사람들이 쓰는 업무용 문서는 다른 사람에게 읽히고자 하는 것이다. 다른 사람들이 이해하기 쉬운 글을 쓰기 위해서는 반드시 객관적인 사실(fact)과 글쓴이의 주관적인 의견(opinion)을 구별해야 한다.

(1) 장영실은 세종시대 당시 최고의 과학자였다.
(2) 장영실은 노비출신의 과학자였다.

어느 쪽의 문장이 사실을 기술한 것인가? 의견을 기술한 문장은 몇 번인가?

(1) 문장은 의견을 기술한 것이고, (2) 문장은 사실을 기술한 것이다.

(1) 문장은 '최고의'라는 글쓴이의 의견이 반영된 글이고, (2) 문장은 '노비출신', '과학자' 등의 객관적으로 주어진 정보에 의해 기술된 글이다.

의견이란 어떤 일에 대해 어떤 한 사람이 내리는 판단이다. 이 때 다른 사람들은 이 판단에 동의할 수도 있고 동의하지 않을 수도 있다. 또한 의견은 자기 나름대로 생각하고 느낀 결과이기 때문에 정확성이 떨어진다. 반면 사실이란 객관적인 증거를 들어 뒷받침할 수 있기 때문에 모든 사람들이 동의할 수밖에 없는 어떤 것이다. 이 때 객관적이란 용어는 누가 보더라도 똑같은 사실일 경우에 사용한다.

물론 사실과 의견은 항상 고정된 것이 아니다. 그것은 그 문장이 속한 시간과 공간에 따라서 달라질 수 있다. 언어는 문맥 안에서만 작동하기 때문에 세상과 동떨어져서 존재하지 않는다. 모든 사실과 의견은 사회적인 것이어서 좀더 깊이 들어가면 이 두 가지를 구별하기가 쉽지 않다.

사실을 기술하는 글은 명사나 대명사, 수사를 사용하고 형용사나 부사는 가급적 회피하는 것이 좋다. 좋다, 예쁘다, 나쁘다 등 주관적인 가치 판단을 표현하는 형용사나 정말, 지금, 막 등 주관적인 수식어구가 들어가면 객관성을 훼손하기 때문에 이러한 어구가 들어가는 경우는 의견이 개입될 수 있는 여지를 주기 때문이다.

의견의 기술은 '~라고 생각한다, ~라고 추론한다, 생각한다, 느낀다' 등의 형태로 쓰는 것이 기본이다. '이것이 가장 좋은 방법이다'거나 '저 남자보다 그 남자가 더 멋있다' 내지 '갈치는 맛있는 생선이다' 식의 문장이 바로 의견이다.

예시 example

의견 표명이냐 구체적 사실의 적시냐

일간신문에 실린 광고의 핵심 내용이 허위일 경우 출판물에 의한 명예훼손죄가 성립한다는 대법원 판결이 나왔다.

전 명품대 총장인 맹명구(68) 씨는 총학생회장 출신 정퇴계 씨와 공모해 명품대학교 정상화추진위원회를 결성하고, 학교법인 이사장을 퇴진시킬 목적으로 2027년 10월 5일자 일간신문에 '범법자는 민족사학 명품대학교의 이사장이 될 수 없다'라는 제목으로 성명서 광고를 냈다.

내용은 "이사장이 학교의 기본재산을 탈법적으로 매각한 뒤 횡령하고, 토지를 지방자치단체에 기부한 사실을 숨기면서 오히려 주상복합아파트 건설을 통해 개발을 하고 있다고 홍보함으로써 해교 행위를 하고 있다"는 등이 담겨 있다.

이로 인해 맹씨는 출판물에 의한 명예훼손 혐의로 기소됐고, 1심에서 징역 6월에 집행유예 1년을, 2심에서는 벌금 500만원을 각각 선고받았다.

그러자 맹씨는 상고했고, 대법원 제2부는 맹씨의 상고를 기각하고, 벌금 500만원을 선고한 원심을 확정한 것으로 28일 확인됐다.

재판부는 판결문에서 먼저 "'허위사실 적시에 의한 명예훼손죄'가 성립하기 위해서는 범인이 공연히 사실의 적시를 해야 하고, 적시한 사실이 사람의 사회적 평가를 저하시키는 것으로서 허위이어야 하며, 범인이 그와 같은 사실이 허위라고 인식했어야 한다"고 말했다.

이어 "여기서 중요한 부분이 객관적 사실과 합치되는 경우에는 세부에 있어서 진실과 약간 차이가 나거나 다소 과장된 표현이 있더라도 이를 허위의 사실이라고 볼 수는 없으나, 허위사실인지 여부를 판단함에 있어서는 적시된 사실의 내용 전체의 취지를 살펴 객관적 사실과 합치하지 않는 부분이 중요한 부분인지 여부를 결정해야 한다"고 덧붙였다.

재판부는 그러면서 "피고인이 낸 일간신문에 게재한 광고를 보면 학교법인 이사장이 대학의 기본재산을 탈법적으로 매각하는 등 해교행위를 하고 있다는 등으로 사회적 평가를 저하시키는 내용이 포함돼 있다"며 "이런 신문광고의 내용은 단순한 의견표명이 아니라 구체적으로 사실을 적시한 것"이라고 지적했다.

재판부는 "그 적시된 사실은 객관적 사실에 배치되는 것으로서 허위이고, 피고인에게는 피해자를 비방할 목적이 있었다고 판단해 원심이 유죄로 인정한 조치는 정당한 것으로 수긍이 가는 만큼 출판물에 의한 명예훼손죄의 성립에 관한 법리오해 등의 위법이 있다고 할 수 없다"고 판시했다.

- 신종철 기자, 『신문에 낸 성명서 광고 내용 허위 땐 명예훼손』

6.2 좋은 글쓰기

6.2.1 어법에 맞는 문장

어법에 맞는 문장을 쓴다.

언어에는 일정한 법칙이 있다. 그것을 어법, 즉 언어규범이라 한다. 언어규범이란 한글 맞춤법, 띄어쓰기, 표준어, 국어의 로마자 표기법, 외래어 표기법, 문장부호 사용법 등을 말한다. 말은 맞춤법이 필요하지 않지만 글로 적을 때는 여러 가지 어법에 맞는 문장을 써야 한다. 어법은 같은 언어를 공유하는 언중들이 서로 지키고자 한 언어적 약속이기 때문에 글을 쓸 때 어법에 맞지 않는 문장을 쓰게 되면 글쓴이와 글을 읽는 사람 간에 오해의 소지가 있다. 특히 글을 쓸 때에는 어문 규범을 잘 지켜야 표현하고자 하는 바를 읽는 사람에게 정확히 전달할 수 있다. 특히 공학계 글쓰기는 어떠한 행동을 요구할 때 쓰는 공적인 문서가 많으므로, 어문 규정에 대한 주의가 더욱 절실하다고 할 수 있다.

6.2.1.1 맞춤법

(1) 두음법칙

두음법칙은 원칙적으로 한자어에만 적용된다. 예를 들어 '리을', '녀석' 같은 고유어에는 두음법칙이 적용되지 않는다. 국어의 단어 첫머리에는 자음이 2개 이상 이어진 자음군이 올 수 없고 'ㅇ ㄹ'도 올 수 없다. 그래서 이러한 자음이나 자음군이 단어 첫머리에 놓이면 이들을 발음하기 쉽게 바꾼다.

- 인상율(×) → 인상률(○)
- 승락(×) → 승낙(○)
- 총투입량(×) → 총 투입량(○)
- 년도별 생산 실적(×) → 연도별 생산 실적(○)
- 회계 년도(×) → 회계 연도(○)
- 신연도(×) → 신년도(○)
- 고냉지 작물(×) → 고랭지 작물(○)
- 2000연도(×) → 2000년도(○)
- 가정난(×) → 가정란(○)
- 투고난(×) → 투고란(○)
- 독자난(×) → 독자란(○)
- 학습난(×) → 학습란(○)
- 답난(×) → 답란(○)
- 어린이란(×) → 어린이난(○)
- 어머니란(×) → 어머니난(○)
- 가십란(gossip)(×) → 가십난(○)
- 노동양(×) → 노동량(○)
- 작업양(×) → 작업량(○)
- 일량(×) → 일양(○)
- 알칼리량(×) → 알칼리양(○)
- 백분률(×) → 백분율(○)
- 능율(×) →능률(○)
- 출석율(×) → 출석률(○)

(2) 사이시옷

합성어 중에서 '한자어+한자어'의 경우는 사이시옷을 적지 않는다.

- 뒷판(×) → 뒤판(○)
- 소숫점(×) → 소수점(○)
- 깃면(×) → 기면(○)
- 시내가(×) → 시냇가(○)
- 차잔(×) → 찻잔(○)
- 나무잎(×) → 나뭇잎(○)
- 기대값(×) → 기댓값(○)
- 대표값(×) → 대푯값(○)
- 만두국(×) → 만둣국(○)
- 등교길(×) → 등굣길(○)
- 성묘길(×) → 성묫길(○)
- 장미빛(×) → 장밋빛(○)
- 맥주집(×) → 맥줏집(○)
- 세방(×) → 셋방(○)
- 수자(×) → 숫자(○)
- 차간車間(×) → 찻간(○)
- 회수(×) → 횟수(○)
- 촛점(×) → 초점(○)
- 갯수(×) → 개수(○)
- 기찻간(×) → 기차간(○)
- 전셋방(×) → 전세방(○)
- 머릿말(×) → 머리말(○)
- 인삿말(×) → 인사말(○)
- 핑킃빛(×) → 핑크빛(○)
- 피잣집(×) → 피자집(○)

(3) -(으)로서 / -(으)로써

'-(으)로서'는 어떤 '지위나 신분, 자격을 가진 처지에서'라는 뜻으로 쓰인다.

한편 '-(으)로써'는 '재료, 수단, 방법'을 나타내는 뜻으로 구분해서 사용해야 한다.

- 대통령으로써(×) → 로서(○)
- 의료용구판매업 허가증 소지자로써(×) → 소지자로서(○)

(4) -(음)으로 / -(으)므로

'-(음)으로'는 '방법, 수단, 재료' 등을 표시하는 데 반해 '-(으)므로'는 까닭을 표시하는 말이다. 따라서 뒤에 '-써'가 결합되는 경우 '-므로써'라는 표기는 있을 수 없다.

- 이를 확인치 않으므로 인한 불이익(×) → 않음으로(○)
- 인간의 행복과 무한한 번영을 추구하므로써(×) → 추구함으로써(○)

(5) 명사, 부사, 관형사 띄어쓰기

명사 '다음, 우리', 부사 '못', 관형사 '그'나 '각(各), 매(每), 전(全), 총(總)' 등은 뒷말과 띄어 쓴다.

- 다음사항(×) → 다음 사항(○)
- 우리학교(×) → 우리 학교(○)
- 그전일(×) → 그 전일(○)
- 각1부(×) → 각 1부(○)
- 매회계년도(×) → 매 회계 연도(○)
- 본제품(×) → 본 제품(○)
- 각부처(×) → 각 부처(○)
- 각지방(×) → 각 지방(○)
- 각가정(×) → 각 가정(○)
- 각학교(×) → 각 학교(○)
- 귀회사(×) → 귀 회사(○)
- 동회사(×) → 동 회사(○)
- 만나이(×) → 만 나이(○)
- 매경기(×) → 매 경기(○)
- 연10만명(×) → 연 10만 명(○)

- 전국민(×) → 전 국민(○)
- 갖은양념(×) → 갖은 양념(○)
- 딴일(×) → 딴 일(○)
- 맨꼭대기(×) → 맨 꼭대기(○)
- 새신(×) → 새 신(○)
- 온식구(×) → 온 식구(○)
- 몇명(×) → 몇 명(○)

(6) 접두사 붙여쓰기

접두사 '미(未), 연(延)' 등은 뒤에 오는 말과 붙여 쓴다.

- 미 사용시(×) → 미사용 시(○)
- 연 인원의(×) → 연인원의(○)

(7) 조사 붙여쓰기

조사 '까지, 마다, 만큼, 보다, 부터, 로부터, 뿐' 등과 서술격 조사 '이다'는 앞 말에 붙여 쓴다.

- 7번란 까지(×) → 7번 난까지(○)
- 신청시 마다(×) → 신청 시마다(○)
- 선납일수 만큼(×) → 선납일수만큼(○)
- 관보게재일 보다(×) → 관보게재일보다(○)
- 체결일로 부터(×) → 체결일로부터(○)
- 30일이후 이어야 합니다.(×) → 30일 이후이어야 합니다.(○)

(8) 의존 명사 띄어쓰기

의존 명사 '간, 내, 데, 등, 바, 수, 시, 외, 적, 전, 중, 지, 채' 등은 앞 말과 띄어 쓴다.

- 기한내(×) → 기한 내(○)
- 과학기술부장관간에 서명되고(×) → 과학기술부장관 간에(○)
- 위 사항을 알지못한데따른(×) → 알지 못한 데 따른(○)
- 품목명세등(×) → 품목명세 등(○)

- 공사착공시(×) → 공사 착공 시(○)
- 개발국외의(×) → 개발국 외의(○)
- 현재 진행중(×) → 현재 진행 중(○)

(9) '관련하여' 띄어쓰기

'같이, 관련하여, 날, 대한, 동안, 때, 밑, 안, 이내, 이상, 이후, 자리, 후' 등은 앞 말과 띄어 쓴다.

- 이와같이(×) → 이와 같이(○)
- 이와관련하여(×) → 이와 관련하여(○)
- 그에대한(×) → 그에 대한(○)
- 담당관밑(×) → 담당관 밑(○)
- 4회이내(×) → 4회 이내(○)
- 낙찰후(×) → 낙찰 후(○)

(10) 단위별 띄어쓰기

'가지, 원, 제곱미터, 필지' 등처럼 단위를 나타내는 말은 앞 말과 띄어 쓰며 수를 적을 때에는 '만' 단위로 띄어 쓴다.

- 한가지만 가지고(×) → 한 가지만(○)
- 천원(×) → 천 원(○)
- 두필지(×) → 두 필지(○)
- 일억이천만원(×) → 일억 이천만 원(○)

(11) 접미사 붙여쓰기

'하다'나 '되다'가 명사 뒤에 이어져 접미사로 쓰이는 경우에는 앞말에 붙여 쓴다.

'-게 하다, -고자 하다, -도록 하다, -아야/-어야/-여야 하다, -라 하다' 등이나 '-게 되다' 등에서처럼 '하다'가 어미 뒤에 연결되었을 때에는 앞말과 띄어 쓴다. 단, '-아/-어지다'의 경우에는 항상 붙여 쓴다.

- 간소화 하였음(×) → 간소화하였음(○)
- 무효처리 됩니다(×) → 무효처리됩니다(○)

- 체결해야하고(×) → 체결해야 하고(○)
- 발생하게되는(×) → 발생하게 되는(○)
- 비추어 지고(×) → 비추어지고(○)

(12) 문장 부호

'그러나, 그러므로, 그리고' 등과 같이 일반적으로 사용하는 접속어 뒤에는 쉼표를 쓰지 않는다.

- 그러나, 무엇보다도(×) → 그러나 무엇보다도(○)
- 따라서, 건교부는(×) → 따라서 건교부는(○)

큰 따옴표는 대화를 표시하거나 남의 말을 인용한 경우에만 쓴다.

- 이하 "같은법"이라함(×) → 이하 '같은 법'이라 함(○)
- [입찰서 재중](×) → '입찰서 재중'(○)

묶임표 뒤에 연결되는 조사는 묶임표로 묶인 부분을 생략해도 말이 될 수 있게 그 앞 부분과 맞추어 표기한다.

- 자본금[출자좌수]가(×) → 자본금[출자좌수]이(○)
- 계약서[안]을(×) → 계약서[안]를(○)

(13) 연월일 표시

- 2008.∨11.∨20.∨위 업체가
- 같은∨해∨9.∨12∨위 업체가
- 2008년∨10월∨말경∨위 업체가
- 2008년∨10월경∨위 업체가

(14) 금액, 이율 표시

단위를 나타내는 명사는 띄어 쓰되, 다만 순서를 나타내는 경우나 숫자와 함께 쓸 경우에는 붙여 쓸 수 있다.

- 5,000,000원
- 오백만∨원

- 미화∨200,000,000달러
- 미화∨합계∨200,000,000달러
- 계약금∨3,000,000원
- 공사비∨3,000,000원
- 500만∨원
- 300여∨만∨원
- 299만여∨원
- 일억∨이천삼백오십만∨사천구백오십칠∨원['만' 단위로 띄어쓰기]
- 연∨2할∨5푼∨3리
- 월∨2푼

6.2.2 정확한 전달

정확한 전달을 목표로 한다.

(1) **어순**

주어, 목적어는 서술어 가까이 놓는 것이 좋다.
날짜는 관련된 사실의 바로 앞에 표시하면 전달하고자 하는 내용을 분명하게 할 수 있다.

- 2008. 4. 4. 충청남도 대전시 거주 이상철이 모(母)인 진정순으로부터 아파트 한 채를 증여 받은 데 대하여...(×)

→ 충청남도 대전시에 사는 이상철이 2008. 4. 4. 어머니 진정순으로부터 아파트 한 채를 증여 받은 데 대하여...(○)

- 본 시설사업기본계획은 사회간접자본시설에대한민간자본유치촉진법, 동법 시행령 및 1998년 민자유치 기본계획에 의거, 인천 국제공항 교통센타시설 사업과 관련하여 사업신청자가 위 시설의 민자유치시설사업에 대한 사업계획서 작성에 필요한 사항 및 사업시행조건, 사업시행자 지정방법 등을 종합적으로 제시하는 데 있음. <건설교통부고시 제1998-448호>

[오류 수정 부분] : 위의 문장은 '본 …계획의 목적은 …하는 데 있음'이나 '본 …계획은 …하는 데 그 목적이 있음'으로

→ 이 시설 사업 기본 계획은 사회간접자본시설에대한민간자본유치촉진법,

같은 법 시행령 및 1998년 민자 유치 기본 계획에 의하여, 인천 국제 공항 교통센터 시설 사업과 관련된 사업 신청자에게 위 시설의 민자 유치 시설 사업에 대한 사업계획서 작성에 필요한 사항 및 사업 시행 조건, 사업 시행자의 지정 방법 등을 종합적으로 제시하는 데 그 목적이 있음.

(2) 쉬운 표현

공학 문서는 알리고자 하는 내용을 정확히 전달하는 데 목적이 있다. 알리고자 하는 내용을 정확히 전달하기 위해서는 전달 효과가 그다지 크지 않은 어려운 단어는 사용하지 않는 것이 좋다. 또한 정확하지 않은 표현이나 지나치게 줄인 표현, 그리고 지시하는 듯한 느낌을 주는 권위적 표현도 쓰지 않아야 한다.

- 아파트 건설에 적합되도록(×) → 적합하도록(○)
- 지정 기한 내 동 증명을 제출하여야(×) → 지정 기한 내 동일한 증명서를(○)
- 입찰보증금은 국고에 귀속합니다(×) → 귀속됩니다(○)
- 기능과 효과가 동일한 동류 물건(×) → 동일한 물건(○)
- 구유 재산 매각 재입찰공고(×) → 구 소유 재산(○)
- 업역간 분쟁도 해소함(×) → 업무 영역간(○)
- 예가 내 최저투찰자(×) → 예정가격 내(○)
- 동 건의 이해관계인(×) → 동일한 건의 이해관계인(○)
- 상기 업종의 면허소지자(×) → 위 업종의 면허소지자(○)
- 사전에 모든 공부를 열람(×) → 사전에 모든 공용 장부를 열람(○)
- 추록(×) → 추가 기록(○)
- 이를 결한 결과로 발생한 책임은(×) → 이를 빠뜨린 결과로(○)
- 그 전일(×) → 그 전날(○)
- 기 계획 중(×) → 이미 계획 중(○)
- 소정 서식에 의거하여(×) → 정해진 서식에 의거하여(○)
- 익년도(×) → 다음 연도(○)
- 타공사 입찰(×) → 다른 공사 입찰(○)
- 입찰등록을 필한 사람(×) → 입찰등록을 마친 사람(○)
- 시보 임용 기간(×) → 수습 임용 기간(○)
- 약정일(×) → 정한 날짜(○)
- 추완 신고된(×) → 보완 신고된(○)

- 근무성적 평정 대상을(×) → 근무성적 평가대상을(○)
- 하천 사방 공사(×) → 하천 모래막이 공사(○)
- 납품시(×) → 납품할 때(○)
- 출장차(×) → 출장하러(○)
- 행정지도 하에(×) → 행정지도를 받아(○)

6.3 한 장으로 정리하기

한 장으로 정리한다는 것은 전체를 볼 수 있는 지혜가 있다는 것이다. 전체를 보는 능력이 뛰어난 사람은 정보를 처리하면서도 마치 독수리가 높은 하늘 위에서 아래를 내려다보면서 위험 요소가 적은 장소에 있는 먹이를 찾아내는 것과 같이 넓은 시야를 가지고 전체를 꿰뚫는 법칙을 찾아내어 정리할 수 있다.
책 한 권 또는 글 한 편을 한 장으로 정리하는 방법에는 여러 가지가 있을 수 있다. 그 중 가장 많이 사용되는 것이 목차 방식, 표 방식, 지도 방식(mapping), 그림 방식, 그래프 방식이다.

6.3.1 목차 방식

글을 쓸 때는 우선 큰 주제를 정하고, 그 주제에서부터 작은 주제로 생각을 확대해 나간다. 이렇게 생각이 확산되는 과정을 글을 쓸 때의 과정과 관련지어 생각하면, 처음에 글의 제목을 정하고, 다음에 장, 절 등으로 소제목을 붙이게 되는 과정과 동일하다.

이러한 발전 단계는 일반적으로 글의 목차에 드러난다. 따라서 책이나 논문, 기획서, 보고서 등의 목차를 보면 그 내용 전체를 한 눈에 조감할 수 있다.

다음은 '색채 연구'에 대한 글의 목차이다.

색채 연구

1. 색채에 대한 빠른 인식
2. 색채의 인기
3. 환자의 색상 선택
4. 선호하는 색상
5. 색채의 상징성
6. 색채와 점성술
7. 색채와 연금술
8. 색채의 신비성
9. 결론

6.3.2 표 방식

표 6.1 전략 브리프(Brief) 제작 기획서

<table>
<tr><td rowspan="2">광고주:</td><td rowspan="2">제품명:</td><td>제작회의 날짜:</td></tr>
<tr><td>광고제작 날짜:</td></tr>
<tr><td colspan="3">광고 제작 필수 요구 사항:
(신문 광고, TV 광고, 라디오 광고, 전략 광고)</td></tr>
<tr><td colspan="3">광고 대상:
(나이, 생활 태도, 소비 경향)</td></tr>
<tr><td>광고 목표:</td><td></td><td></td></tr>
<tr><td>제품의 차별적 특징</td><td></td><td></td></tr>
<tr><td>광고 전략의 근거</td><td></td><td></td></tr>
<tr><td colspan="3">광고 표현 요구 사항
(강한/부드러운/충격적인 이미지)</td></tr>
<tr><td colspan="3">브랜드 이미지
(친근/낯선/이국적/전통적)</td></tr>
<tr><td>광고물 검토 기한:
기획 협의:
광고주 협의:</td><td>확인 결과</td><td>기획자 확인
제작자 확인</td></tr>
</table>

표 6.2 아이폰과 구글폰 비교

비교	아이폰	구글폰
운영체제	맥 OS 'X'	안드로이드
서비스 방식	폐쇄형(1국 1통신 사업자)	개방형(통신 사업자 제한 없음)
수익 구조	하드웨어 판매	모바일 플랫폼 공급에 의한 고아고 수익
제조업체	대만 혼하이 정밀 OEM	삼성전자, LG전자, 모토로라

6.3.3 지도 방식(Mapping Method)

지도 방식을 이용하여 한 장으로 정리할 수 있는 글은 상위 개념과 하위 개념이 있고, 이들이 구조적으로 이루어져 체계를 형성하고 있는 경우이다. 지도 방식은 '작도법'이라고도 한다.

6.3.4 아이콘 방식

글의 형식이 병렬식이거나 글의 내용이 열거식일 경우, 즉 평면적인 글일 경우에는 아이콘을 이용하는 것이 좋다. 아이콘은 글의 내용을 보고 가장 적합하다고 생각하는 아이콘을 상상하여 만들어 본다. 이 때 아이콘은 모든 사람들이 알아보기 쉬우면서도 일관성을 가지면 효과적이다.

다음은 <한국일보>에 실린 기사로, 속도가 현대인의 삶 대부분을 지배한다는 내용을 아이콘을 사용해 한 눈에 알아보기 쉽게 정리한 것이다.

예시 example

현대인의 삶은 속도에 예속된 삶이다.

20세기 초 기차, 자동차, 전화, 비행기와 같은 속도의 아이콘들이 출현한 이래 사람들은 속도의 원리를 내면화했다. 속도의 원리란 너무나 압도적이어서 삶의 모든 부분을 지배하고 있다. 그들은 운전대를 잡은 채 패스트푸드로 끼니를 때우며 출근을 하고, 사무실에 들어서면 인터넷에 접속한 뒤 분초를 다투며 주식거래 단말기를 두드린다. 휴가철에는 초음속 여객기로 휴양지로 날아가서 번지점프나 롤러코스터 같은 놀이기구에 몸을 맡긴다. 속도는 인류의 보편적 신앙이 된 셈이다. 책은 중세로부터 현대까지 인류의 변화를 '속도'라는 프리즘으로 들여다보며 흥미진진한 문명사를 써내려간다. 자연이 분배해주는 시간의 흐름에 몸을 맡기고 '느림'을 확고하고 흔들리지 않는 가치로 찬양했던 중세적 질서의 균열은 상인들로부터 시작됐다. 시간을 자본으로 파악한 약빠른 상인들의 이데올로기야말로 '속도 - 경쟁 - 효율 - 성과'라는 근대적 세계관의 토대를 만들었다고 책은 말한다.

예컨대 유럽에 공급될 해염(海鹽)을 전매하기 위해 소금 선적선이 도착하는 리브란트 항까지 가장 빠르게 도착할 수 있는 사환들을 찾아 경쟁시킨 힐데브란트 베킨후젠 같은 15세기의 독일상인으로부터 두 달마다 새로운 옷을 출시하는 시스템을 구축함으로써 일 년에 두 번 신상품을 출시하는 베네통을 제친 1990년대의 미국 갭까지 '속도'라는 바이러스는 고금을 막론하고 상인들의 핏줄 속을 흘러 다녔다. 그 바이러스의 전염력은 얼마나 위력적이고 불가항력적이었던가. 책은 그것이 어떻게 생산의 혁명, 운송의 혁명, 통신의 혁명, 스포츠의 혁명, 전쟁의 혁명, 예술의 혁명을 추동했는지를 살핀다. 저자는 이에 더해 이 같은 문명의 무한질주가 어떻게 사람들의 정서를 변화시켰는지를 감지한 이들을 찾아냄으로써 속도 바이러스의 본질을 파고들어간다. 1860년 근대적 속도의 상징인 증기기관차로 여행을 다녀온 뒤 "내가 기차 안에서 만난 사람의 절반은 어딘가 눈빛이 거칠다. 오늘날에는 누구에게서도 휴식과 조용함을 찾아볼 수 없다"고 갈파한 나이틀리 부인이나, 1907년 발표한 논문에서 "도시인들은 끊임없이 서두르는 가운데 정신적인 자극을 받아야 회복된다"고 통찰한 프로이트 같은 이들의 말은 유효한 힌트가 된다. 저자는 서문에서 "이 책의 의도는 가속화를 비난하려는 것이 아니라 좋든 나쁘든 가속도 원리가 노동과 생활 속에서 어떻게 자리를 차지하며 또 어떻게 변화시켜가고 있는지를 설명하는 것"이라고 적고 있다. 그럼에도 불구하고 속도 바이러스는 필연적으로 비인간화를 동반할 수밖에 없다는 비판적 견해가 곳곳에서 드러난다. 전쟁무기의 성능이 어떻게 가속화했는가를 다루고 있는 대목에서 지은이는 "칼과 창의 고전적인 맞부딪침 대신 1분당 1,800발을 내뿜는 기관총에 맞서다 최후를 맞는 현대 전쟁의 병사들의 죽음은 영웅적 성격을 상실한 진부한 기계적인 죽음이 됐다"고 탄식하고, 공장 가동속도의 향상이라는 명제 앞에 노동자들이 스톱워치를 든 감독관의 감시의 눈초리를 받으며 컨베이어 벨트 앞에 서게 된 20세기 초반의 공업사를 써내려가며 "인간이라는 기계는 아직도 남아있는 근로시간의 틈을 계속 메우기 위한 실험도구이자 재료로 변해갔다"고 기술한다.

사람들이 이처럼 계속되는 가속화와 자극의 홍수를 어느 한계까지 견디어낼 수 있을 것인지, 가속도의 세계가 유토피아가 될 것인지 디스토피아가 될 것인지 저자는 명확한 결론을 내리지 않고 있다. 그러나 책을 덮고 나면 폭주기관차처럼 질주하는 20세기 문명의 파국을 예상하며 "재주 있는 사람은 알아서 피하라"고 했던 한 19세기 프랑스 시인의 묵시론적 예언이 여전히 유효하다는 사실에 전율을 느끼게 되지나 않을까.

"현대인의 삶은 속도에 예속된 삶이다."

- 이왕구 기자, 〈한국일보〉기자, "속도에 감염된 현대", 2008. 2. 22.

6.3.5 만화 방식

다음 그림은 우리 사회의 한 모습을 그림으로 표현한 것이다.

6.4 실용적 글쓰기 유형

6.4.1 설명문

6.4.1.1 설명문이란 무엇인가

설명(說明, explanation)은 생활에 도움을 줄 목적으로 사용하는 실용적 설명과 지식을 전해 줄 목적으로 사용하는 과학적 설명으로 구분할 수 있다. 실용적 설명에는 자동차 사용설명, 스마트폰 사용설명, 가전제품 사용설명, 의약품 사용설명, 학교 소개, 박물관 소개, 취업 박람회 소개, 놀이동산 안내서, 해외유학 안내서 등이 있다. 과학적 설명에는 수학공식 설명, 과학원리 설명, 비평 용어 설명 등이 있다.

6.4.1.2 설명문 쓰는 방법

설명의 기본은 사실성이다. 추측이나 소문, 불확실한 사실, 부정확한 정보 등은 설명의 근거가 될 수 없다. 어떤 사실이나 정보의 실체가 무엇인가를 알기 쉽게 풀이하는 설명 방법으로는 지정, 정의, 비교, 대조, 예시, 분류, 구분, 분석, 질문, 답 등이 있다.

(1) 지정

지정은 'A는 무엇인가'라는 물음에 대해 답변 형식을 취하는 것이다. 즉 'A는 B이다'의 형태라 할 수 있다. 이때 B는 A가 가지고 있는 여러 속성 중 어느 하나의 속성만을 가리키면 된다. A와 B의 관계는 서로 필요충분조건일 필요가 없고, B가 A의 충분조건이면 되는 것이다. 예를 들어 '포유류는 새끼를 낳아서 젖을 먹여 기르는 동물이다'라고 했을 때, B는 A의 속성을 드러낸 것이다. 그렇다고 해서 B가 곧 A는 아니다. 왜냐하면 포유류 중에는 오리너구리처럼 알을 낳고 새끼를 젖을 먹여 기르는 동물도 있기 때문이다. 이처럼 지정이란 A가 무엇인지를 지적하여 확인해 주는 방식이다.

예시 example

아우라(aura)란 기품이다. 우리는 어떤 사람이나 예술품에서 고상하고 독특한 분위기를 느낄 때 '아우라가 있다'고 표현한다.

(2) 정의

지정과 정의는 똑같이 'A는 B이다'의 형식을 취하면서도, 지정이 A와 B의 관계가 충분조건이면 성립되는 것임에 반해, 정의는 A와 B의 관계가 필요충분조건이어야 한다. 즉 정의는 'A는 B이고 B는 A이다'의 형식을 갖는 것이다. 정의가 'A는 B이다'의 형식을 취할 때, 우리는 A를 피정의항이라 하고 B를 정의항이라 부른다. 정의는 피정의항을 종개념으로 하고 정의항을 '종차(種差)+유개념'으로 구체화하면 된다. '종차'란 말 그대로 같은 유개념에 속하는 다른 종(鍾)들과의 차이를 나타낸다. 정의를 제대로 하기 위해서는 피정의항에 속하는 유개념을 적절하게 설정해야 하며, '종차'도 분명히 해야 한다. 종차가 다른 종들과 구별할 수 없는 내용으로 이루어져 분명하지 않다면 제대로 정의한 것이 아니다.

정의가 제대로 이루어지기 위해서는 다음과 같은 원칙을 지켜야 한다.

첫째, 피정의항과 정의항은 대등해야 한다. 즉 '피정의항=정의항'이 되어야 한다. 예를 들면 '공학이란 천연자원을 인간에게 이익이 되도록 최적으로 바꾸기 위해 과학을 응용하는 학문이다'라고 정의할 수 있다. 그런데 '공학은 과학을 응용하는 학문이다'라고 하면 '과학을 응용하는 학문'이 공학만 있는 것이 아니라 사회과학, 자연과학도 있을 수 있기 때문에 '피정의항=정의항'의 관계를 이루기 어렵다. 따라서 이런 정의는 바른 정의라고 볼 수 없다.

둘째, 피정의항은 정의항의 부분이어서는 안 된다. 이는 피정의항의 진술이 정의항에서 되풀이 되어서는 안 된다는 뜻이다. 예를 들어 '공학도는 공학을 연구하는 학생이다'라고 했을 때, '공학'이라는 말은 전혀 설명이 되지 않은 채 남아 있게 되므로 좋은 정의라 볼 수 없다.

셋째, 피정의항이 부정적이 아닌 한, 정의항도 부정적이어서는 안 된다. 정의항에 부정적인 표현이 들어가면 종차가 엄청나게 복잡해 질 수 있다. 예를 들어 '박쥐는 새가 아닌 동물이다'라고 했을 때, '새가 아닌 동물'에 속하는 종들은 엄청나게 많기 때문에 종차가 커져서 '박쥐'를 정확하게 설명한 것이라 할 수 없다.

넷째, 정의항의 내용이 비유적인 표현이어서는 안 된다. 비유적인 표현은 대상에 대한 직접적인 설명이 되지 못하기 때문이다. '친절은 귀먹은 사람이 들을 수 있고 눈 먼 사람이 볼 수 있는 또 하나의 언어이다'라고 했을 때, 이 문장은 '친절'의 속성에 대해서 설명하고 있지는 하지만 '친절' 그 자체에 대한 설명이 될 수는 없다.

(3) 예시

예시는 구체적인 사례를 들어 설명하는 기술 방식이다. 어떤 대상을 설명할 때 적절한 보기를 들어 준다면 읽는 사람이 이해하기 쉽고 읽는 이의 흥미와 관심도 이끌어 낼 수 있다. 예시를 할 때는 객관적인 사실이나 지식은 물론 글쓴이의 주관적인 경험이나 견문 등을 다양하게 사용할 수 있다. 예시는 풍부할수록 좋기는 하지만 그렇다고 해서 너무 많은 예를 들면 글이 산만해지고 글의 초점이 흐려진다.

예시를 통한 설명은 복잡하고 추상적인 대상을 구체적이고 분명하게 전달할 수 있으므로 직접적인 전달 효과가 있다. 예시는 대개 단독으로 쓰이는 경우가 드물고 다른 기술 방식의 부분으로 사용되는 경우가 많다.

예시 example

<자기소개서>의 성장 배경난을 쓸 때는 자신에 대한 이미지를 심어주는 것이 중요하다. 예를 들면 '저는 화목하고 단란한 가정에서 주위의 귀여움을 받으며 별다른 어려움 없이 자라났습니다.'로 평범하게 시작하기보다는 유년기의 일화나 가족관계에 얽힌 이야기, 고향환경 등을 배경 삼은 서술이 자신의 이미지 구축에 도움이 된다.

만일 성장 과정에 어려움이 있었다면 솔직하게 밝히면서 그 어려움을 극복한 과정이나 본인에게 미친 영향을 설명하면 좋은 인상을 줄 수 있다.

(4) 비교와 대조

비교와 대조는 어떤 대상에 대해 진술할 때 그와 관련이 있는 다른 대상과 견주어 설명하는 기술 방식이다. 비교는 대상들 간의 공통점을 중심으로, 대조는 대상들 간의 차이점을 중심으로 기술하는 것이다. 비교와 대조는 서로 대립되는 의미를 가지고 있지만, 비교하여 설명하는 과정에서는 늘 함께 고려되는 요소들이다.

예시 example

중국의 담벽은 집보다 높은 것이다. 아무리 발돋움하여도, 그 내부를 들여다 볼 수 없다. 완전히 폐쇄적인 것이며, 외계와의 단절을 의미하는 완전한 성벽인 셈이다. 그러나 일본의 초가집에는 숫제 담이란 것이 없고, 설령 담이 있다 하더라도 내부가 환히 보이는 아주 낮은 담이다. 그것은 개방되어 있는 것과 다름이 없다. 한편, 우리

> 나라의 담은 중국의 담보다 낮지만, 일본의 담보다 높다. 우리나라의 돌담은 바로 폐쇄와 개방의 중간에 위치해 있다
>
> \- 이어령, "돌담의 의미" 중에서

(5) 분류와 구분

분류와 구분은 어떤 대상의 특성을 명확히 하기 위한 방법으로, 복잡한 구성으로 되어 있는 대상을 손쉽게 파악하고 이해하려 할 때 쓰는 글쓰기 방식이다. 분류는 한 무리의 대상을 일정한 기준에 의해 묶어 보는 것이고, 구분은 대상을 나누어 보는 것이다. 분류는 대상을 공통성 있는 것끼리 한 데 모으고 갈라서 체계화하는 방법으로, 예를 들어 도서관에 있는 책들을 공학, 자연과학, 의학 등의 분야로 한 데 묶어서 정리하는 방식이다. 이러한 분류는 개체들에서 출발하여 전체적인 개념으로 체계화하는 글쓰기 방식이라 할 수 있다.

한편 구분은 하나의 대상을 작은 부분으로 나누는 것을 말하는 데, 상위 개념을 여러 개의 하위 개념으로 나누어 기술하기 때문에 각각의 개념간의 연관성을 제시하는 데 매우 편리하다. 예를 들어 어떤 회사의 조직에 대하여 설명할 때, '우리 회사의 사원은 대표이사, 일반이사, 부장, 과장, 대리, 실장, 일반 사원 등으로 나누어진다'고 하면 구분의 글쓰기 방식이 된다. 이러한 방식으로 글을 쓸 때는 분류나 구분하는 기준이 명확하고 일관성이 있어야 한다.

예시 example

우리는 지력과 관련하여 5가지 프로그램을 제공한다. 지식운용능력, 다중언어능력, 자연세계의 이해능력, 역사의 이해능력, 약점위주의 학습능력이 바로 그것이다.

간단하게 지식운영 능력이란 지식이 어떻게 운영되는가를 잘 알아서 지적능력 향상시키는 것이다. 지식운영 능력이란 지식을 잘 흡수하는 것이고, 지식을 잘 고도화하는 것이고 지식을 잘 표출하는 것이다. 우리교육은 지식을 잘 입수하는 것에 중점을 두었다. 그러나 지식을 고도화할 수 있는 능력을 높이고 표출하도록 해야 지적인 능력을 극대화 할 수 있는 것이다.

아울러 다중언어 능력을 훈련시켜야 지적인 능력을 극대화 할 수 있다. 모국어뿐만 아니라 외국어도 잘하게 하는 것이다. 모든 지식은 언어에 담겨 있다. 한국말에 인류가 가진 지식이 다 담겨 있는 것이 아니다. 한국말을 잘하는 사람과 영어 또한 잘 하는 사람은 처음부터 지적인 능력에서 차이가 난다. 다중언어 능력은 지적능력

을 향상시키는데 아주 중요하다.
(…하략…)

- 원동연 박사 특강, 『5차원 전면학습』에 대하여

(6) 분석

분석은 한 대상을 이루고 있는 구성 성분을 분해해 내는 글쓰기 방식이다. 분석은 분석할 대상이 구조를 가지고 있을 때에만 가능하다는 점에서 구분과 다르다. 분석은 대상의 구성성분을 공간적으로 분해해 낼 수 있는 물리적 분석과 한 관념을 다른 관념에 의해 심리적으로 분석하는 개념적 분석으로 구분할 수 있다. 또한 대상이 어떻게 작용하는가를 기술하는 기능적 분석과 어떤 사건의 계기적인 단계를 밝히고자 하는 연대기적 분석, 원인과 결과의 관계를 밝히는 인과적 분석이 있다.

예시 example

세계인 대다수가 서방과 이슬람 사회의 갈등이 새뮤얼 헌팅턴 교수가 주장한 문명충돌이 아닌 정치적 이해의 대립으로 보고 있는 것으로 나타났다. 호주 일간 시드니 모닝 헤럴드와 영국의 BBC가 27개국 2만8369명을 대상으로 실시한 글로벌 여론조사에 따르면, 응답자 중 과반수가 이슬람과 서방 간 긴장의 원인을 문명충돌보다는 정치·경제적 이해의 충돌로 꼽았다.

- 서정민 특파원, 『이슬람-서방 갈등 원인은』, 〈중앙일보〉 중에서

(7) 질문과 답

'질문과 답에 의한 전개'는 설명에 널리 사용되는 방법이다. 주제를 질문의 형식으로 바꾸면, 무엇을 설명해야 할지가 분명하게 떠오를 수 있다. 질문으로 시작되는 글은 답을 찾도록 독자의 생각을 자극하고 글에 집중하도록 하는 효과가 있다.

예시 example

질문 : 남북한 통일정책은 무엇이 같고 무엇이 다른가?
답 : 남북한 통일정책은 공히 1948년에 시작된 제1공화국으로부터 현재에 이르기까지 줄기차게 이어지고 있다. 이것은 남한이든 북한이든 모두 한반도 통일을 원하고 있다는 의미에서 공통점이라 할 수 있다. 그런데 통일에 대한 접근

방법의 측면에서 보면 남한은 실현가능한 것부터 점진적으로 해나가려는 기능주의적 접근을 하고 있고 북한은 최고 지도자의 정치적 결단에 의한 접근을 한다는 점에서 큰 차이가 있다.

6.4.1.3 설명문 쓸 때 유의할 점

'설명'을 사용할 때 유의할 점은 다음과 같다.

1. 주제 관련 자료를 풍부하게 수집한다.
2. 쉬운 표현으로 짧게 쓴다.
3. 주제와 비슷한 것, 반대되는 것을 고려하며 쓴다.
4. 개념을 설명할 때는 사례를 통해 이해를 높인다.
5. 사진, 그림, 도표, 그래프 등을 설명에 곁들인다.
6. 지나친 수식, 추상적인 낱말 등은 가능한 쓰지 않는다.

6.4.2 서사문

6.4.2.1 서사문이란 무엇인가

서사(敍事, narrative)란 일반적으로 어떤 사실을 있는 그대로 기록하는 글의 양식이다. 즉 서사는 인간 행위와 관련되는 어떤 사건의 진행 과정이나 상황의 변화 과정을 시간의 앞뒤 흐름에 따라 연쇄적으로 서술하는 언어적 재현 양식이다. 좀 더 구체적으로 말하면 서사는 '누가 어떻게 하느냐', '무엇이 어떻게 움직이느냐', '그 사건이 어떻게 진행되느냐' 하는 것을 시간적 순서에 따라 기술하는 것이다.

인간의 삶은 탄생부터 죽음까지 사건의 연속이다. 따라서 인간은 생을 마감하는 순간까지 여러 가지 사건을 겪는 서사적 존재라 할 수 있다. 그러나 단순히 시간의 경과에 따라 일어난 사건만 늘어놓은 서사는 소모적인 서사이다. 가치 있는 서사는 사건을 일으키는 사람이나 사물이 서로 관계하여 의미 있게 변화하는 모습을 보여준다.

예시 example

영화 <아마데우스, Amadeus>는 한 노인의 자살 소동으로 시작한다. 1832년 밤, 자기 몸에 자해를 하던 한 노인은 자살에 실패하자 정신병원에 수감된다. 노인은 정신병원을 찾아온 한 신부를 만난다. 노인은 신부에게 고해성사를 하듯 자신의 지난 삶을 털어놓는다.

젊었을 때, 노인은 비엔나 왕실, 즉 요제프 2세의 궁정 음악장 살리에리였다. 살리에리는 피아니스트이면서 작곡가로 당대의 최고 음악가로 인정받고 있었다. 어느 날 살리에리는 우연히 궁정에서 어린 모차르트를 처음 보게 된다. 신동으로 알려져 있던 모차르트의 공연을 보면서 살리에리는 그의 천재성에 반하고 말았다. 당대 1인자이던 살리에리 자신이 들어도 모차르트의 연주는 감동적이었다.

세월이 흘러 살리에리는 청년이 된 모차르트의 오만하며 방탕한 모습에 실망하고 만다. 다시 궁정에 나타난 모차르트는 살리에리의 피아노 연주를 듣고 마음에 들지 않는다며 즉석에서 각색하여 더 참신한 곡을 요제프 2세에게 선보이기도 한다. 이에 살리에리는 내색을 하지는 못했지만 이 젊은 음악 천재에게 감탄하면서도 강한 질투심을 느낀다.

급기야 모차르트가 살리에리의 약혼녀를 범하는 사건이 일어났다. 이때부터 살리에리는 모차르트를 저주하기 시작한다. 그는 또, 오만방자하면서도 천박한 성격의 모차르트에게 자신이 갖고 있지 않은 천재성을 부여한 신을 미워하기에 이른다. 살리에리는 성실하게 노력하는 자신에게 천재성을 주지 않은 신을 증오하고 원망하며 기도를 올린다.

"갈망을 주셨으면 재능도 같이 주셨어야죠. 왜 모차르트 같은 자에게 그러한 능력을 주셨나요. 왜 저를 버리셨나요."

살리에리는 어떻게든 모차르트를 따라잡으려고 온갖 노력을 아끼지 않는다. 모차르트가 작곡한 것을 몰래 읽어보기도 하고 모차르트의 아내를 이용해 작곡의 아이디어를 캐내려 하는 등, 살리에리는 가능한 모든 수단을 동원했으나 모차르트의 적수가 될 수 없었다. 1700년대는 확고부동한 모차르트의 세상이었다.

한편 모차르트는 자신이 존경하고 좋아하는 아버지가 죽자 충격을 받고 상심하게 된다. 이에 살리에리는 모차르트가 아버지의 환상에 시달리도록 교묘하게 조종한다. 게다가 엎친 데 덮친 격으로 모차르트는 가난과 병마에 시달리게 되었다. 그런 모차르트에게 살리에리는 자신의 신분을 감춘 채, 죽은 자를 위한 진혼곡을 작곡해달라고 부탁한다. 이에 모차르트는 죽은 아버지의 환상과 진혼곡 작곡에 대한 심리적 압박으로 젊은 나이에 세상을 떠나게 된다.

"당신들의 자비로운 신은 사랑하는 자를 파멸시켰소. 자신의 아주 작은 영광 한 조각도 나눠주지 않으면서. 신은 모차르트를 죽이고 날 고통 속에서 살게 만들었소. 32년간을 고통 속에서, 아주 천천히 시들어가는 나를 주시하면서, 나의 음악은 점점 희미해갔어, 시간이 지날수록 더욱 더 희미하게. 끝내는 아무도 내 곡을 연주 하는 사람이 없게 됐지. 나는 보통 사람들의 대변자요, 모든 평범한 사람들의 대변자요, 난 그 평범한 사람 중 챔피언이지! 그들의 후원자이기도 하고."

살리에리는 모차르트의 죽음을 보고서야 뉘우친다. 자신이 정말 잘못했다는 것을. 그리고 자신 때문에 모차르트가 죽었다는 것을. 이때부터 살리에리는 평생을 죄책감에 시달리게 된다.

- 영화 〈아마데우스〉 줄거리

6.4.2.2 서사의 종류와 방법

서사를 활용한 글로는 언론의 취재 일지 또는 신문 기사가 대표적이다. 뿐만 아니라 자신의 생애를 기록한 자서전, 의사가 쓴 환자의 병상 기록, 과학자의 실험 일지, 예술가의 공연 일지, 사학자의 역사 서술 등에서 사건 기술이나 상황 보고에 서사가 널리 활용되고 있다. 이상과 같은 인간 활동은 체험을 바탕으로 사건에 담겨지는 정보의 실재성 자체를 본질로 한다는 점에서 '경험적 서사' 또는 '역사적 서사'라고 한다.

현실에 있을 법한 이야기를 작가가 상상을 통해 만들어 낸 문학에도 서사가 유용하게 사용되고 있다. 고대 국가의 성립과 함께 그 이전부터 전해지던 이야기는 건국 신화로 기술되었고 국가 중심의 통치 체제가 정착된 이후는 전설과 설화, 민담이 널리 퍼졌다. 이는 고전 소설의 성립에 영향을 끼쳤고, 근대에 들어와서는 현대 소설이 대표적인 서사문학으로 자리 잡았다. 이처럼 사실을 다루는 경험적 서사가 아니더라도 작가의 상상력에 의해 만들어지는 서사를 허구적 서사 또는 문학적 서사라 한다. 문학적 서사는 서사를 구성하는 허구성의 원리 자체가 미적 형상성을 목표로 한다는 점에서 역사적 서사와 구별된다.

서사에는 서사 내적 상황을 독자에게 전달하는 서술자가 필요하다. 영상에서는 카메라가 서술자의 역할을 대신한다. 이때 서술자는 이야기를 풀어 나가는 주체의 역할을 하는데, 서사 내적 상황에 참여하는 방식에 따라 내적 서술자와 외적 서술자로 구분된다. 내적 서술자는 이야기의 내용 속에 등장하고 외적 서술자는 이야기의 외부에서 이야기의 내용을 말해준다. 이처럼 서술자가 사건을 바라보는 위치에 따라 시점이 달라지고 시점에 따라 서술자와 독자와 등장인물 간의 거리가 결정된다.

서사의 가장 중요한 특징은 시간적 차원과 인과관계이다. 사건과 상황은 시간의 흐름에 따라 바뀌기 마련이다. 시간의 경과에 따라 관찰한 기록은 사건과 상황의 전개 과정을 보여준다. 이때 보이는 전개 과정은 단순히 시간의 흐름뿐만 아니라 인과관계를 밝혀준다. 따라서 서사문을 쓸 때는 처음부터 끝까지 시간적 흐름에 따른 과정을 기술하되, 그 과정이 의미 있는 인과관계를 밝혀줄 수 있어야 한다.

6.4.2.3 서사문 쓸 때 유의할 점

'서사'를 사용할 때 유의할 점은 다음과 같다.

1. 중요한 사건과 중요하지 않은 사건을 구분한다.
2. 행위의 주체와 객체를 분명히 밝힌다.
3. 사건이나 상황을 시간적 순서에 따라 기술하되, 인과관계가 드러나게 한다.
4. 시간의 경과에 따른 사건을 공간과 결합시킨다.
5. 글의 목적에 맞게 내용을 취사선택하되, 육하원칙이 드러나게 한다.
6. 일관된 시점을 선택하여 내용의 통일성을 확보한다.

6.4.3 논증문

6.4.3.1 논증문이란 무엇인가

논증(論證, reasoning, proof, demonstration)이란 원래 논리학에서 결론을 지지하는 이유를 밝히는 절차로 시작하여 지금은 여러 분야의 학술 논문을 비롯하여 자기주장을 내세워 상대방을 설득하기 위해 내가 하고 싶은 말을 조리 있게 하는 여러 가지 방식을 일컫는다.

논증은 '증명' 또는 '입증'이라고도 한다. 논증에는 세 가지 요소가 필요하다. 의견, 논거, 추리가 그것이다. 의견이란 어떤 판단이나 현상에 대해 '옳다', '그르다' 등의 생각을 말하는 것이다. 논거는 그러한 의견을 뒷받침하는 이유나 근거를 일컫는 용어이다. 추리는 의견과 논거를 이치에 맞게 연결하기 위해 자신의 의견이 옳다는 것을 논리적인 인과관계를 통해 추측하는 것이다.

예시 example

주장		낙태 반대
이유	내용	근거
1	낙태는 살인이기 때문에	태아를 강제로 모체 밖으로 배출하는 것은 살인이다. 태아를 모체 내에서 직접적으로 살해하는 것은 살인이다. 낙태는 강자가 약자를 살해하는 살인이다.
2	낙태는 범죄이기 때문에	헌법을 침해하는 것이다. 천부인권을 침해하는 것이다.
3	낙태는 생명경시 풍조의 하나이기 때문에	낙태는 태아를 물건 취급하는 현상 중 하나이다.

예시글

나는 낙태를 반대한다. 낙태는 살인이기 때문이다. 낙태란 생명을 얻은 태아를 자연분만 이전에 모체 밖으로 배출하는 행위이거나 살아 있는 태아를 모체 내에서 죽이는 행위를 말한다. 태아는 사회의 약자 중의 약자이다. 낙태는 좀 더 힘 있는 사람이 힘없는 약자를 함부로 해도 된다는 생각을 바탕에 깔고 있는 것이다. 낙태는 약자의 생명까지를 함부로 하는 좀 더 힘 있는 사람들의 오만한 결정이다.

또 낙태는 헌법에 보장되어 있는 천부인권을 침해하는 행위이기 때문에 범죄이다. 천부인권이란 국가 및 법률에 앞서서, 사람이 태어나면서부터 저절로 가지고 있는 권리이다. 세상에는 다양한 사람들이 함께 살아가고 있다. 세상에는 머리가 좋은 사람, 그렇지 못한 사람, 운동을 잘하는 사람, 그렇지 못한 사람, 심지어는 몸의 움직임조차 불편한 사람도 있다. 사람들 간의 이러한 차이에도 불구하고 모든 사람은 똑같이 인간으로서의 존엄성을 지니고 있다. 따라서 자유롭고 평등한 삶을 누릴 권리는 누구에게나 보장되어야 한다. 이렇게 인간이라면 누구나 가지고 있고 함부로 침해되어서는 안 되는 기본적인 권리가 인권이다. 헌법은 이러한 천부인권에 바탕을 두고 있다.

사회가 급속도로 발전하면서 물질만능주의가 판을 치고 있다. 그로 인해 생명 경시 풍조도 만연해 있다. 여성의 삶을 주장하는 사람들은 태아의 삶에 대해서는 외면하고 있다. 이들은 태아의 삶이 우선 당장 이득을 주지 않는다고 생각하는 것이다. 태아는 인간이 함부로 할 수 있는 물건이 아니다. 임신 순간부터 태아는 인간이다. 인간사회에서 인간이 인간을 죽이는 것은 용서될 수 없는 일이다.

(연역 논증)

6.4.3.2 논증문 쓸 때 유의할 점

'논증'을 사용할 때 유의할 점은 다음과 같다.

1. 글을 쓰는 과정 내내 글 쓰는 자신에게 '왜?'라고 묻는다. '왜 그런데?'
2. 시각적 효과를 위해 글의 내용을 구분하여 단락을 나눈다. 한 단락에는 하나의 중심 생각이 있게 한다.
3. 용어, 단어의 정확한 뜻을 신중하게 확인한다.
4. 사례를 들어 증명할 때는 과거의 역사적인 사실보다 현재의 현실적 사례를 든다.
5. 원인과 결과를 엮을 때, 개인적 측면과 사회구조적 측면을 구분하여 생각한다.
6. 문장의 길이는 짧고 문장 내용은 간결하게 쓴다.

6.4.4 묘사문

6.4.4.1 묘사문이란 무엇인가

묘사(描寫, description)란 정지 상태에 있는 어떤 대상이나 사물의 현상 따위를 언어로 서술하거나 그림을 그려서 실감나게 나타내는 것으로, 자신이 느낀 것을 다른 사람도 똑같이 보고, 듣고, 느끼기를 기대하는 바람을 담아내는 양식이다. 정지 상태에 있는 대상이란 일정한 공간에서 움직이지 않고 놓여 있는 사물화 된 것들을 가리키기 때문에 묘사의 순서가 중시된다. 영상이나 사진이라면 부분들을 통합하여 대상의 전체 모습을 한 순간에 제시할 수도 있다. 그런데 글쓰기나 말하기에서의 묘사는 대상의 모습을 부분으로 나누어 차례로 표현할 수밖에 없다.

순서에 따라 대상을 묘사하는 방법에는 여러 가지가 있다. 첫째는, 먼저 전체를 표현하고 그 다음으로 부분을 표현하는 방법이다. 반대로 어떤 것의 세부를 먼저 표현하고 그 다음으로 전체를 표현할 수도 있다. 둘째는 대상의 어느 쪽부터 묘사를 시작해서 어떻게 진행하고 어느 쪽에서 끝낼 것인지를 정해 가지런한 느낌을 주는 방법이다. 이때는 앞 - 중앙 - 뒤, 좌 - 중앙 - 우, 위 - 중간 - 아래, 동 - 서 - 남 - 북, 동남, 동북, 서북, 서남 등의 방향감각을 느끼게 하는 것이다. 셋째는 원근법 또는 투시법을 적용하여 가까운 대상을 먼 곳에 있는 것보다 더 자세히 묘사하거나 아니면 역투시법을 적용하여 멀리 있는 것을 더 자세하게 관찰하는 방식이다.

묘사는 대체로 시간적인 정지 상태에 한하지만 시점은 고정시킬 수도 있고 이동시킬 수도 있다. 고정된 관점에 의한 고정적 묘사는 대상을 관찰하는 관찰자의 시점을 고정시킨 채 대상의 특징을 묘사하는 기법이다. 이에 반해 이동하는 관점에서의 묘사는 한 부분에서 다른 부분으로 관점을 이동시키며 관찰되는 순서에 따라 대상을 서술하는 경우에 쓰인다. 예를 들면 '그 남자는 팔짱을 낀 팔에 턱을 괴고 그녀를 응시했다. 때마침 서쪽으로 기우는 석양빛으로 그녀의 머리카락은 붉게 빛났다.'라고 하면 고정 시점 묘사라 할 수 있다. 이와 달리 '그 남자는 팔짱을 낀 팔에 턱을 괴고 그녀를 응시하다가 석양의 화려한 하늘을 올려다보며 감탄사를 연발했다. 석양은 붉고 윤기 있게 빛나는 강물 위에도 낮게 머물렀다.'라고 하면 이는 이동 시점 묘사라 할 수 있다.

6.4.4.2 묘사의 종류

묘사는 글쓴이의 의도에 따라 설명적인 것과 암시적인 것으로 나뉜다. 설명적 묘사는 어떤 대상을 가능한 있는 그대로 상세하게 표현하는 것이다. 이때 표현되는 대상은 직접 눈으로 보거나 귀로 듣는 것 같은 느낌, 몸에 닿는 것 같은 느낌, 냄새를 직접 코로 맡는 것 같은 느낌, 혀로 맛보는 것 같은 감각적 느낌을 주도록 한다. 반면 암시적 묘사는, 읽는 이가 표현되는 대상을 상상하고, 상상된 대상으로부터 정서적 영향을 받도록 하는 것이다. 정서적 영향이란 읽는 이의 마음에 기쁨, 분노, 애처로움, 즐거움, 부끄러움, 반가움, 슬픔, 놀람, 무서움, 끔찍함 같은 심리적 동요가 일어나게 하는 것이다. 예컨대, '그 유리창은 눈이 시리도록 투명하게 맑았다.'라고 시각적으로 묘사했다면 이는 설명적 묘사에 해당한다. 그런데 '그 술잔은 얼음처럼 차가워 섬뜩했다.'라고 묘사했다면 이는 단순히 술잔의 외관상의 특징만을 묘사한 것이 아니라 놀라움, 무서움 등의 정서적 영향을 기술한 암시적 묘사라 할 수 있다. 이를 달리 표현하면 외면적 묘사, 내면적 묘사 또는 외적 묘사, 심리 묘사라고 지칭할 수 있다.

묘사는 대상에 따라 상황묘사, 배경묘사, 사건묘사, 인물묘사, 사물묘사 등으로도 구분할 수 있다. 상황묘사를 할 때는 방송에서 현장 중개를 하듯 위치와 방향성뿐만 아니라 색, 소리, 냄새, 모양, 분위기, 느낌 등을 오감을 동원해 표현한다.

배경묘사를 할 때는 '지금 거기가 어디야?'라는 질문에 대답을 하듯 시각과 통찰력에 의해 세밀하게 주변 환경에 대해 서술하되 독자나 듣는 사람이 상상할 수 있는 여지를 남기지 않게 하는 것이 정석이다. 비록 독자는 상상의 나래를 무한히 펼치면서 현실을 벗어나려 한다 해도 글 쓰는 이는 배경을 현실세계에 가깝게 묘사해야 배경묘사의 묘미를 제대로 살릴 수 있다.

예시 example

프리다 칼로 작, <우주, 지구(멕시코), 나, 디에고와 숄로뜰이 어우러진 사랑의 포옹>은 이 그림을 그린 화가이가 이 그림의 주인공인 프리다가 바람둥이 남편, 디에고 리베라와의 관계를 형상화 한 작품으로 사랑과 증오를 반복한 끝에 그 심연에서 솟구친 용서와 화해의 내용을 담고 있다. 이 그림에서 붉은 옷을 입은 여인이 프리다 자신이고 그녀가 안고 있는 아이가 남편인 디에고이다.

이 그림은 멕시코 신화에서 나온 여러 요소들을 담고 있는데, 프리다는 아기 디에고를 안고 있고 대지의 여신은 프리다를 안고 있고, 우주의 신은 대지를 품에 안고 있다. 프리다는, 여성편력이 끊이지 않는 남편에 대한 분노, 교통사고로 인한 절망, 남편과 여동생의 불륜으로 인한 깊은 고독 속에서 새로운 자아와 새로운 사랑의 깨달음을 얻고 넉넉한 모성으로 모두를 껴안고 있다.

한 쌍의 인간을 포옹하고 있는 것은 아즈텍 신화에서 진흙과 암석에서 나온 땅의 어머니 시투아코아뜰(Cituacoatl)이다. 가장 먼 형상은 우주의 어머니가 시투아코아뜰(Cituacoatl)을 껴안고 있다는 의미를 담고 있다. 화면의 앞에는 작가의 애완동물 중 하나인 한 마리의 개가 있다. 그 개는 지하세계를 지키는 개의 모습을 한 숄로뜰(죽음을 피해 도망 다니는 신화적 형상)이다. 이 그림에서 프리다는 양분되어 있지만 깊숙이 서로 얽혀 있는, 즉 삶 - 죽음, 밤 - 낮, 달 - 해, 남자 - 여자를 표현했다. 프리다에게 있어 이 모든 것은 반복적으로 일어나며 강력한 신화적 존재에 의해 유지되고 있다.

이 그림은 프리다 칼로의 인식 세계, 즉 음 - 양, 자연 - 인간의 조화 등 둘로 나누어진 것들, 우리에게 대립되어 있는 것처럼 보이는 것들이 결국에는 하나로 연결되어 있어 각자 독립된 채 존재할 수 없음을 보여주는 작품이다. 이러한 발상은 동양적 화풍의 영향이라 할 수 있다.

그림의 중간에는 남녀의 관계를 묘사한 사랑의 포옹으로 프리다가 남편 디에고를 안고 있다. 여성인 프리다는 아기를 보육하는 모습이지만 어린애처럼 프리다에게 안긴 남자는 그의 이마에 지혜의 두정안(頭頂眼)을 가지고 있다. 그래서 이들은 각자 서로 독립되어 있다는 의미를 풍긴다.

인물묘사는 외양묘사, 심리묘사, 성격묘사, 감정묘사, 갈등묘사 등을 포함한다. 인물의 자태와 용모를 묘사할 때는 그들의 눈초리, 미소, 행동까지도 직접 본 것처럼 느끼게 쓴다. 인물을 묘사할 때는 서술체뿐만 아니라 대화체도 효과적이다.

사건묘사는 일반적으로 6하 원칙이 드러나게 하되, 사건의 추이를 시간적 순서대로 쭉 따라가는 서사와 달리 사건마다 각각 그 사건이 벌어지고 있는 상황을 묘사해나가는 것이다. 사물묘사는 실생활에서도 자주 쓰이는 것으로 사물의 크기, 색깔, 모양 등을 포함한다.

사물묘사 예시

말벌의 덩치는 꿀벌의 세 배가 넘는다. 말벌은 헬멧처럼 생긴 오렌지색 머리를 가졌다. 부리부리하게 치켜 올라간 겹눈과 미간에 있는 세 개의 홑눈은 사탄을 연상시킨다. 위협적인 집게턱이며 근육질의 다리는 호전적인 기운을 뿜어낸다. 게다가 검붉은 털이 뒤덮인 전신은 외모부터 상대를 압도한다. 외피는 등황색 바탕에 흑갈색 띠가 원형으로 새겨져 있다. 원형의 강렬한 갈색은 상대방으로 하여금 착시 현상을 일으켜 실제보다 더 커 보이게 만들기도 한다.

6.4.4.3 묘사문 쓸 때 유의할 점

'묘사'를 사용할 때 유의할 점은 다음과 같다.

1. 상황을 설명하는 대신 마치 그림을 그려내듯이 표현한다.
2. 덜 중요한 것은 과감히 버리고 지배적인 인상을 집중적으로 표현한다.
3. 생생한 느낌을 표현하기 위해 비유를 사용한다.
4. 속담과 같은 관용적 표현뿐만 아니라 은어, 속어까지 동원할 수 있다.
6. 구어체, 문어체, 논문체, 서한체, 서사체, 간결체, 만연체, 강건체, 우유체, 건조체, 화려체 등의 문체를 활용한다.

연 습 문 제

1. 다음 글을 읽고 의견과 사실을 구분해 보시오.

패러다임(Paradigm)에 대한 성찰

어떤 사물, 사태, 사건에 대한 우리의 시각을 패러다임(Paradigm)이라 한다. 우리의 패러다임은 우리의 정신과 마음의 지도이다. 거기서 우리의 태도, 행동, 그리고 삶의 결과가 자라난다. 우리의 패러다임에 따라 우리의 행동이 결정되며 우리가 하는 행동에 따라 우리가 인생에서 얻는 결과가 달라진다. 그러기에 우리들의 삶에서 어떤 변화를 기대하려면 태도와 행동, 방법이나 기술만 바뀌어서는 안 된다. 그런 것들이 일어나게 되는 패러다임이 바뀌어야 한다. 본질이 바뀌어야 현실이 바뀌지는 것이다.

만일 패러다임이 바뀌지지를 않은 채로 행동이나 방법만 바꾸려고 노력할 때에는 결국은 패러다임이 변화를 가로막아 버린다. 바로 그런 점 때문에 조직이나 기업의 혁신이 이루어지지를 못하게 된다. 이 점에 대하여 알버트 아인슈타인(Albert Einstein)이 다음과 같이 말하였다.

"우리가 직면하고 있는 심각한 문제들은 우리가 그 문제들을 발생시킨 그 당시의 사고방식으로는 해결할 수 없다."

그러기에 태도와 행동을 바꾸는 것 이전에 근본적인 것은 그런 태도와 행동이 나오게 되는 패러다임을 재검토하는 일이다.

일찍이 플라톤(Platon)이 말하기를 "검토되지 않은 삶은 살 가치가 없다"고 하였다. 너무나 많은 사람들이 인생의 문제를 키워내는 뿌리에 대한 진지한 살핌이 없이 그냥 사업을 하고, 정치를 하고, 자식을 기르며 인간관계를 맺어간다. 그러다가는 쓰라린 실패에 직면한다. 인생살이에서 가장 중요하고도 가장 긴급한 것은 삶의 뿌리에 해당하는 패러다임에 대한 진지한 성찰이다.

- 김진홍 목사,"패러다임에 대한 성찰"

2. 다음 예시문을 읽고 한 장으로 정리하되, 목차 방식, 표 방식, 지도 방식, 아이콘 방식, 만화 방식을 사용하여 각각의 효과를 살펴보자.

미국 경영학의 대가 피터 드러커는 시간관리의 중요성에 대해 가장 강력하게 주장했던 경영학자 중 하나다. 피터 드러커는 현대 사회에 점점 늘어나고 있는 지식노동자들의 경우, 과업 성공 여부는 전적으로 시간을 어떻게 관리하느냐에 달려 있다고 여러 저서에서 밝혔다.

기계와 작업 환경에 따라 목표가 저절로 주어지는 육체노동자와 달리, 머리로 일해야 하는 지식노동자는 목표를 스스로 결정하고 달성하기 위해 노력해야 한다. 이때 가장 중요한 점은 목표 달성을 위해 효과적으로 시간을 사용하는 일이다. 시간이야말로 지식노동자가 결과를 얻기 위해 투입하는 가장 중요한 자원이기 때문이다. 피터 드러커는 시간관리를 위해 세 가지 구체적인 원칙을 제시한다. 첫째는 시간을 기록하라는 것이다. 기억만으로는 결코 충분하지 않다. 피터 드러커는 기억력이 좋다고 자랑하는 지식노동자들에게 그들이 자신의 시간을 어떻게 사용하는지 물어봤다.

그리고 실제로 사용한 시간을 몇 주일 또는 몇 달 동안 기록해두라고 요청했다. 그런데 나중에 그 사람이 생각하고 있는 사용 시간과 실제 사용하고 기록한 시간을 비교해보면, 일치하는 일이 거의 없었다. 어느 기업의 회장은 자신이 시간을 크게 세 부분으로 나누어 사용한다고 확신하고 있었다. 자신의 시간 중 3분의 1은 회사 간부들과, 3분의 1은 중요한 고객을 만나는 데, 나머지 3분의 1은 지역사회 활동을 위해 사용한다고 생각하고 있었다. 그러나 6주 동안 실제 사용 시간을 기록하게 한 뒤 비교해봤더니, 이 세 가지 활동에는 시간이 거의 사용되지 않았다. 실제로는 대부분의 시간을, 이미 지시한 과업에 관해 아래 사람들을 독촉하는 데 사용한 것으로 나타났다. 세 가지 일에 대한 시간 배분은 "그래야 한다"고 생각하고 있을 뿐, 실행에 옮기지는 못하고 있었다는 결론이다. 시간을 기록해야 하는 것은 이런 이유 때문이다. 그래서 시간 운용표를 만드는 것은 중요하다. 자신이 수행하고 있는 몇 가지 주요 과업을 적어놓고, 각각에 대한 매일 실제 사용 시간을 기록하라. 엑셀 파일에 기록해두면 더욱 관리하기 좋을 것이다. 그리고 일주일 간격이든 한 달 간격이든, 주기적으로 시간 사용분을 체크하고 자신이 어느 방향으로 가고 있는지를 짚어보는 것이 필요하다.

두 번째는 기록된 시간을 들여다보면서 시간을 관리하기 시작해야 한다는 것이다. 실제 시간을 기록해보면, 필요 없어 보이는 일에 사용된 시간이 눈에 띄게 마련이다. 때로는 그렇게 사용된 시간이 가용 시간의 대부분인 경우도 있다. 그때 체계적 시간관리를 위한 자기진단 질문이 필요하다. 질문을 던져보고, 그 대답에 따라 그 시간의 사용을 중지할 것인지 이어갈 것인지를 결정하면서 시간을 관리하는 것이다. 우선 "이 일을 시작하지 않았다면 어떤 일이 일어났을까?"라고 스스로 묻는다. '별일 없어'라는 대답이라면 그 일은 중지하라. 그리고 “다른 사람이 최소한 나만큼 잘할 수 있었던 일은 어떤 것인가?”라고 스스로 묻는다. 그런 일이 있다면 다른 사람에게 위임하고, 자기 자신이 해야만 하는 일에 집중하라. 마지막으로 “내가 하는 일 가운데 당신의 목표 달성에 아무런 도움도 되지 않으면서 당신의 시간만 낭비하게 하는 일은 없는가?”라고 주변 사람들에게 물어본다. 솔직한 대답을 두려워하지 마라. 그런 일이 있다면 즉시 중지하거나 효율화한다. 시간을 절약하다가 뭔가 중요한 일을 놓치는 게 있을까 불안해하지 말라. 이런 불안이야말로 당신의 일을 망친다. 미국 대통령의 경우, 취임 초 지나치게 많은 초대에 응한다. 그러다 어느 순간 대부분의 초대가 직무 수행에 도움이 안 된다는 사실을 깨닫고 초대 일정을 대폭 줄인다. 어느 순간 신문이나 텔레비전에 “대통령이 대중과의 접촉을 기피한다”는 기사가 나온다. 그리고 다시 사회 활동을 시작한다. 그런 과정에서 균형을 찾게 된다. 시간관리야말로 말단 사원부터 미국 대통령까지 비슷한 고민을 하고 있는 이슈인 것이다.

세 번째 원칙은 시간을 통합하라는 것이다. 중요한 것은 관리해서 마련한 시간을 어떻게 사용하느냐 하는 것이다. 마련된 시간은 최대한 통합해서, 한 가지 일에 한꺼번에 집중할 수 있는 시간을 확보하는 데 사용해야 한다. 그래야 시간관리의 보람이 극대화된다. 피터 드러커가 컨설팅한 한 은행장 이야기다. 드러커는 2년 동안 한 달에 한 번씩 그 은행장을 만났는데, 한 번에 1시간30분 동안 이야기했다. 은행장은 늘 토의할 주제를 준비하고 있었다. 상담 주제는 한 가지로 한정했고, 1시간20분이 지나면 항상 “이제 이야기를 요약 정리해주시고 다음 달에 우리가 이야기할 것이 무엇인지 설명해주시겠습니까?”라고 말했다. 늘 궁금했던 드러커는 1년 뒤 그 은행장에게 물었다. “왜 항상 1시간30분인가요?” “간단합니다. 제 주의력의 한계가 1시간30분쯤입니다. 그리고 그보다 짧으면, 중요한 문제에 실제로 몰입할 수 없습니다.” 실제로 시간이 있더라도 여기에 15분, 저기에 30분 있어서는 지식노동의 결과물이 나오지 않는다. 자신의 통제 아래 있는 시간을 연속적으로 통합해서, 최소한 90분의 시간은 한 가지 지식 생산물을 만들어내는 데 집중하도록 만들어야 한다. 시간을 통합해 사용해야 한다.

이 모든 방법을 잊더라도, 시간이야말로 정말 중요한 자산이라는 사실만은 기억하자. 다들 돈이나 부동산은 중요한 자산이라고 생각하지만, 정작 한번 흘러가면 다시는 오지 않는 시간에 대해서는 덜 심각하게 생각한다. 재테크를 하는 사람은 많아도 ‘시간테크’를 하는 사람은 거의 없다. 기억하라. 지식이 중요해지는 사회일수록, 시간을 잘 관리하는 사람이 성공한다.

- 이원재 칼럼, 『피터 드러커의 시간관리법』, 한겨레21

제 III 부
공학문서 작성

제 III 부

공학문서 작성

7장 대학 과제물 문서 작성

대학에서 문서로 작성하여 제출하는 과제물에는 여러 가지 형식이 있다. 어떤 주제를 주고 작문을 하는 경우도 있고, 배운 내용을 요약해서 제출하는 경우도 있다. 또한 공과대학의 경우는 거의 모든 학과가 실험과목을 운영하고 있으므로 실험 후 실험보고서를 제출 하여야 한다. 본 장에서는 문서로 제출하는 과제물에 대하여 크게 실험보고서와 조사/분석보고서 두 가지의 경우로 작성 방법을 소개하고자 한다.

7.1 실험보고서

7.1.1 실험보고서 형식

실험보고서는 실험을 한 후 실험한 내용과 그 결과를 정리하여 제출하는 보고서이다. 공과대학의 모든 학과에는 실험과목이 있으며, 실험을 한 후 보고서를 제출한다. 실험보고서는 일반적으로 다음과 같은 형식으로 되어 있다.

(1) 보고서 표지

보고서 표지는 보고서의 제일 위에 있으며 보고서의 제목과 보고서를 제출하는 사람 등의 정보를 포함한다. 일부 보고서에는 표지를 따로 만들지 않아도 되지만 대부분의 보고서는 표지를 별도로 만들어 사용한다. 표지에는 제목과 제출자 정보를 포함하여 일반적으로 다음의 사항들이 포함된다.

- 실험제목
- 담당교수
- 학년, 반
- 학번
- 제출일
- 학과 또는 전공
- 실험조
- 성명

(2) 제목

표지 다음 쪽부터 실험보고서의 내용을 작성하는데 제일 먼저 보고서 제목을 기록한다.

(3) 실험 목적

실험을 하여서 얻고자하는 내용 또는 실험을 하는 이유 등을 서술한다.

- 실험 목적은 실험을 한 후 얻고자 하는 내용이 압축되어 있는 문장이며 실험의 진행 방향을 결정하는 중요한 항목이다.
- 교재에 기재된 실험 목적을 그대로 기재하지 말고, 각자 실험을 통하여 얻을 내용을 요약하여 정리한다.

(4) 사용 부품 및 기기

실험 시 사용되는 부품과 장비들을 서술한다.

(5) 실험 내용

실험의 진행 내용을 서술하며 실험에 관계되는 이론과 수식 등을 기술하여 실험의 내용을 이해하기 쉽게 설명하고, 그림이나 회로도가 필요할 경우 그려서 첨부한다.

- 각 실험에 있는 실험이론을 공부한 후 핵심적인 주요이론을 요약하여 정리한다.
- 교재에 있는 내용을 그대로 기재하지 말고, 반드시 각자 스스로 공부하여 주요 내용만을 정리한다.
- 필요 시 참고도서를 활용한다.

(6) 실험 데이터

충실한 보고서 작성을 위해서는 실험 진행시 실험방법에 따라 실험을 진행하여 실험결과를 빠짐없이 기록하는 것이 중요하다. 실험을 하고 난 후 결과나 실험 중 얻은 데이터를 서술한다. 데이터는 숫자로 얻을 수도 있으며, 얻어진 숫자를 그래프나 표로 표현하기도 한다.

(7) 결과 및 결론

실험결과 얻은 결론을 서술한다. 실험이 하고자 하는 목적에 맞게 실험이 되었는지, 얻고자 했던 결과나 데이터를 얻었는지 서술한다.

7.1.2 실험보고서는 어떻게 작성하는가?

(1) 예비보고서

실험을 하기 전에 실험에 대한 준비와 실험내용을 미리 알고 있는 것이 중요한다. 실험에 대한 내용을 미리 알고 있으면 실험을 쉽게 진행할 수 있고 또한 실험 시 안전 사항에 대한 내용도 미리 알고 있게 되어 안전하게 실험을 진행할 수 있다.

일반적으로 실험을 하기 전에 실험에 대한 계획을 미리 세우게 되는데 이런 과정을 '실험 설계'라고 부른다. 실험 설계에는 이 실험을 하기 위하여서는 ① 어떤 과정이 필요하고 ② 각 과정의 실험 대상은 무엇이고 ③ 실험을 하기 위해 필요한 장비는 무엇이며 ④ 장비를 갖고 무엇을 측정하며 ⑤ 측정은 언제, 어느 곳에서 하는지의 내용이 포함된다.

이러한 실험계획이 세워졌으면 예비보고서를 작성한다. 예비보고서에는 실험보고서 작성에서와 같이 실험제목, 실험목적, 사용장비, 실험내용을 서술하고 실험데이터를 어떻게 작성할 것인지 미리 준비한다. 실험데이터 작성은 미리 표로 만들어 실험 중 측정이 필요할 때 놓치지 않고 측정 결과를 기록하도록 한다. 측정 항목 또한 미리 생각하여 중요한 측정 항목이 빠지지 않도록 하고 중복되는 측정을 하지 않도록 한다. 원하는 결과를 얻기 위하여 측정 항목을 미리 생각하여 정확한 측정을 하는 것은 매우 중요하다. 측정 결과의 상관관계 등을 분석할 때 필요한 항목이 누락되었거나 예상과는 달리 상관관계가 적을 항목을 측정 항목으로 넣어 원하는 결과를 얻을 수 없으면 실험을 다시 해야 하는 경우가 발생하기 때문이다.

(2) 실험공책

실험을 하면서 중간 중간 나오는 데이터를 적거나 예상과는 다른 방향으로 실험이 진행될 때 또는 실험이 잘못 진행되어서 다른 결과가 나오고 있을 때 그 과정과 거기에서 나오는 결과를 기록하는 실험공책은 매우 중요하다. 이 실험공책에는 중요한 측정 결과만이 있는 것이 아니라 예비보고서 작성 시 사용된 내용이나 참고자료, 그리고 실험이 진행되면서 나오는 결과와 특이 사항 등 실험의 거의 모든 것이 기록되는 공책이다. 그리고 이 공책은 나중에 실험보고서를 작성할 때 가장 중요한 자료가 된다. 일부 학생들은 실험을 하면서 실험 결과를 연습장이나 실험교과서등에 적는 경우도 있는데 이런 경우 실험 결과를 분실할 위험성도 있으며, 교과서에 지시되어 있는 항목만 측정하여 원하는 측정을 하지 못하는 단점이 있으므로 실험공책을 준비하여 실험 데이터가 충실히 측정 될 수 있도록 한다.

(3) 보고서 작성 시 중요한 사항

보고서를 작성할 때 일반적으로 제목이나 목적, 실험장비, 시험내용 등은 지침서가 있으므로 쉽게 작성을 하나 측정과 결과분석은 작성을 어려워한다. 측정에 대한 내용은 앞 절의 예비보고서와 실험공책에서 언급을 한 것과 같이 '실험설계'를 하면 해결이 된다. 결과분석은 '이번 실험은 열심히 해서 오차가 없이 잘되었다. 이번 실험은 모르는 것을 알게 해주어 매우 유익하였다'와 같은 결론을 쓰는 것이 아니다. 실험 목적에 맞도록 실험 내용에 언급한 대로 실험을 하여 실험 결과를 얻었는데 실험 전의 예상 값과 어느 정도 일치하는지, 혹은 이 실험이 계속 진행된다면 더 얻을 수 있는 결과가 무엇인지 등을 서술한다. 결과를 서술할 때는 "결과가 예상치와 잘 일치 한다 또는 더 진행되면 더 좋은 결과가 있을 수 있다"와 같이 추상적으로 좋다는 식으로 서술하지 않고 숫자를 이용하여 3% 더 많다 혹은 3회 더 진동시키면 5% 증가한다 하는 식으로 숫자를 이용하여 서술 하도록 한다. 데이터를 언급하거나 결과를 분석할 때는 항상 숫자로 언급하는 것이 좋으며, 숫자의 종류가 너무 많아 숫자로 언급하는 것이 불편할 때는 표나 도표를 이용한다. 표나 도표는 말하고자 하는 내용은 간단히 요약하여 포괄적으로 표현할 수 있는 매우 유용한 도구이다. 하지만 표나 도표를 사용할 때 모든 데이터의 분석이 도표 속에 들어있다고 도표만 제시하면 안 된다. 도표가 있으면 그 도표를 설명하여야 하며, 도표를 설명할 때 역시 숫자를 이용하여 명확히 하여야 한다.

7.1.3 실험보고서 작성 예

문제: 주사위 모양과 같이 생긴 정육면체가 있다. 이 정육면체의 특징을 바꾸지 않고 크기를 키울 때 정육면체의 부피와 무게와의 관계를 조사하시오.

(1) **보고서 표지**

제목 : 정육면체의 크기 변화에 따른 부피와 무게와의 관계

제출일 : 2022. 10. 15

담당교수 : 박실험 교수님

소 속 : ○○대학교 공과대학 ○○공학과
실험조 : 1조
학 번 : 20180101025
이 름 : 김정보

(2) 보고서 내용

1. 제목 : 정육면체의 크기 변화에 따른 부피와 무게와의 관계
2. 실험 목적 및 목표

정육면체에서 크기가 변할 때 부피의 증감에 따른 무게의 증감을 조사하여 두 변수 사이의 관계가 어떤 관계인지 알아본다.

3. 사용 부품 및 기기

주사위, 자, 저울

4. 실험 내용

- 주사위 한 개의 부피를 계산하고 무게를 측정한다.
- 주사위 4개로 크기가 커진 정육면체를 만든 후 부피를 측정하고 무게를 측정한다.
- 이러한 방법으로 여러 크기의 정육면제를 만든 후 부피와 크기의 측정을 반복한다.

5. 실험 데이터

- 측정된 정육면체의 부피와 무게를 기록한다. 미리 작성된 표를 이용할 수도 있으며, 실험을 진행하면서 중요한 사항은 놓치지 않도록 다 기록한다.

정육면체 부피	정육면체 무게	비고
1 cm^3	1 g	
8 cm^3	8 g	
27 cm^3	27 g	
64 cm^3	64 g	

6. 결과 및 결론

실험에서 얻은 데이터를 분석하여 정육면체의 크기가 변화할 때 크기와 무게와의 관계가 어떠한지 설명한다. 일반적으로 두 변수사이의 그래프를 그려 관계를 설명하면 쉬워진다. 두 변수의 관계가 일정하지 않아 명확히 설명할 수 없을 경우는 그 이유를 찾아 기술하도록 한다.

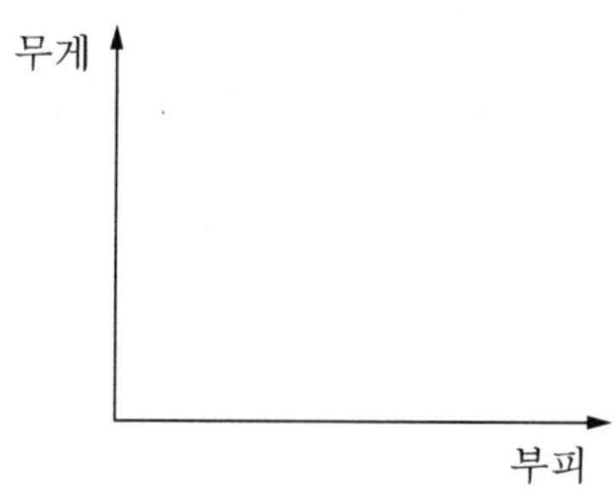

7.2 조사/분석 보고서

조사/분석 보고서는 수업 중 과제물로 가장 많이 요구되는 실험보고서와 더불어 공학에서 요구되는 또 하나의 보고서이다. 조사/분석 보고서는 실험을 하지는 않으나 어떤 주제를 가지고 그 주제에 대한 논의를 해야 하므로 형식은 논문 형식을 취하게 된다.

7.2.1 조사/분석 보고서 형식

조사/분석 보고서는 일반적으로 정해진 형식은 없으며, 논문 형식을 빌려 사용하므로 주제에 따라 일반적인 논문 작성법을 기초하여 작성한다.

(1) 보고서 표지

보고서 표지는 보고서 첫 장에 작성하며 일반적으로 제목과 제출일자 그리고 제출자의 소속을 포함하는 다음의 사항들이 포함된다.

- 보고서 제목
- 담당교수
- 제출일
- 학과 또는 전공
- 학년, 반
- 학번
- 성명

(2) 목차

표지 다음에 보고서의 목차를 작성한다. 목차는 보고서의 내용이 어떻게 서술되어 가는가를 보여주는 중요한 부분이며, 보고서에 포함되는 표와 그림에 대하여 별도로 목차를 만들 수도 있다. 표와 그림에 대한 목차를 별도로 목차에 포함한 경우는 보고서 작성 후 필요한 표나 그림을 찾기 쉽도록 해 준다.

(3) 내용

내용은 일반적인 논문 작성법인 서론, 본론, 결론의 형식을 기본으로 하며, 작성되는 내용에 따라 소제목을 달리 붙일 수도 있다.

- 서론
  보고서의 도입 부분으로 보고서를 작성하게 된 동기나 이유를 서술한다. 본문 내용에서 언급될 일반적인 상황을 서술하며, 본문에 전개될 내용과 순서를 기술한다.

- 본론
  보고서의 중심 부분이며, 많은 내용을 포함하고 있다. 제출자가 전달하고자 하는 내용을 논리적으로 잘 서술하여야 한다.

- 결론
  본론에서 언급한 내용에 따른 결론을 제시한다. 결론을 명확하지 않을 경우 이에 대한 문제점 제기를 결론으로 할 수도 있다.

7.2.2 조사/분석 보고서 작성 예

문제 : 지금 우리가 살고 있는 지구는 인간들의 무분별한 자원의 사용으로 인간 자체의 삶이 위협받는 상황이라고 많은 사람들이 이야기하고 있다. 인간이 지구에서 또는 우주에서 계속 살아남기 위하여서는 어떻게 하여야 하는지 서술하시오. 주제는 각자 관련된 주제로 결정하시오.

(1) **보고서 표지**

제목 : 인간의 우주 이주 가능성 검토

담당교수 : 이조사 교수님
제출일 : 2022. 10. 15
제출자 : ○○대학교 공과대학 ○○공학과
학 번 : 20180101025
성 명 : 김정보

(2) **목차**

목 차

8장 포트폴리오 제작

8.1 포트폴리오 개념

포트폴리오의 사전적 의미를 보면
1. 서류첩, 손가방 2. 서류첩 속의 서류; 끼우개식 화집, 대표 작품 선집 3. 금융 기관이나 개인이 보유하는 금융 자산의 명세표 4. 투자 대상에 자금을 투입하여 운용하는 일 등의 의미가 있다. 일반적으로는 4번 의미로 많이 사용되고 있으나, 학생의 입장에서 포트폴리오는 1번의 의미로 자신의 이력이나 경력 또는 실력 등을 알아볼 수 있도록 자신이 과거에 만든 작품이나 관련 내용 등을 모아 놓은 자료철 또는 자료 묶음, 작품집으로, 자기 업적과 관련된 경력증명서이다.

예전에는 바인더, 클리어파일, 스크랩북 등을 이용했는데, 정보통신 기술의 발달로 USB이나 CD-ROM · 편집영상 등을 이용하는 경향이 늘고 있다. 자신의 실력을 남에게 보여주기 위한 자료철이기 때문에 자신의 독창성과 능력을 한눈에 알아볼 수 있도록 간단명료하게 만드는 것이 좋다.

8.2 포트폴리오 구성요소 및 작성

포트폴리오는 자기 자신을 알리고 자신이 해온 일을 알려주는 것으로 일정한 형식이 있는 것은 아니나 기본적으로 포함되어야 하는 것이 있다. 자신의 이력서와 자기소개서 그리고 자신이 그동안 해온 업적의 모음이다. 따라서 포트폴리오를 대학 신입생 때부터 미리 준비하면 졸업 시 취업준비에 매우 유리하다. 이미 여러 대학이 학생들에게 포트폴리오 경진대회에 참여시킴으로서 포트폴리오에 대한 관심을 높이고, 자신에게 유리한 포트폴리오를 작성할 수 있도록 하고 있다. 다음은 많은 대학이 시행하는 포트폴리오 경진대회의 일반적인 내용이다. 포트폴리오 경진대회는 한 학기 수강과목에 대한 경진대회일수도 있고, 취업을 대비하여 대학생활 4년에 대한 포트폴리오 경진대회일수도 있다. 포트포리오의 작성은, 작성 기간에 관계없이 포트폴리오에 포함되어야 할 내용을 보면 포트폴리오를 어떻게 작성해야 되는지 알 수 있다.

먼저 한 학기의 교과목에 대한 포트폴리오인 경우 기간이 짧으므로 중요한 것만 모으기 보다는 수강과목을 이수하면서 얻은 자료들을 버리지 않고 모아서 정리해둔다.

- 강의계획서/강의노트/리포트/시험지/발표자료
- 본인의 의견서등 수강과목에 대한 정보(지도교수와의 상담내역)

다음에 한 학기동안 수강하면서 수업에 도움을 받거나 수업한 결과물 등을 정리한다.

- 지도교수와의 상담내역
- 강의평가 참여
- 설계과제 발표자료 및 보고서

마지막으로 본인을 알릴 수 있는 자료와 본인이 수업을 위하여 추가로 한 일 등에 대한 자료를 정리한다.

- 외국어 시험, 자격증, 국내외 연수 등
- 수상, 장학금, 인턴, 봉사활동, 동아리, 전시회 등
- 이력서, 자기소개서, 미래설계서 등

이와 같이 한 학기의 포트폴리오를 작성할 수 있다. 포트폴리오의 구성은 분야별로 구분되어 정리하는 것만이 아니라 시간의 흐름에 따라 자료를 정리할 수도 있다. 따라서 포트폴리오의 구성은 자료와 정보를 제공해야 되는 곳의 성격에 따라 다양하게 구

성될 수 있다. 대학생활 4년을 마치면서 작성되는 포트폴리오는 매학기 작성하는 포트폴리오와 같이 세세한 자료를 다 모아서 정리하는 것 보다는 4년 생활 중 중요한 과목이나 중요한 실험, 중요한 업적 위주로 필요한 자료만 선택하여 작성한다.

대학 졸업생에게 포트폴리오는 취업 시 매우 유용하게 사용될 수 있으며, 포트포리오가 잘 되어 있는 졸업생의 경우 그 학생의 장점을 판단하기가 쉬워진다. 취업을 위한 4년간의 포트폴리오를 구성할 경우 모든 교과목에 대한 포트폴리오는 그 양이 너무 많을 수 있으므로 본인에게 필요한 일부 과목에 대한 포트폴리오만 포함하고 취업에 유리한 자료들을 선별하여 기업에서 요구하는 내용에 맞는 포트폴리오를 구성하여야 한다.

8.2.1 포트폴리오 예

(1) 이력서
(2) 자기소개서
(3) 성적표(졸업증명서)
(4) 공인 외국어 능력
(5) 취득 자격증
(6) 해외연수 및 해외여행
(7) 인턴 경험
(8) 교내외 활동
(9) 첨부자료집

(1) 이력서

이 력 서

사 진 3x4	성 명	한 글	김 정 보	
		영 문	Kim, Jeong Bo	
	주민등록번호	990505 - xxxxxxx		
	E-mail	Infokim@jj.ac.kr		
	전화번호	xxx-xxx-xxxx	휴 대 폰	yyy-yyyy-yyyy
	주 소	전북 전주시 완산구 천잠로 303		

	기 간	직 장 명	담 당 업 무
경 력	~		
	~		
	~		

	기 간	학 교 명	전 공 분 야
학 력	2006. 3 ~ 2012. 2	○○초등학교 졸업	
	2012. 3 ~ 2015. 2	○○중학교 졸업	
	2015. 3 ~ 2018. 2	○○고등학교 졸업	
	2018. 3 ~ 2022. 2	○○대학교 졸업	○○공학

	기 간	관 련 내 용	비 고
자 격 증 및 특기사항	2020. 9	○○기사 1급	
	2021. 5	○○○기사 1급	
	2021. 9	○○○○기사 1급	
	2021. 10	○○대학교 ○○연구소 학술논문지 논문 발표	

	관 계	성 명	연 령	최 종 학 력	직 장 명
가 족	부	김XX	60	대졸	○○
	모	박XX	55	대졸	○○
	형	김XX	28	대졸	○○전기

위의 사실이 틀림없음을 서약합니다.

2022년 12월 15일

지원자 김 정 보 (인)

(2) **자기소개서**

자 기 소 개 서	
성장 배경	1999. 5. 25. 서울 출생
나의 자랑거리	정직하며, 책임감 있게 맡은 일을 잘 함.
지원동기	나의 희망을 완성해 보고 싶은 회사임
입사 후 계획	회사의 발전에 모범이 되는 사원이 되겠음.

(3) **졸업증명서**

졸 업 증 명 서

소속: 공과대학 ○○공학과

학번: 20180101025

성명: 김정보

입학일자: 2018년 3월 2일

졸업일자: 2022년 2월 20일

학위등록번호: ○○대 2022-학-3045

학위: 공학사

위의 사실을 증명합니다.

2022. 11. 15.

○ ○ 대학교 총장

(4) 공인 외국어능력

언어구분	영 어	시험종류	듣기, 읽기	주관기관	외국어협회
점수	900	응시일자	2021. 8. 20		
증 빙 자 료					

OFFICIAL SCORE REPORT

Name: 김정보 Kim Jeong Bo		LISTENING
Registration number 0033867	Date of birth (yyyy/mm/dd) 1999/05/05	READING
Test date (yyyy/mm/dd) 2021/8/20	Valid date (yyyy/mm/dd) 2023/8/20	

LISTENING

READING

(5) 취득 자격증

주의사항	국가기술자격증
1. 국가기술자격증은 관계자의 요청이 있을 때에는 이를 제시하여야 합니다. 2. 국가기술자격취득자는 주소와 취업 중인 사업체에 변동이 있을 때에는 이의 정정을 요청하여야 합니다. 3. 국가기술자격이 취소, 정지된 자는 지체 없이 국가기술자격증을 반납하여야 합니다.	자격번호: 2021008934 성　　명: 김정보 자격종목: 전기전자기사 생년월일: 1999. 05. 05. 합격일자: 2021년 ○월 ○○일 교부일자: 2021년 ○월 ○○일 **대한산업인력공단 이사장**

(6) 해외연수 및 해외여행

홍콩 견학: 홍콩 폴리테크닉 대학교 견학 및 홍콩 시내

▲ 홍콩 폴리테크닉 대학 전경

▲ 홍콩 폴리테크닉 대학 연구물 전시실

▲ 홍콩 Ocean Park

(7) 인턴 경험

인턴십 프로그램 결과보고서

인턴십 프로그램 기업명: ○○정보

인턴십 프로그램 기간: 2021. 1. 2 ~ 2. 27

업무 수행 내용: 소프트웨어 개발

상기 기간 동안 업체에서 인턴 프로그램을 수행하여 결과보고서를 제출합니다.

2021. 3. 5

소속 : 공과대학 ○○공학과
학번 : 20180101025
이름 : 김정보
지도교수 : 박교수

공과대학장 귀하

(8) 교내외 활동

제 019 호

상 장

우수상

소속 : ㅇㅇ대학교
팀명 : 솔라파워

위 팀은 출품작이 「2020 창의적 종합설계 경진대회」에서 상기와 같이 입상하였으므로 이에 상장을 수여함.

2020년 11월 30일

(사) 창의적종합설계협의회장 김창의

(9) 첨부자료집

가) 발표논문

레이저도청기에 관한 연구

최학생[*], 김교수[†]

A Study of a Laser Listening Device

Hak-Sang Choi[*], Kyo-soo Kim[†]

요 약

상용부품을 이용하여 레이저도청기를 제작하였다. 레이저는 670 nm의 파장을 갖는 레이저 포인터의 적색 레이저를 사용하였으며, 적색 레이저를 검출할 수 있는 광센서를 검출기로 사용하였다. 파형발생기와 스피커를 이용하여 참문의 유리에 음성신호 주파수 대역의 정현파 신호를 가하고 창문에서 반사되어 오는 레이저 빛으로부터 창문에 가해진 정현파 신호를 검출하였다. 파형발생기의 정현파 신호가 60～1000 Hz까지는 광 검출기로부터 신호가 검출되었으나 1000 Hz 이상의 신호에 대하여서는 검출되는 신호의 크기가 매우 작아 높은 주파수일수록 검출이 잘 안됨을 보였다.

Abstract

A laser listening device was made using the commercial parts. A red laser pointer of the 670nm wavelength as a laser source and a matching optical sensor were used. A signal generator and a speaker were used to generate a sinusoidal signal to window. A source sinusoidal signal was recovered using a optical sensor from the reflected laser light. The 60～1000 Hz signal was recovered well, However a signal over 1000 Hz was hard to recover form the reflected laser light.

Key Words: laser, optical sensor, listening device

I. 서 론

일반적으로 도청은 남의 이야기를 몰래 듣는 의미로 사용되어 좋은 느낌을 주는 말은 아니다. 도청은 개인 간만이 아니라 국가 간에도 문제가 되는 사안으로 보안이 유지되어야 하는 상황에 큰 위협이 된다. 도청의 종류는 크게 유선도청과 무선도청으로 나눌 수 있으며, 유선 도청은 주로 전화기의 선을 분기하거나 전화 교환기에서 음성 정보를 직접 얻는 방식이다. 또 다른 형태의 무선 도청은 음성신호를 얻기 위한 장소에 마이크를 설치하고 이 마이크로부터 음성정보를 얻어내는 방식인데 이는 유선마이크 보다는 무선마이크를 많이 사용하므로 무선 도청으로 구분된다. 무선 도청에는 직접 마이크를 이용하는 방법과 달리 암호화 되어 있지 않은 무선전화기의 무선 신호를 가로채서 직접 음성신호를 얻어내는 방법을 많이 쓰며, 우리나라의 CDMA 방식과 같이 디지털 방식으로 암호화 되어 있는 휴대전화기의 경우 무선 방식으로는 도청이 불가능하다고 알려져 있다.

9장
연구/프로젝트 문서 작성

리포트나 실험보고서는 비교적 단순한 주제를 가지고 수행한 조사나 실험한 결과를 분석하고 보고하는 것임에 비하여, 연구보고서는 비교적 폭넓고 깊이 있는 주제를 가지고 실험이나 계산 또는 조사한 내용을 집중적으로 분석하여 결과를 이끌어내는, 형식을 갖춘 완성도 있는 보고서이다. 따라서 내용이 논리적이어야 할 뿐만 아니라 일정한 형식도 갖추어야 한다. 본 장에서는 연구보고서 또는 프로젝트 보고서 작성을 요구하는 연구의 수행에 앞서 작성하는 연구계획서에 대하여 소개하고, 대표적인 연구보고서에 해당하는 연구논문과 졸업논문에 대하여 설명하고자 한다.

9.1 연구계획서

연구계획서는 연구수행에 앞서 연구의 전반적인 내용과 방법 및 사용하는 전문기술 등을 사전에 계획하여 작성하는 서류로서, 경우에 따라서는 연구비를 취득하기 위하여 공개적인 경쟁을 하거나 연구 시작을 알리고 연구비를 요청할 때 작성하는 서류이기도 하다. 연구계획서는 일반적으로 작성요령에 해당하는 RFP(Request for Proposal)에 준하여 작성하며, 작성요령은 연구비를 지급하거나 연구논문을 요구하는 기관에서 정하여 발표한다.

연구계획서에는 다음과 같은 내용을 포함하는 것이 일반적이며, 경우에 따라 이들 중 일부를 생략하거나 몇 개를 묶어서 단순화시키기도 한다.

(1) 연구개요

(2) 연구목표

(3) 연구의 필요성 및 국내외 연구현황(State of the Art)
(4) 연구내용
(5) 연구방법
(6) 연구체계
(7) 연구원 구성
(8) 기대효과
(9) 연구비 구성

연구목표는 연구를 통하여 달성하고자 하는 최종의 목표를 제시한 것으로서, 목표를 분명하게 제시하여야 한다. 목표가 불분명하다는 것은 연구내용에 대한 신뢰도가 낮다고 예측하게 할 수 있으며, 목표가 명확하지 않은 연구는 대부분 부실한 결과가 도출되기 쉽다. 따라서 경쟁체제하에서 연구비를 제공받고자 하는 경우에는 연구목표를 분명히 해야 하며, 개조식으로 간결하고 명확하게 표현할 것을 요구하는 경우가 많다. 또한 달성하고자 하는 목표를 정량적으로 표기하도록 요구할 때가 많다.

연구의 필요성은 연구 목표를 제시하고 서술하도록 요구하기도 하고, 때로는 동일한 항목에서 필요성을 먼저 서술한 후 연구목표를 제시할 것을 요구하는 경우도 있다. 연구의 필요성을 기술할 때에 국내외 연구현황(State of the Art)을 별도의 항으로 자세하게 서술할 것을 요구하는 경우도 있는데, 이때에는 데이터를 근거로 구체적으로 현재의 기술 수준을 서술하고 분석하며, 자신이 연구하고자 하는 내용의 수준과 이들을 비교하여 특성을 표현하는 것이 좋다. 연구현황과 연구의 필요성이 구체적으로 제시되면, 평가자가 연구 과제의 중요성을 판단하는 데 큰 도움이 되며 계획서에 대한 신뢰성도 향상시키게 된다.

연구내용과 연구방법에서는 계획하고 있는 것을 구체화하여 서술하는 것이 중요하다. 연구계획서를 작성하는 단계는 연구시작의 전 단계이지만, 계획서를 작성하기 위해서는 사전 연구가 선행되어야 하므로, 이 과정에서 연구 진행의 아이디어가 개발되고 구체화되는 경우가 많다. 물론 많은 경우 예상하지 못했던 새로운 아이디어가 나와서 연구방법이나 계획이 수정되는 경우도 있다. 연구내용과 연구방법에 대한 검토는 전체적인 연구의 진행 방향을 정리한다는 점에서 매우 중요하며, 또한 객관적으로 연구 과제를 선정하고 연구비를 제공하는 주체로 하여금 목표달성 가능성을 예측하여 평가하게 할 수 있는 척도가 된다.

연구체계는 연구를 효율적으로 수행하기 위하여 구성원 간에 또는 제도적인 장치 하에서 어떻게 협력체계를 가지고 조직적으로 연구를 수행해 나가고자 하는가를 서술하는 항이다. 연구체계가 잘 정립될수록 시간적으로나 인력적인 면으로나 효과적으로 연구가 수행될 것이라 예측할 수 있다.

연구원 구성에서는 연구원의 인적사항에 대한 서술과 다수의 연구원이 연구에 참여하는 경우에 팀을 나누어 연구를 분담하는 체계가 표시되며, 연구내용과 연구방법에서 구분된 내역을 수행할 조직이 구체적으로 명시되어야 한다.

연구로 인한 기대효과는, 경제적인 면, 사회적인 면, 기술 향상에 대한 기여 등 다양한 형태로 분석하되 가능하면 정량적인 분석을 포함시켜 강조하는 것이 연구과제의 중요성을 이해시키는 데 크게 도움이 된다. 기대효과가 큰 연구라는 것은 그만큼 가치가 있는 연구결과를 낼 수 있으리라고 기대를 갖게 한다.

연구비 구성은 재료비 등의 직접연구비와 비 연구수행 부분인 간접비 소요비용을 예측 분할하여 구체적으로 제시하는 것이다.

9.2 연구논문

연구논문은 연구보고서를 토대로 연구 결과에 중점을 두고 매우 농축된 형식으로 작성하여 발표하는 문서이다. 이러한 연구논문은 단순한 지식을 전달하는 것이 아닌 다양한 데이터로부터 결론과 활용방안을 논리적인 절차로 이끌어내는 과학적 글쓰기 방식이다. 먼저 연구논문의 근간이 되는 연구보고서에 대하여 설명하고자 한다. 연구보고서는 연구계획서에 따라 수행한 연구 결과 및 연구 진행에 동원된 연구방법 등을 포함하여 모든 내용을 보고하는 형태로 작성한다. 따라서 연구계획서에서 나열한 순서에 따라 연구보고서를 작성하는 것이 일반적이다.

9.2.1 연구보고서

연구보고서를 작성할 때, 수행하고자 하는 연구의 목표와 대상을 분명하게 설명해야 한다. 자칫 연구의 목표가 분명하게 제시되지 못한 경우들이 있는데, 이때에는 좋은 연구 결과가 얻어졌음에도 불구하고 그것이 희석되는 경우가 발생한다. 필요하다면 그림을 사용하여 연구의 대상과 목표를 분명하게 설명할 필요가 있다.

그림 9.1은 해석연구에 사용할 모형의 윤곽과 크기 그리고 구성 요소에 부여한 번호를 나타내고 있으며, 표 9.1은 각 요소의 기하학적 제원을 표시한 예를 보여준다.

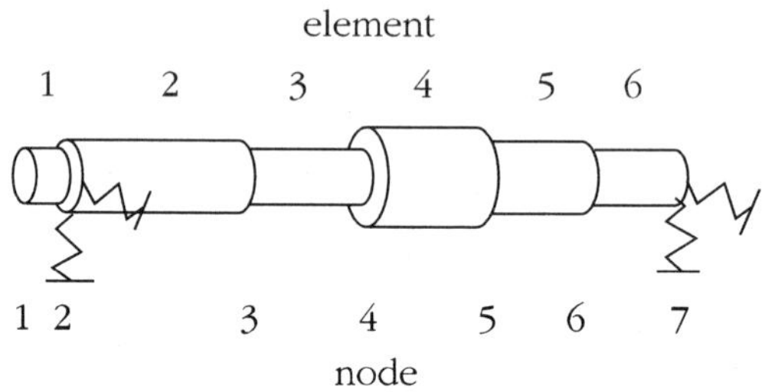

그림 9.1 해석 모형

표 9.1 해석모형(그림 9.1)의 제원

요소번호	길이(cm)	직경(cm)
1	3	4
2	17	5
3	10	4
4	10	6
5	10	5
6	10	4

그림을 사용하여 연구대상을 설명할 때, 식에서 사용된 부호들을 그대로 그림에 나타내어 시각적으로 쉽게 이해시키는 것이 좋으며, 그림 9.2와 그림 9.3과 같이 연구에 사용된 부호들을 좌표축에 표현한다면 연구의 흐름을 이해시키는 데 더욱 효과적이다. 그림을 설명하는 캡션(그림 아래의 설명)에는 중요 사항이 서술되도록 하며, 필요에 따라서는 재료의 성질이나 기하학적 제원, 또는 실험 조건 등을 삽입하여 캡션이 독립적인 그림 설명이 될 수 있도록 하는 것이 바람직하다.

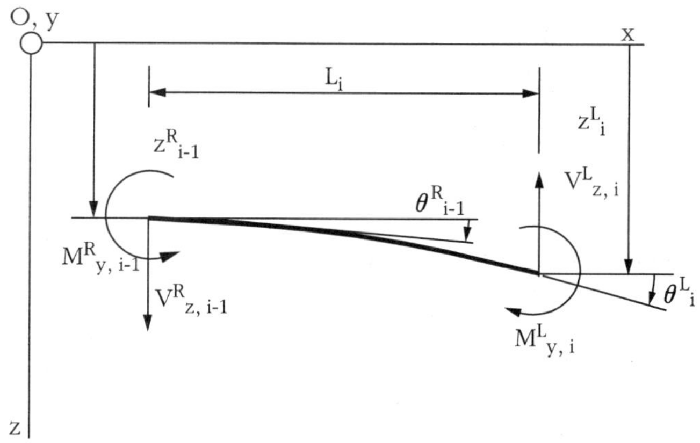

▌그림 9.2 i번째 요소의 x-z평면 상에서의 상태변수

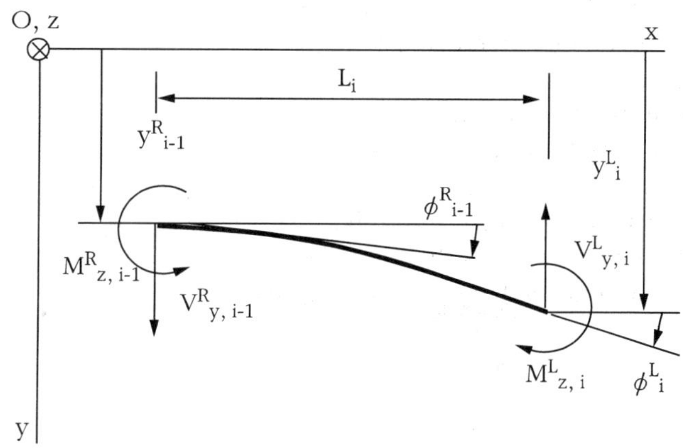

▌그림 9.3 i번째 요소의 x-y평면 상에서의 상태변수

연구보고서는 연구내용이 잘 이해되도록 작성하는 것이 중요하므로, 연구방법이나 연구내용을 설명할 때 흐름도(flow chart)와 그림을 이용하여 설명하는 것이 효과적이다. 그림 9.4와 그림 9.5는 계산에 사용한 흐름도와 실험장치 연결을 각각 보여준다. 이러한 그림을 만들 때에는 가능한 한 부연설명 없이 그림 자체만으로도 이해가 되도록 작성하는 것이 좋다.

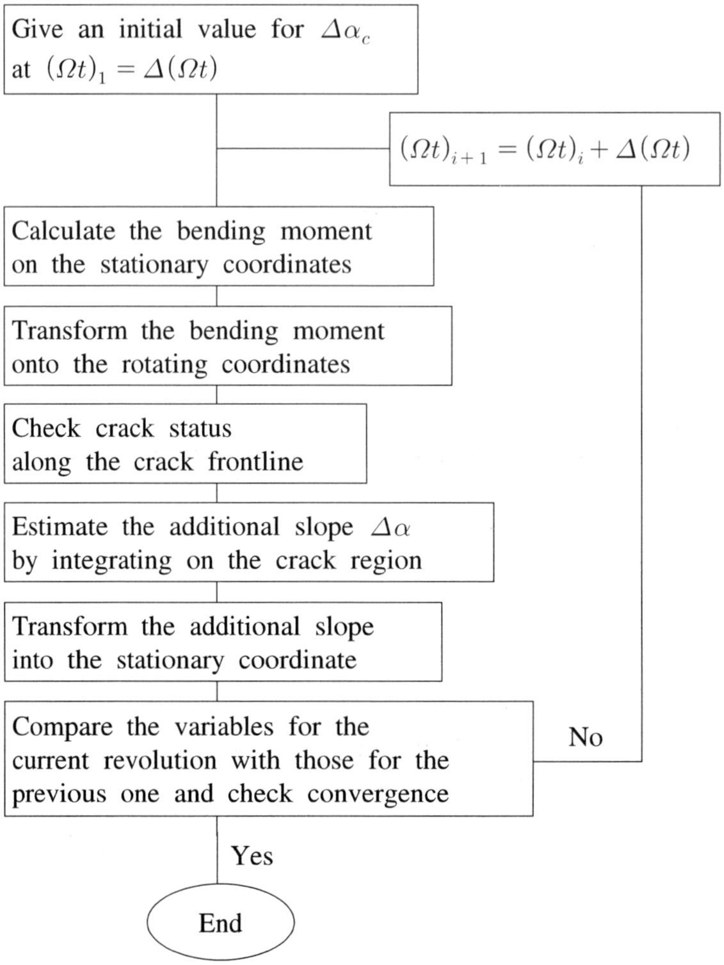

▌그림 9.4 계산 흐름도

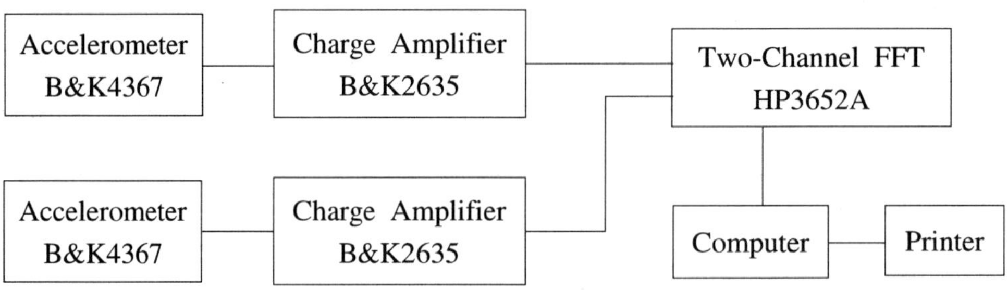

▌그림 9.5 실험장치 연결도

연구내용과 결과를 설명할 때에도 데이터만 나열할 것이 아니라 도표나 그림을 사용하여 설명하는 것이 효과적이다. 그림 9.6은 측정된 결과를 사진 또는 계측기 화면을 그대로 출력하여 나타냄으로써 시각적으로 나타낸 예를 보여준다. 한편 그림 9.7은 계산된 결과를 그래프로 표시한 것이며, 이를 토대로 설명하는 예를 보여준다.

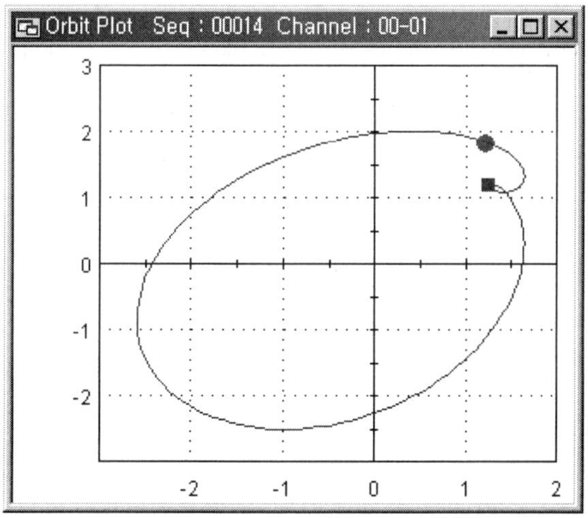

▌그림 9.6 운동 궤적

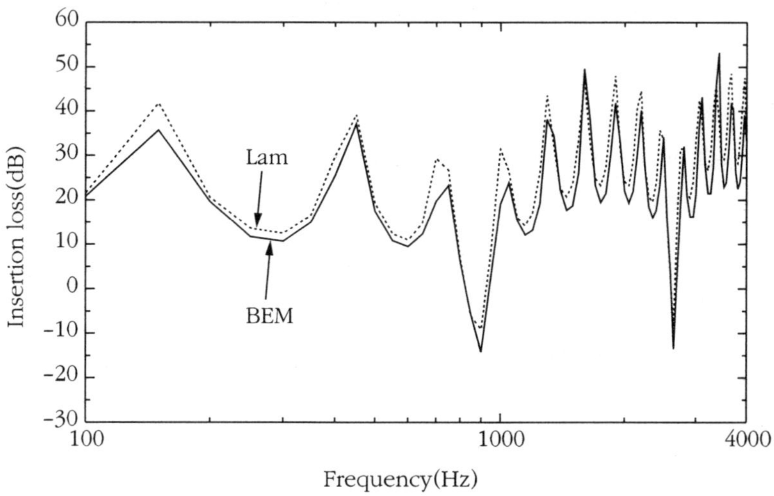

▌그림 9.7 방음벽에 의한 삽입손실 예측값
(실선: 경계요소법, 점선: Lam모형 사용)

"그림 9.7은 경계요소법과 Lam의 모델을 사용하여 계산한 결과를 비교한 것으로 서로 신뢰성을 공여하는 것을 보여준다. 이 계산 모형은, 높이 4 m, 길이 100 m의 방음벽을 사이에 두고, 음원이 방음벽으로부터 4.7 m 거리에 높이 0.9 m에 위치하고, 수음점은 방음벽에서 10 m 거리에 높이는 1.6 m에 있는 경우다."

연구보고서에는 나중에 진행될지도 모를 후속 연구를 위해 실패한 경우를 포함하여 연구방법이나 실험방법 등을 상세히 기술하는 것도 가치가 있다. 특히 실패한 경우를 포함하여 연구방법이나 실험방법 등을 자세히 기술하면, 후임자가 향후 동일한 실수를 반복하지 않도록 하여 매우 가치 있는 기여를 할 수 있다. 앞에서 기술하였듯이 연구보고서는 연구논문과 다르므로, 반드시 좋은 결과를 낸 것만을 골라서 기술할 필요는 없는 것이다. 좋은 결과를 얻게 되기까지의 과정 중 경험한 실패 내용도 기록이 된다면 추후 좋은 연구보고서로서 더욱 가치를 발휘하게 되는 경우를 많이 볼 수 있다.

9.2.2 연구논문

연구논문은 연구보고서 없이도 연구결과를 토대로 직접 작성할 수 있지만, 일반적으로는 연구보고서를 기초로 하여 연구의 경향, 필요성, 방법, 새로운 내용의 발견, 발명, 또는 응용사례 등을 정제하여 매우 논리적으로 작성하는 것이다. 연구보고서나 연구논문은 모두 타인에게 연구결과를 알리기 위한 목적이 있으므로, 문장은 간결하고 명료하게 표현되는 것이 좋다.

이론의 전개 등에 사용된 용어나 부호는 반드시 설명이 뒤따라야 하며, 수식과 그림에는 일정한 규칙에 따라 번호를 부여한다.

논문의 형식은, 대체로 서론, 본론, 결론의 형태를 취한다. 서론에서는 기존의 연구자들의 연구 동향과 결과, 연구의 필요성 등이 기술되며, 연구에서 중점적으로 다루고자 한 내용을 소개하기도 한다. 본론을 구성하는 방법에는 일정한 순서가 없으며, 연구결과를 효과적으로 전달하기 위하여 저자가 독창적으로 구성한다. 본론에서는 먼저 연구의 목표와 연구모델이 정확하게 서술되어야 전체의 연구내용이 잘 이해될 수 있다. 또한 본론에서는 연구방법과 연구내용, 그리고 연구결과의 분석과 결론에의 도달과정 등이 논리적으로 서술되어야 한다. 연구보고서와 마찬가지로 그림과 표를 적절히 사용하면 연구내용의 효과적인 전달이 가능해진다.

논문을 작성할 때, 본인의 연구에 의한 결과가 아닌 타인의 문헌 내용을 참고하거나 비교하기 위한 도구로 사용하는 경우 등에는 반드시 그 원전을 명기해야 한다.

논문은 형식적으로도 정해진 틀을 갖추어야 하며, 서론, 연구방법, 결과 및 논의로 구성된다. 한글로 작성하는 연구논문을 기준으로, 흔히 사용되는 연구논문의 집필요령 예를 아래에 보여준다.

예시 example | 연구논문 집필요령

1. 논문원고는 정해진 규격 사이즈의 우리 학회 논문원고 견본 양식에 의해 hwp 또는 MS-word 로 작성하고, 논문의 성격이 어느 분야에 가장 적합한지를 구분하여 학회 홈페이지 논문·투고 심사에서 제출한다.

2. 논문 원고의 용어는 국어로 작성하는 것을 원칙으로 하며, 의미의 혼동이 있을 경우 ( )안에 원어로 병기할 수 있으며 외래어 표기는 정부안에 따른다.

3. 논문의 체제는 다음에 따름을 원칙으로 한다.
   (1) 제목 (2) 저자명 (3) 주요기술용어(Key Word) (4) 초록 (5) 기호설명
   (6) 서론 (7) 본론 (8) 결론 (9) 참고문헌 (10) 부록

4. 논문의 제목은 간결하게 표시하며 국문과 영문제목을 병기한다. 저자명도 국문과 영문으로 병기한다.

5. 초록은 국어와 영어로 각각 600자 또는 250단어 범위 내에서 작성한다.

6. 서론은 연구동향, 이전 결과와의 비교, 문제점 제시, 연구목적 등으로 구성하며 1단락은 4~6문장으로 구성한다.

7. 본론은 주로 연구방법에 대해 기술하며, 연구에 사용된 재료, 대상, 방법, 절차, 처리 및 분석 방법 등으로 구성한다.

8. 숫자는 아라비아 숫자를 이용하여 수량 단위는 되도록 SI 단위를 사용한다.

9. 공학논문의 결론은 결과와 토의부분으로 분류하여 구성한다. 결과부분에는 데이터 분석방법 등에 의해 도출된 수치 결과위주로 작성한다. 토의부분에는 결과에 대한 해석을 주로 작성하며, 기존 연구결과와 비교하여 차이점과 유사점에 대해 작성한 후 연구결과가 기여할 수 있는 방향과 활용 가능성에 대한 부분을 명확히 기술한다.

10. 논문 중의 표 및 그림은 해당 면 상단 또는 하단에 순서에 의해 삽입하며, 사용된 문자(수치 및 기호)들은 충분한 크기로 판독에 지장이 없어야 하며, 그 제목은 영어로 표기함을 원칙으로 한다.

11. 참고문헌의 구성은 정기간행지의 경우는 저자명, 발간년, 제목명, 지명, 권·호번호, 페이지번호의 순으로 기재하고, 단행본의 경우는 저자명, 발간년, 서명, 권번호 출판사명, 출판사소재지명, 페이지번호 순으로 기재하며, 그 전부를 본문내의 인용번호 순으로 다음과 같은 요령으로 본문 말미에 영문으로 기재한다. 세부 양식은 출판하고자 하는 간행지나 단행본 양식에 따른다.
    (1) Cooley, J. W., and Tukey, J. W., 1965, "An Algorithm for the Machine Calculation of Complex Fourier Series", Mathematics of Computation, Vol. 19, pp.297～308.
    (2) Meirovitch, L., 1980, Computational Methods in Structural Dynamics, Sijthoff and Noordhoff, Maryland, chap. 5.

12. 본문에서 참고문헌, 인용은 다음과 같이 한다(세부 양식은 저널마다 상이하므로 대상 저널 양식을 따른다).
    (1) 홍감독과 박코치는(1) ………
    (2) ………기법이 사용되었다(2).
    (3) 홍길동(2022)의 연구에 따르면, ………
    (4) Hong *et al.*(2022)의 연구에 따르면, ………

13. 원고 표지에는 저자명(국·영문), 저자 근무처 및 소속을 기재하며, 저자(공저일 경우 주저자<책임저자> 즉 Corresponding Author)의 주소 및 전화번호(FAX. 포함), E-mail 주소를 명확히 기재한다(논문투고 시 기본 정보 입력 부분).

14. 심사 후 최종 채택된 논문원고 1부와 그 내용이 담긴 파일을 학회 홈페이지에 등록하거나 학회 사무국에 우편이나 E-mail로 제출한다.

15. 심사 후 게재확정이 된 경우에는 최종 편집본을 제출하며, 그렇지 않은 경우에는 심사자의 의견에 따라 수정한 심사답변서와 수정사항을 파란색으로 표시한 수정 논문원고 1부를 학회 홈페이지에 재등록한다.

9.3 졸업논문

연구논문 중에는 대학이나 대학원을 졸업하면서 학위취득을 위한 조건 중 하나로서 작성하는 졸업논문이 있다. 졸업논문은 앞에서 설명한 연구보고서와 연구논문의 중간쯤에 해당하는 형식과 특성을 가지고 있다고 볼 수 있다. 졸업논문의 경우 심사위원 앞에서 발표하고 검증하는 단계를 거치게 되므로, 발표 과정을 거치거나 혹은 거치지 않기도 하는 일반적인 연구보고서보다 상대적으로 간결하며 결과를 얻은 내용에 중점을 두어 작성하는 경향이 있다. 학위취득자는 일반적으로 졸업논문 중의 일부 또는 전체를 연구논문으로 작성하여 발표하게 된다.

졸업논문의 작성은 연구보고서와 유사한 순서를 갖는 것이 일반적이며, 대학에 따라 표지와 일부 제출문 등에서 통일된 양식을 요구하게 된다. 그림 9.8에서부터 그림 9.10은 이들 양식의 예이다.

○○○ 작용에 관한 연구

- ○○○을 중심으로 -

○○대학교 대학원

○ ○ 학 과

○ ○ ○

그림 9.8 표제면 양식

○○○ 작용에 관한 연구

- ○○○을 중심으로 -

지도 ○ ○ ○ 교수

이 논문을 석사 학위논문으로 제출함

20 년 12월 일

○○대학교 대학원

○ ○ 학 과

○ ○ ○

그림 9.9 제출서 양식

○○○의 석사 학위논문을 인준함

심사위원 ___________ 인

심사위원 ___________ 인

심사위원 ___________ 인

○○대학교 대학원

20 년 12월 일

그림 9.10 인준서 양식

연습문제

1. 각자 또는 팀을 구성하여 연구계획서를 작성해 보라.

10장 취업문서 작성

취업을 위해서는 대상 기업 또는 기관에서 요구하는 분야에 본인이 가장 적합하다는 점을 알리고 면접 기회를 얻는 것이 가장 중요하다. 이때 취업하고자 하는 기업에 공식적으로 가장 먼저 접촉하는 통로가 이력서 제출이다. 따라서 이력서에는 본인이 적합한 자격을 갖추고 있음을 보일 수 있어야 한다. 그러나 이력서에는, 특히 국내에서 보편적으로 이용하고 있는 이력서 양식으로는, 이와 같은 본인의 자질을 충분히 표현하기에 한계가 있으므로 자기소개서를 작성하여 첨부하는 것이 바람직하다. 면접 시에는 본인의 능력과 경력을 시각적으로 증빙할 수 있는 포트폴리오를 준비하여 면접관과 마주한다면 상당한 효과를 볼 수 있다.

이력서와 자기소개서를 작성하기 전에, 지원하고자 하는 기업의 홈페이지를 방문하여 회사의 사업영역이나 채용분야에 관련된 사항을 미리 연구하여 본다면 적절한 문서 작성에 도움이 될 것이다. 홈페이지가 없거나 채용분야에 대하여 의문이 있다면, 인사담당에게 전화를 걸어 필요한 정보를 요청하는 적극성도 필요하다.

영어로 작성하는 영문이력서에는 특별한 양식이 없으며, 본인의 능력과 경력을 창의적으로 나타낼 수 있는 양식을 만들어 사용할 수 있다. 영문이력서의 경우에는 커버레터(Cover Letter)를 이력서 및 기타 요청하는 서류, 예를 들면 제한된 분량으로 요구되는 사업계획서나 연구계획서 등과 함께 제출하는 것이 좋다.

이력서 제출을 통하여 면접의 기회를 얻는 것이 궁극적인 목적이므로 한글 이력서에도, 채용기업이 형식에 제한을 두지 않는다면 영문이력서에서 사용하는 방법과 같이 창의적인 구성을 할 수도 있다.

10.1 이력서

이력서에는 본인의 신상에 관련한 사항과 학력, 경력 및 수상 등에 대한 정보를 기록하며, 자격증을 보유한 경우 이를 반드시 기록한다. 학력이나 경력은 최근에 발생된 내역부터 기재하는 경향이 있는데, 인력을 뽑고자 하는 기업에서 필요로 하는 분야에서 근무를 했거나 유사한 경력을 가지고 있다면 가장 최근의 경력을 당연히 가장 먼저 기술하는 것이 좋을 것이다. 가장 보편적으로 사용되는 전통적인 이력서의 형태는 첨부된 것과 같다.

최근에는 이력서를 작성할 때, 위와 같은 형식에서 떠나 자유롭게 작성하는 경우가 늘어나고 있다. 즉 특별한 형식의 구속 없이 이력서를 작성하는 경우를 말한다. 이력서 외에 직무와 관련된 본인의 장점이나 프로젝트 수행경험 등을 강조하기 위해서는 직무 관련 경험을 시각화할 수 있는 포트폴리오나 관련 문서를 별도로 첨부하는 것이 필요하다. 이력서 내용의 순서는 그림 10.2와 유사한 형태를 취하는데, 경력을 작성할 때 형식을 변형하여 과거 또는 현재에 수행하고 있는 관련 업무를 간결하게 요약하여 기재한다. 어느 경우이든 이력서의 마지막에는, 기재사항이 사실과 다름이 없음을 서약하는 것이 필요하다.

<table>
<tr><td rowspan="4">사 진</td><td colspan="5">이 력 서</td></tr>
<tr><td rowspan="2">성 명</td><td colspan="2" rowspan="2">㊞</td><td colspan="2">주민등록번호</td></tr>
<tr><td colspan="2"></td></tr>
<tr><td>생년월일</td><td colspan="4">년 월 일생 (만 세)</td></tr>
<tr><td>주 소</td><td colspan="5"></td></tr>
<tr><td>호 적 관 계</td><td>호주와의 관계</td><td></td><td>호주성명</td><td colspan="2"></td></tr>
<tr><td>년 월 일</td><td colspan="4">학 력 및 경 력 사 항</td><td>발 령 청</td></tr>
<tr><td></td><td colspan="4"></td><td></td></tr>
<tr><td></td><td colspan="4"></td><td></td></tr>
<tr><td></td><td colspan="4"></td><td></td></tr>
<tr><td></td><td colspan="4"></td><td></td></tr>
<tr><td></td><td colspan="4"></td><td></td></tr>
<tr><td></td><td colspan="4"></td><td></td></tr>
<tr><td></td><td colspan="4"></td><td></td></tr>
<tr><td></td><td colspan="4"></td><td></td></tr>
<tr><td></td><td colspan="4"></td><td></td></tr>
<tr><td></td><td colspan="4"></td><td></td></tr>
<tr><td></td><td colspan="4"></td><td></td></tr>
<tr><td></td><td colspan="4"></td><td></td></tr>
<tr><td></td><td colspan="4"></td><td></td></tr>
<tr><td></td><td colspan="4"></td><td></td></tr>
</table>

그림 10.1 이력서의 예

<table>
<tr><td rowspan="4">사 진</td><td colspan="4">이 력 서</td></tr>
<tr><td rowspan="2">성 명</td><td>한 글</td><td>○○○ ㉑</td><td>주민등록번호</td></tr>
<tr><td>한 자</td><td></td><td></td></tr>
<tr><td>생년월일</td><td colspan="3">년 월 일생 (만 세)</td></tr>
<tr><td>주 소</td><td colspan="4"></td></tr>
<tr><td>전 화</td><td colspan="2"></td><td>휴대전화</td><td></td></tr>
<tr><td>호적관계</td><td>호주와의 관계</td><td></td><td>호주성명</td><td></td></tr>
</table>

<table>
<tr><td rowspan="5">학
력</td><td>졸업연월</td><td>출신학교(고교 이상)</td><td>전공(학위)</td></tr>
<tr><td>2017년 2월</td><td>○○고등학교</td><td></td></tr>
<tr><td>2020년 2월</td><td>○○대학교</td><td>○○공학(학사)</td></tr>
<tr><td>2022년 2월</td><td>○○대학교 대학원</td><td>○○공학(석사)</td></tr>
<tr><td></td><td></td><td></td></tr>
<tr><td rowspan="4">경
력</td><td>기 간</td><td>경력내용</td><td>직위(급)</td></tr>
<tr><td>2022.3.1 ~ 현재</td><td>○○기계(주) 설계부</td><td>사원</td></tr>
<tr><td></td><td></td><td></td></tr>
<tr><td></td><td></td><td></td></tr>
<tr><td rowspan="3">자
격
증</td><td>취득연월일</td><td>자 격 증 명</td><td>기관명</td></tr>
<tr><td>2021. 6. 30</td><td>일반기계기사 1급</td><td>한국산업인력공단</td></tr>
<tr><td></td><td></td><td></td></tr>
<tr><td colspan="4">위에 기재한 사항은 사실과 틀림이 없습니다.
20 년 월 일
성 명 : ○ ○ ○ (인)</td></tr>
</table>

그림 10.2 이력서의 예

10.2 자기소개서

이력서에서는 본인의 학업이나 경력분야에 대하여 자세히 설명하는 데 한계가 있어, 본인의 성향이나 장점 등을 설명하고자 할 때에는 자기소개서를 활용한다. 자기소개서를 공식적으로 요청하는 경우에는, 분야별로 구체적으로 서술하도록 요청하는 경우도 있다. 예를 들면, 가정환경, 종교활동, 사회활동 등으로 구분하여 기술하도록 요구하기도 한다.

일반적인 자기소개서는 한 페이지 정도로 간결하게 자신을 소개하는 것이 효과적이다. 인사담당자 또는 서류를 읽는 인사권자가 자기소개서를 읽을 때 흥미를 잃지 않고 마지막까지 읽어줄 수 있을 정도로 충실한 내용과 문장력을 가지고 작성할 수 있다면 길이는 문제가 안 될 수 있다. 그러나 매우 형식적인 내용을 담은 장문의 소개서는 오히려 역효과를 가져올 수 있다. 특히 글을 읽는 사람은 대개 처음과 끝을 잘 기억하는 경향이 있다. 따라서 처음과 끝을 작성할 때 특히 집중하여 작성하도록 하면 효과적일 것이다.

수십 통의 입사지원자가 있는 경우, 응시자가 작성한 자기소개서의 효과는 초기 몇 줄에 의해 결정된다. 10초안에 응시자에 대한 선호가 결정된다는 말도 있다. 따라서 '저는 3남 1녀의 가정에서 막내로 태어나 엄격하신 부모님 아래에서 성장하였으며…'와 같은 식의 문장으로 시작하는 것은 매우 식상한 소개서가 될 수 있다. 문장은 간결해야 하며, 입사동기와 같이 중요사항을 먼저 강조하여 인사담당자의 눈을 붙들어야 한다.

어느 서류를 막론하고 처음 작성된 문장을 나중에 다시 읽으면 자신의 얼굴이 화끈거림을 느끼게 된다. 처음 작성할 때는 주요 사항이 빠지지 않도록 하는 데 중점을 두기 때문에 두서없는 작문이 될 수 있다. 그러나 이러한 두서없는 작문은 그 나름대로 의미가 있다. 처음 작성할 때는 완벽한 작문이 아니라, 나를 소개할 때 빠뜨려서는 안 될 내용을 포함시키는 데 주안점을 두는 것도 요령이다. 이렇게 작성된 초안은 여러 번의 수정을 통해서 완성도가 높은 자기소개서로 진화하게 된다. 따라서 취업을 앞두고 급하게 자기소개서 작성을 시작한다면 부실한 서류가 되기 십상이다. 자기소개서에는 성장배경, 성격의 장단점, 입사 후 계획, 지원동기 등을 기술한다. 장황한 개인의 스토리보다는 지원하고자 하는 직무와 관계가 있는 경험을 강조하여 작성하는 것이 바람직하다. 또한 인사담당자가 많은 자기소개서를 검토하는 점을 감안하여, 자기소개서 단락마다 내용을 함축적으로 나타낼 수 있는 표제어나 핵심 문구 등을 추가로 작성하고 폰트나 색을 달리하여 강조하는 것도 하나의 전략이 될 수 있다. 자기소개서는 본인을 나타내 보이는 홍보문건과 같은 것이므로, 취업을 위한 하나의 형식적인 서류라고 생각하는 것은 옳지 못하다. 자기소개서는 이력서와 함께 나에게 면접의 기회를 얻게 하는가, 아닌가를 결정하게 하는 중요 문서이다. 경력사원의 경우 자기소개서외에 경력기술서를 요구하는 경우가 많다. 경력기술서에는 지원 직무와 관련된 본인의 핵심역량과 각 경력사항에 대해 수행했던 직무와 도출한 성과를 위주로 작성한다. 경력기술서 작성 시에는 지원자가 도출한 성과나 핵심역량을 시각화할 수 있는 사진이나 그림을 활용하는 것도 문서의 가독성을 높이는 데 도움이 될 수 있다. 다른 지원자와의 차별화를 만들어내는 것이 본인의 전문성을 인사담당자나 실무부서 담당자에게 잘 전달할 수 있는 전략 중 하나이다.

10.3 영문이력서 및 커버레터(cover letter)

최근에는 외국에 취업을 하지 않더라도 많은 외국계 회사들이 국내에 진출해 있기 때문에 영문이력서를 요구하는 경우가 많아졌다. 영문이력서는 미국에서는 레주메(resume)라고 하며, 영국에서는 커리큘럼 바이테(curriculum vitae 또는 CV)라고 부르는데, 많은 경우 혼용되기도 한다.

엄밀하게 따지면 레주메와 CV는 약간의 차이가 있다. 능력을 중시하는 서양사회에서는 나이, 가족관계 등은 매우 사적인 자료에 해당하므로, 레주메에 기록하지 않아도 된다는 문화를 가지고 있다. CV에서는 학력과 경력 등을 보다 자세하게 기술하며, 생년월일, 가족관계 및 국적까지도 상세히 기술한다. 또한 CV에는 레주메 상의 교육 및 경력뿐만 아니라 앞부분에는 목표와 전문영역에 대한 내용을, 뒷부분에는 수상경력, 봉사활동, 대외 활동 등을 추가하는 것이 보통이다.

영문이력서를 작성할 때에 반드시 주의해야 할 것 중의 하나는 문맥에 맞지 않는 문장이나 문법에 어긋나는 표현이 없는지 철저히 점검하는 것이다. 그리고 간결한 문장을 사용해야 한다. 형식 등에 특별한 규칙이 없기 때문에, 입사하고자 하는 기업의 관련된 분야와 비슷한 분야에서 과거 본인이 수행하였던 일을 간결하게 표현하는 것도 좋은 방법이다. 다음의 예는 일반적인 영문이력서의 한 예를 보여준다.

Cho, Gam Dok

Sex : Male

Birth date : March 1, 1980

Address : xxxx Seocho-dong, Seocho-gu, Seoul 137-071, Korea
(Tel: 82-2-123-xxxx(office), 82-10-999-xxxx(Cell),
e-mail: xxkim@dakookjuck.kr)

Family : wife

Education :

B.S., Mechanical Engineering
2001-2005, xxxx University

Professional experience :

2005. Feb-2006. March, Design Center
XX **Heavy Industries & Machinery Co. Ltd.**, Incheon, Korea
[Projects carried out]

- Power measurement and analysis of the industrial heavy machinery under production

2006. April-Present, Division of Development (Assistance Manager)
Korea Research Center, Seoul, Korea
[Projects carried out]

- Development of measurement technology for failure prevention
- Development of safety test and inspection technologies of industrial plants

---

커버레터는 외국에서 이력서를 제출할 때 대부분 표지에 첨부하는 편지이다. 일반적으로 회사 생활에서 통용되는 모든 서류에는 공문 서류 표지가 부착되는데, 이와 같은 성질의 것이라고 볼 수 있다. 그러나 이러한 서류와 다른 점은, 커버레터에는 사적인 내용을 적는다는 것이다. 즉 이 커버레터에는, 본인이 취업을 하고자 하는 의지와 본인의 능력과 경력 등을 함축적으로 기록한다. 이러한 커버레터는 영문이력서를 제출할 때 반드시 첨부되어야 한다. 다음의 예는 방학 중 코압(Co-op) 자리를 구하기 위해서 어느 학생이 작성한 커버레터이다.

Kevin Kim

B1-04, 280 Phillip Street
Waterloo, Ontario, N2L 3X1
Cell: (519) 829-0192
xxxxx@yyy.uwaterloo.ca

New York City
Morgan Stanley

May 15, 2007

Re: Software Design Engineering (Bond Trading or Loan Trading)

It is my pleasure to apply for the co-op position in the area of Software Design Engineering. I am a second-year (2A) student at the **Computer Science co-op program** of the Faculty of Mathematics, the University of Waterloo. I am confident that my enthusiasm, programming and software experience, and strong problem solving skills would be valuable assets for the Software Design Engineering co-op position of Morgan Stanley.

I have a work experience as a **graphic designer**, handling graphics programs such as **Photoshop** and **Illustrator** in a rapidly developing diagnostics company, BTNX Inc. In addition to that, I was **involved in street advertisement team** at a computer repair shop/internet café, 911Computer. At Future shop, I worked as **a costumer helper** and **assisted basic desk works**. Also, I have experiences in programming with languages (**Java** and **C**) and handling various software, including **Windows** and **MS Office**. Lastly, I have a great sense of artistic design, which was earned from work experience, numerous art lessons and music competitions.

The attached resume provides further details of me and what I can contribute to Morgan Stanley.

I would be delighted to have the chance to contribute to your company and to obtain the real field experience helpful for my better future career.

Thank you for your time and consideration.

Sincerely yours,
Kevin Kim

10.4 영문문서 작성을 위한 기본 문법 및 예시

최근에는 많은 국내소재 외국계 회사, 글로벌 ICT 기업, 스타트업, 연구원 및 공공기관 등이 해외 시장을 타겟팅하여 사업을 추진하는 경우가 많으므로, 업무상 영어 문서 작성 빈도가 크게 증가하고 있다. 따라서, 원활한 업무수행을 위해 기본적인 영어 글쓰기 문법에 대한 이해가 필요하다. 영어 글쓰기의 가장 첫 단계는 문장의 구조를 명확히 이해하고 패턴을 만들어 단문 작성연습을 하는 것이다. 다음은 문장의 형식에 대한 설명과 예시를 보여준다.

10.4.1 문장 만들기 기본공식

Subject(주어) + Verb(동사) + Object(목적어) + Complement(보어)

문장 만들기의 핵심 성분은 위 4가지이며, 부사, 부사구, 전치사구 등과 구별하는 것이 중요하다.

1형식 문장의 형태

(S + V) + (부사, 부사구, 전치사구 등)
There(Here) + 일반동사 + 주어

예시 example

We live (in Republic of Korea).
I work (at home).
There are 7 days (in a week).

2형식 문장의 형태

(S+V+C), A는 B이다 또는 A는 ~B하다로 해석될 수 있는 구조이며 C는 SC(주격보어)를 나타낸다. 2형식 동사로는 be동사, 감각동사 및 변화동사 등이 있다.

예시 example

I am a lawyer. 나는(A) 변호사(B)이다.
It sounds good. 그것은(A) 좋게 들린다(B).
It looks good. 그것은(A) 좋아 보인다(B).

3형식 문장의 형태

(S+V+O)의 형태로 목적어를 취할 수 있는 완전 타동사가 사용되는 가장 많이 접할 수 있는 문장의 형식이다. 자동사와 전치사가 만나 타동사가 되는 경우에 유의한다.

예시 example

I finished my presentation.

People spend a couple of hours (a day watching digital content).

Students meet with various people (in university).
(S) (V) (O)

4형식 문장의 형태

(S + V + IO + DO)의 형태로 IO는 간접목적어, DO는 직접목적어를 나타낸다. 간접목적어의 해석은 ~에게, 직접목적어 해석은 ~을/~를로 한다.

예시 example

I gave him the document.

My supervisor asked me a question.

I showed store managers new products.
(S) (V) (IO) (DO)

5형식 문장의 형태

(S + V + O + C)의 형태로 5형식에서의 C는 OC(목적보어)를 나타낸다. 5형식의 문장구조는 크게 주어 + 일반동사/사역동사/지각동사 + 목적어 + 목적보어(명사/형용사/to부정사/동사원형/분사)의 형태로 구성된다. 주요 예시는 다음과 같다.

예시 example

The book allows us to think.

I helped my colleague finish the work.

Our society lets each individual live (safely).
(S) (V) (O) (OC)

10.4.2 주어 만들기

주어는 크게 다음의 세 가지 방법으로 만들 수 있다.

명사/명사구(명사가 2개 이상)/대명사 주어 만들기

예시 example

대중교통은 많은 장점들을 가지고 있다.
Public transportation has many advantages.

To 부정사/동명사

동사의 의미가 포함된 복잡한 주어를 만들 때 사용하며, 해석은 ~하는 것으로 한다.

예시 example

아침에 일찍 일어나는 것은 좋은 습관이다.
To get up early in the morning is a good habit.
미국으로 가는 것이 그의 목표이다.
Going to the United States is his goal.

명사절

명사절이란 주어와 동사를 포함하는 절이지만 한 문장 내에서 명사의 역할을 하고 있는 절을 말하며 명사절 접속사에 따라 해석은 다음과 같이 할 수 있다.

① That(완전한 절) : ~라는 것
② What/Who/Which(주어/목적어/보어 중 하나가 생략된 불완전한 절) : ~가 ~하는 것/사람
③ When/Where/Why/How(완전한 절) : S가 언제/어디서/왜 어떻게 V하는지
④ Whether(완전한 절) : S가 V하는지 안하는지

예시 example

우리가 현재의 상황을 이해하는 것은 매우 중요하다.
It is very important that we fully understand the current situation.
※ 명사절 주어가 긴 경우에는 가주어 It을 사용할 수 있다.

여기에서 가장 중요한 것은 나의 역할이다.
What is the most important here is my role.

우리가 언제 그 계획을 구체화할지는 아직 결정되지 않았다.
When we will put the plan into practice has yet to be determined.

10.4.3 동사 만들기

동사를 사용할 때는 주어 동사간의 수일치와 시제에 유의해야 한다.

현재/과거/미래시제

현재시제를 사용할 때는 항상 주어가 3인칭 단수인지 아닌지를 확인해야 한다.

예시 example

A회사는 각 직원이 사내 규정을 준수하기를 요구한다.
A company requires each employee to keep the internal regulations.

현재완료/과거완료

현재완료시제는 ~해 왔다, ~해 버렸다의 의미로, 과거완료시제는 ~해 왔었다, ~해 버렸었다로 해석될 수 있다. Since, already, yet, for 등의 단어들과 시제표현을 하고자 하는 경우에는 과거시제가 아닌 현재완료시제로 표현해야 한다. Until, by, when이 사용될 때에는 과거완료시제로 나타낸다.

예시 example

A회사를 그만둔 이후로 나는 영어 실력을 향상시키려고 노력해 왔다.
Since I quit the job of A company, I have tried to improve my English capability.

2020년까지 회사 설립과 관련된 모든 계획은 완료되었다.
All plans related to establishing the company had been completed by 2020.

10.4.4 주격보어 만들기

주격보어는 주로 2형식 문장의 불완전 자동사 뒤에 나와 동사의 의미를 보완해주는 역할을 한다.

주격보어자리에는 명사, 대명사, 형용사, 현재분사, 과거분사, to 부정사, 전치사구 등 다양한 품사가 올 수 있지만 부사는 사용할 수 없다.

기억해야 하는 2형식 동사 : feel, taste, smell, seem, look, sound 등의 지각동사, be, become, get, grow, go, turn, keep, remain, appear, prove

---

예시 example

그 소식은 거짓인 것으로 판명되었다.

The news proved false.

나는 침묵으로 일관했다.

I kept quiet.

10.4.5 목적어 만들기

목적어의 종류는 명사, 대명사, 명사구, 의문사 to 부정사, to 부정사, 동명사, 명사절 등이 있다.

목적어를 만들 때 to 부정사와 동명사만을 목적어로 취하는 특정 동사들이 있으니 사용에 유의해야 한다.

---

to 부정사만을 목적어로 취하는 동사는 다음과 같다.

want, decide, plan, hope, agree, afford, expect, fall, hesitate, intend, tend, manage, prepare, promise, refuse, seek, strive

---

예시 example

A학생은 시험에서 좋은 성적을 받을 것이라 기대하고 있다.

A student expects to get a good score in the exam.

동명사만을 목적어로 취하는 동사는 다음과 같다.

mind, enjoy, give up, avoid, finish, escape, stop, put off, postpone, practice

---

예시 example

나는 그 콘텐츠를 보는 것을 정말로 좋아했다.

I really enjoyed watching the content.

10.4.6 목적보어 만들기

목적보어는 5형식 문장에서만 사용되며, 목적어의 상태변화를 나타내는 의미상 주어 또는 서술어 관계로 사용된다.

5형식에서 주로 사용되는 대표적인 동사들은 다음과 같다.

사역동사 make(~를 ~하게 시키다), let(~를 ~하게 허용하다), have(~를 ~하게 하다)

예시 example

나무는 우리가 맑은 공기를 마실 수 있게 해준다.

Trees let us breathe clean air.

지각동사 hear(~가 ~하는 것을 듣다), watch, see(~가 ~하는 것을 보다)

예시 example

나는 나의 동료가 그 보고서를 읽었다고 들었다.

I heard my colleague read the report.

사역동사와 지각동사 외에 주로 5형식 동사로 활용되는 동사들은 다음과 같다.

consider, select, elect, appoint, help, get, cause, enable, allow, ask, advise, expect, force, persuade, warn, want

---

예시 example

나는 나의 동료에게 그 형식을 완성해달라고 요청했다.

I asked my colleague to complete the form.

나는 그 일이 완료되게 하는데 어려움을 겪었다.

I had difficulty getting the work to be done.

연습문제

1. 자신의 이력서를 작성해 보라.

2. 자신의 자기소개서를 작성해 보라.

3. 자신의 경력을 설명할 수 있는 독창적인 이력서 양식을 개발해 보라.

4. 자신의 영문이력서와 커버레터를 작성해 보라.

5. 자기소개서를 영어로 작성해 보라.

11장
사업계획서 작성

11.1 사업계획서의 개요와 필요성

11.1.1 사업계획서의 의의

누구나 성공 가능성을 보면서 사업을 시작한다. 어쩌면 사업은 100% 확신과 가능성을 가지고 하는 것이 아니라 1%의 가능성만 있다면 99%의 불확실성을 가능성으로 만들기 위해 끊임없이 도전하는 힘들고 고난한 과정이 사업이 아닐까? 1%의 가능성에서 99%의 불확실성을 헤쳐 나갈 때 엄청난 시련과 도전에 직면하게 될 것이지만 이러한 시련과 도전의 벽을 넘어설 때 비로소 성공이라는 달콤한 열매를 맛볼 수 있을 것이다.

이처럼 새로운 사업을 추진하고자 할 때 하고자 하는 사업이 무엇이며, 이를 어떻게 실현할 것인가에 대한 일련의 활동 계획을 수립하는 것을 사업계획이라고 한다. 이러한 내용을 체계적이고 구체적으로 기록해 놓은 문서를 사업계획서(business plan)라고 한다.

사업계획서는 창업 회사들이 개인 투자가들이나 벤처 투자가들로부터 자금을 조달하기 위한 목적으로 작성하지만 기업들이 특정 프로젝트에 대한 내부 투자 의사결정을 하거나 프로젝트 추진 상황을 관리하고 평가하기 위한 목적으로도 작성하기도 한다. 사업계획서에는 따라서 회사의 목표가 무엇이며 향후 5년 동안 이러한 목표를 달성하기 위하여 어떠한 수단을 사용할 것인가와 이익실현을 위해 기업의 보유 자원을 어떻게 활용할 것인가에 대한 중요한 경영전략을 포함하게 된다.

이러한 사업계획서는 새로운 사업을 추진할 때 작성하게 되지만 보통 고려하고 있는 사업의 성공 가능성을 분석하는 사업타당성분석을 실시한 후 그 결과가 긍정적일 때 사업계획서를 작성하게 된다.

사업계획서에는 기업의 비전과 목표, 사업전략과 재무상태 등 기업의 중요한 정보가 포함되기 때문에 기업의 얼굴이자 무기이며 외부와 소통하는 언어라고 할 수 있다. 특히 외부 기관으로부터 자금을 조달 받기위해서는 거의 필수적으로 작성해야 하는 것이 바로 사업계획서라 할 수 있다.

사업계획서에는 추진할 구체적인 사업내용과 세부일정계획 등 사업 목적을 달성하기 위해 필요한 제반 사항들이 포함된다. 사업의 내용, 생산계획, 판매계획, 자금조달계획, 인력충원계획 등 사업을 추진할 때 고려해야 할 중요한 사업 내용들이 포함되어야 한다. 따라서 사업계획서만 보면 하고자 하는 사업이 무엇이며 그것을 어떻게 실현시킬 것인가를 알 수 있다.

이렇게 작성된 사업계획서는 창업가와 많은 이해 관계자들에게 매우 소중한 도구로 활용된다. 기업 내부적인 사업성 검토나 기업조직의 내부학습과 창업기업의 성과를 증진시키는 데에도 유용하게 활용되며, 기업 외부로부터 사업의 인허가를 받는다든가 사업에 필요한 외부자원을 획득하기 위한 중요한 용도로 사용될 수 있다.

11.1.2 사업계획서의 필요성

어디론가 여행을 가려 할 때 사람들은 여행계획을 짠다. 여행의 목적과 기간에 따라 준비물과 예산이 달라지기 때문에 사전에 여행계획을 수립해 보는 것이다. 목적지가 어디이며, 여행기간은 며칠로 할 것인가? 여행경비는 얼마가 필요한가? 현지에서 어디를 방문하고 누구를 만날 것인가? 무엇을 먹고 무엇을 살 것인가 세밀한 계획을 수립한다. 만일 한 번도 가보지 않은 낯선 미지의 지역을 여행할 경우라면 사전에 더 치밀한 여행계획을 수립해야 한다. 아무 준비 없이 출발한 여행은 자칫 아무 성과 없이 실패로 끝날 가능성이 높다. 하지만 사전에 철저한 준비와 치밀한 계획을 수립하고 출발한 여행은 적은 비용으로도 유익하고 알찬 성공적인 여행을 가능하게 한다. 창업이라는 여행은 여행 중에서도 아프리카 오지나 아마존의 밀림 숲을 탐험하는 것처럼 곳곳에 예기치 않은 위험이 도사려 있는 아주 리스크가 큰 모험과 같은 여행이다. 그러한 모험에 도전하면서 사전 준비 없이 출발한다거나 아무 계획 없이 출발한다면 그 여행은 십중팔구 실패하게 된다. 우리가 설계도 없이 건물을 세우는 것을 상상할 수 없듯이 사업의 성공을 위해서는 사업을 추진하기 전에 반드시 사업계획서를 미리 작성해 보아야 하는 것이다. 비록 사업의 규모가 작고 간단한 사업이라 할지라도 구체적인 계획 없이 즉흥적으로 대처한다면 성공하기 어렵기 때문에 어떤 경우의 창업일지라도 사전에 사업계획서를 작성하는 것이 바람직하다.

사업계획서는 그것을 작성하는 사람과 읽는 사람 모두에게 도움을 준다. 일반적으로 사업계획서는 창업기업의 비전과 목표를 담고 있어서 구성원들로 하여금 이러한 목표를 향해 나아갈 수 있도록 도와주는 안내자의 역할을 한다. 또한 사업계획서의 작성과정은 창업자에게 자기 평가의 기회를 제공하여 창업 후 예상되는 주요문제들을 체계적으로 분석해 볼 수 있는 기회를 제공하여 다양한 가능성과 잠재적 위험요소들을 파악할 수 있게 한다.

작성자 입장에서는 회사를 어떻게 하면 좀 더 효율적으로 관리할 수 있을지에 대한 도움을 주어 사업성공의 가능성을 높여주며, 계획적인 창업을 가능케 하여 창업기간을 단축시켜주기도 한다. 투자자에게는 유용한 정보를 제공하여 투자를 유도할 수 있으며, 매입처나 매출처와 같은 협력업체들에게는 사업계획서가 중요한 신뢰의 근거가 될 수 있다. 또한 자신의 기업에게는 사업계획서가 능력 있는 임직원을 고용하는데 결정적인 역할을 할 수 있다. 이처럼 사업계획서는 창업에 도움을 줄 금융기관, 협력업체, 더 나아가 일반 고객에 이르기까지 투자의 관심유도와 설득자료로 활용도가 매우 높다. 특히 부족한 자금을 조달하기 위해서 다른 사람이나 금융기관에 투자 또는 융자를 신청하는데 있어, 제3자의 관심을 유도하고 설득하는데 결정적인 자료가 될 수 있는 것이다. 따라서 사업계획서 작성은 정확하고 객관성이 유지되어야 하며 전문성과 독창성을 갖춘 보편타당한 사업계획서가 되도록 작성해야 한다.

11.2 사업계획서의 종류와 용도

11.2.1 사업계획서의 종류

일반적으로 사업계획서는 제출기관의 요구에 따라 포함되는 주요 항목이 각기 다르기 때문에 각 기관이 요구하는 제안요청서(RFP)에 맞춰 작성해야 한다. 하지만 보통 사업의 형태나 사용 목적 등이 다르더라도 사업의 핵심적인 내용 즉, 생산계획, 판매계획, 자금조달계획, 인력충원계획 등과 같이 사업을 추진할 때 고려해야 할 중요한 핵심

내용들은 사업계획서의 종류나 용도에 상관없이 공통성을 갖기 때문에 사업계획서에 적절하게 반영하여 작성한다. 이 때 하고자 하는 사업의 종류나 용도에 따라 사업의 성공요소가 각기 다르기 때문에 사업계획서의 형태, 길이, 내용의 깊이와 초점이 달리 작성될 필요가 있다. 예를 들어 고급 프랑스 레스토랑의 사업계획서에는 세계 최고의 프랑스 요리학교인 르 꼬르동 블루 출신의 요리사가 요리를 한다거나 프랑스인 요리사의 고용계획에 대해 설명함으로써 맛에 대한 자신감을 강조할 할 필요가 있으며, 제조업이나 소매업 사업의 사업계획서에는 어떻게 효과적으로 재고를 줄이고 판매를 증가시킬 수 있는지를 설명함으로써 사업을 성공적으로 이끌 수 있음을 설명하는 것이 좋다.

사업계획서는 사용하는 목적에 따라 다음과 같이 크게 3가지 유형으로 구분할 수 있다.

(1) 간이 사업계획서

간이 사업계획서는 사업계획의 모든 내용을 상세히 포함하지 않고 사업의 핵심 내용을 요점만 간략히 알기 쉽게 정리한 약식 사업계획서를 말한다. 이러한 간이 사업계획서는 사업의 컨셉을 정리하는 개발 초기 단계의 기업이나 소규모 투자 유치시 투자가의 관심을 유도하는데 사용된다. 약식 사업계획서이기 때문에 보통 10페이지 정도의 분량에 사업의 개념, 생산계획, 판매계획, 자금조달계획, 인력충원계획 등 사업의 핵심 내용을 요점만 간략히 정리하여 작성한다.

(2) 업무용 사업계획서

업무용 사업계획서는 사업을 수행하기 위한 업무에 관련된 제반 사항들을 객관적으로 그리고 체계적으로 써 놓은 운영계획서를 말한다. 임원들을 위한 안내서 역할을 하며, 관리자들에게 회사의 방향을 제시하고, 회사의 목표를 설명하며, 회사 운영을 위한 지침서가 되어 준다. 보통 신생기업보다는 역사가 길고 제품 수도 많으며 조직구조가 복잡한 기존 기업이나 성장속도가 빠른 기업, 주기적인 목표 평가가 필요한 기업에서 주로 작성한다.

업무용 사업계획서를 작성할 때는 기업내부의 자원에 관한 면밀한 검토와 사업환경분석 그리고 향후 발생 가능한 위험 잠재 요인을 충분히 검토하여 이에 대한 대안을 수립하면서 보다 보수적인 측면에서 작성한다. 보통 50~100페이지 정도의 분량으로 작성하면 된다.

업무용 사업계획서는 기업 내부의 용도로 사용하기 때문에 외부사람들이 중요하게 생각하는 경영진의 상세한 이력사항이나 판매할 상품의 사진이나 샘플 등과 같은 정보나 자료는 작성할 필요가 없다.

(3) 외부 제출용 사업계획서

외부 제출용으로 작성되는 사업계획서는 투자가나 다른 회사 사람들에게 검토되고 평가받는 문서이기 때문에 심사기관이나 사업계획서를 검토하는 사람이 사업의 내용을 쉽게 이해할 수 있도록 핵심적인 사항을 중심으로 명료하게 작성한다. 주로 외부 자금조달이나 고급인력채용, 전략적 파트너를 찾기 위한 목적으로 작성되며, 20~40쪽 내외의 분량이 적절하다.

자금유치를 위한 사업계획서는 사업의 핵심내용, 경영진의 능력, 차별화된 기술력, 마케팅 전략, 재무상황에 초점을 맞추어 작성한다. 특히 사업에 관한 경쟁적 위협과 위험요소에 관한 정보뿐만 아니라 향후 5년 동안의 예상 매출액과 소요비용 등 재무 정보도 포함시켜야 한다.

외부제출용 사업계획서는 상대를 설득해 그것이 채택되도록 하는 것이 목적이기 때문에 최고의 표현방법을 사용하여 상대의 마음을 사로잡도록 작성하여야 한다. 투자 유치를 목적으로 하는 사업계획서에서는 투자가들에게 높은 투자 수익을 낼 수 있음을 보여 주어야 하며, 고급인력 채용을 목적으로 하는 사업계획서라면 주식이나 옵션과 같이 그들이 받을 보상과 회사의 위치, 업무환경, 승진기회를 강조하는 것이 좋다.

무엇보다도 투자자의 관점에서 사업계획서를 작성하는 것이 중요하다.

첫째, 아이템이 경쟁력이 있음을 보여주어야 한다. 특허와 같은 법적인 안전장치가 마련되어 있어 향후에 경쟁자가 나타나더라도 경쟁 우위에 설 수 있음을 보여주어야 한다.

둘째, 매출이 상승곡선을 그리고 있음을 보여주어야 한다. 이를 위해 재무상태표를 설명하여 사업 전망이 좋음을 보여주어야 한다. 만약 적자를 보고 있다면 무슨 이유로 적자가 발생했는지 그리고 이러한 재무 상태가 언제 수익으로 변화가 될 것인지를 설명해주어야 한다.

셋째, 창업팀원들이 전문적인 팀원으로 구성되어 있음을 설명해야 한다. 창업아이템과 관련한 분야에서 박사학위를 받았다거나 가장 앞선 기업에서 수년 동안의 근무 경력을 가지고 있어 해당 분야의 시장에 정통하고 관련 시장을 꿰뚫고 있음을 보여줌으로써 창업팀원들의 전문성이 객관적으로 인정받을 수 있도록 해야 한다.

넷째, 3년 이내에 회수가 가능함을 보여주어야 한다. 투자자들은 1억을 투자했을 때 언제 투자한 자금을 회수할 수 있는지에 관심이 많다. 만약 1년 이내에 투자한 원금과 50%의 수익을 얻을 수 있다고 한다면 거의 대부분의 투자가들은 투자를 결정할 것이다. 문제는 이러한 수익률을 어떻게 입증해서 투자가들의 투자를 이끌어 낼 것인가일 것이다. 코스닥시장에 상장한다거나 제3시장에 등록하여 투자한 금액을 회수할 수 있음을 가능한 객관적 자료로 보여주어야 한다.

11.2.2 사업계획서의 용도

사업계획서는 창업을 준비하는 사람은 물론 자금을 필요로 하는 기존 회사들, 기업의 관리자들, 그리고 투자가들에게 매우 유용한 문서이다. 창업을 준비하는 사람들은 실제로 시작하거나 경영해보지 않고서도 새로운 사업의 실행에 따른 결과와 그 가능성을 미리 알아보고, 사업개념에 있어서의 심각한 결함을 한 눈에 파악해 보기 위해 사업계획서를 작성한다.

기존 기업의 관리자들은 기업의 3~5년 단위의 예상보고서와 그에 따른 분석자료를 보기 원하기 때문에 회사의 업무용 사업계획서를 필요로 한다.

중소기업은 성장을 위해 또는 자금을 유치하기 위해 사업계획서가 필요하다. 또한 고객과 공급자, 그리고 다른 기업 관련자들에게 사업의 전망과 목적을 전달하기 위한 도구로 사업계획서가 사용된다. 투자가들에게는 자금 투자에 따른 확신을 제공하기 위해 사업계획서가 사용된다.

사업계획서의 또 다른 용도는 내부학습을 통한 성과향상에 있다. 사업계획서는 창업자와 창업팀에게 창업에 대한 학습과 성과향상의 기회를 제공하여 사업에 대해 좀 더 깊이 있는 이해를 가능하게 한다.

사업계획서는 창업을 준비하는 경우나 기존 사업과 다른 새로운 사업을 구상하는 경우 또는 사업다각화 및 사업 확장을 계획하는 경우, 외부로부터 자금을 유치하려는 경우, 유능한 인재나 사업파트너를 영입하고자 할 경우, 고객과 공급자, 그리고 다른 기업 관련자들에게 사업의 전망과 목적을 전달하려는 경우에 매우 소중한 도구로 활용된다. 특히 사업계획서는 해당 사업과 관련되는 정부 및 공공기관, 금융기관, 협력업체 및 투자자 등에게 제출되어 그들로부터 사업의 인허가를 받는다든가 사업에 필요한 외부자원을 획득하기 위한 중요한 용도로 사용될 뿐만 아니라 내부적인 사업성 검토, 창업조직의 내부학습과 창업기업의 성과를 증진시키는 데에도 유용하게 활용될 수 있다.

사업계획서는 사업을 준비하는 사람에게 사업을 체계적으로 정리할 수 있는 기회를 주고 사업계획서를 작성하면서 부문별 사업내용을 다시 한 번 점검하게 하기 때문에 사업의 시행착오를 줄이고 성공가능성을 높여줄 수 있다. 또한 창업과정에서 단계적으로 달성해야 할 이정표를 제시하며, 순차적 행동의 가이드라인을 제공하기 때문에 사업계획서를 작성해 보면 실제로 사업을 해보지 않고서도 새로운 사업의 실행에 따른 결과와 그 가능성을 미리 알아볼 수 있으며, 전체적인 사업의 현황을 한 눈에 조망해 볼 수 있다.

11.3 사업계획서 작성원칙 및 유의사항

11.3.1 사업계획서 작성원칙

일반적으로 사업계획서는 이해가능성, 간결성과 명료성, 객관성과 주관성, 일관성과 정확성, 차별성에 입각하여 작성해야 한다. 종종 이공계 출신의 창업자가 시장성이나 사업성보다는 기술적 전문성을 중심으로 지나치게 자세한 설명을 하는 경우가 있는데 가능하면 비전문가도 쉽게 이해할 수 있도록 전문적인 용어를 피해서 작성하는 것이 좋다. 또한 사업계획서는 필요한 핵심적인 정보만을 담아야 한다. 바쁘고 급한 투자자들은 불필요하고 장황한 설명보다 짧지만 요점이 간결하게 잘 정리된 사업계획서를 더 선호한다. 따라서 누구나 사업의 내용을 쉽게 이해할 수 있도록 간결하면서도 명료하게 작성하는 것이 좋다. 객관적인 자료에 근거하여 주관적인 판단을 설명함으로써 객관적 사실과 주관적 판단을 구분하여야 하며, 체계적이고 일관된 흐름과 주제를 갖게 하여 내용의 일관성과 표현의 정확성을 갖도록 작성한다. 사업계획서는 현실적이고 합리적인 관점에서 작성되어야 한다. 비현실적인 목표를 제시하거나 이상론적인 방법론을 강조한 접근은 오히려 신뢰성을 저해하는 부작용을 낳는다. 따라서 사업계획서를 작성할 때 느낌이나 희망보다는 구체적인 계획을 제시하여야 하며, 열정보다는 실제

기대이익을 알려줄 수 있어야 한다.

전반적인 사업계획서의 작성원칙을 정리하면 다음과 같다.

(1) 이해 가능성(understanding)

사업계획서의 목적은 창업자 자신이 가지고 있는 목표 아이템을 제3자에게 설득력 있게 납득시키는 것이다. 사업내용이 창업자 자신에게는 다년간 관심과 연구의 결과일 수 있기 때문에 어렵지 않겠지만 제3자의 입장에서는 생소한 경우가 대부분이다. 따라서 계획사업에 대한 내용을 충분히, 그리고 구체적으로 이해하기 쉽게 작성하여야 한다. 특히 전문적인 용어나 전문가만이 이해할 수 있는 단어는 가급적 사용하지 말고 전문가가 아닌 일반인도 쉽게 이해할 수 있도록 풀어서 설명한다.

(2) 간결성(simplicity)과 명료성(clarity)

간결하고 명료하면서도 분명한 메시지 전달이 중요하다. 어떤 동기와 목적으로 사업을 하려 하고, 취급하려는 상품과 서비스는 어떤 것이며 어떤 방법으로 구매하고 판매하려 하는 것인지를 분명하게 밝혀야 한다. 사업의 핵심적인 내용을 명확하게 밝히지 못한다면 작성자가 계획사업을 잘 이해하지 못하고 있거나 사업에 대한 열정이 부족한 것으로 평가받을 수도 있다.

(3) 객관성(objectivity)과 주관성(subjectivity)

사업계획서는 객관성이 결여되어서는 안 된다. 자칫 자신감이 너무 지나쳐 제3자가 느끼기에 허황하고 실현가능성이 없다고 판단될 때는 신뢰성에 큰 타격을 입을 수도 있다. 따라서 가급적 외부의 객관적인 자료를 근거로 비논리적인 추정은 피하고 객관적이고 공신력 있는 자료를 이용해서 신뢰도를 높여야 한다. 주관적인 내용은 객관적인 데이터에 근거하여 주관적인 판단을 설명하되 객관적 사실과 주관적 판단을 분명히 구분해야 한다. 사실과 추정을 구분하기 위해서는 반드시 자료의 출처를 명기하고 추정의 근거를 밝혀야 한다. 또한 제품 및 기술성 분석 근거자료로 공공기관의 기술타당성 검토보고서 또는 특허 등의 증빙서류를 첨부하여 신뢰성을 높여줄 필요가 있다.

(4) 일관성(consistency)과 정확성(correctness)

좋은 사업계획서는 처음부터 끝까지 논리의 일관성과 표현의 정확성이 있어야 한다. 논리의 일관성은 체계적이고 일관된 흐름과 주제를 가져야 함을 의미하고, 표현의 정확성은 편집방식이나 단위 등의 표현방식이 통일되고 정확해야 함을 의미한다. 어떤 '제품'을 어떤 '사람'들이 만들어 어떤 '전략'으로 판매하며 '위험'이 있을 때는 어떻게 대처하고 결국 얼마만큼의 '보상'이 있을 것임을 명확히 해야 한다. 판매하고자 하는 상품과 서비스, 마케팅 전략, 자금 및 수지계획 등이 일관성을 유지해야 한다. 자금조달 운용계획은 정확하고 어느 정도 실현 가능성이 있어야 한다. 창업자 자신이 조달 가능한 자기자본은 구체적으로 표시함으로써 제3자로부터 창업자의 최소한의 자금조달 능력을 신뢰하게 할 필요가 있다. 그 다음 동업자, 금융기관 등으로부터의 조달계획도 구체적으로 표시하여야 한다.

(5) 차별성(differency)

계획하고 있는 제품이 기존의 제품과 다른 점을 명시해야 한다. 왜 고객들이 자신의 제품을 사게 될 것인가에 대한 이유를 제시할 필요가 있다. 경쟁제품보다 디자인이 예쁘다거나 성능 대비 가격이 저렴하다는 등의 차별성을 제시할 수 있어야 한다. 사업계획서가 '비교우위의 차별성'을 가지도록 기업의 특성과 업종의 특성을 고려하여 차별성을 표현해야 한다. 예를 들어 제품의 특성, 운영방법, 목표시장 등에서 기존 제품과의 차이점을 설명하고 경쟁우위를 확보할 수 있다는 것을 설득력 있게 보여주어야 한다.

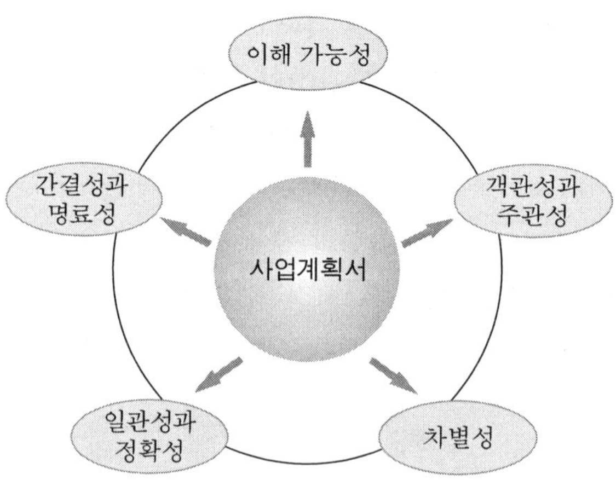

▌그림 11.1 사업계획서 작성 원칙

11.3.2 사업계획서 작성 시 유의사항

효과적인 사업계획서를 작성하기 위해서는 다음의 7가지 질문에 명확히 답할 수 있어야 한다.

1) 당신의 제품은 무엇인가?
2) 누가 고객인가?
3) 누가 이것을 팔 것인가? (유통채널)
4) 실제로 얼마나 많은 사람들이 이 제품을 살 것인가?
5) 이 제품을 설계/생산하는데 얼마의 자본이 필요하며, 이것을 어떻게 확보할 것인가?
6) 제품의 가격은 얼마인가?
7) 언제 손익분기점(Break-even point)에 도달할 수 있는가?

창업을 위해 사업계획서를 작성하는 것은 사업을 실제로 시작하기 전에 사업의 전반적인 내용을 조명해 보는 중요한 과정이라 할 수 있다. 사업의 내용, 계획제품시장의 구조적 특성, 소비자의 특성, 시장확보 가능성과 마케팅 전략, 계획제품에 대한 기술적 특성, 생산시설, 입지조건, 생산계획 및 향후 수익전망, 투자의 경제성, 계획사업에 대한 소요자금 규모 및 조달계획, 차입금의 상환계획, 조직 및 인력계획 등 창업에 관련되는 제반 사항을 객관적이고 체계적으로 작성해 보는 중요한 절차라 할 수 있다.

사업계획서 작성 양식은 정해진 형식이 없다. 자금조달이 목적이라면 해당 금융기관에서 요구하는 대로 사업계획서를 작성하면 되지만 보통의 경우에는 사업특성에 맞도록 스스로 알아서 작성하면 된다. 그렇다고 아무렇게나 사업계획서를 작성해도 된다는 것은 아니다. 창업자가 항상 점검하고, 보완해야 할 서류인 만큼 처음에 제대로 작성하는 것이 중요하다.

계획한 사업을 실제 창업으로 연결할 때 사업계획서가 사업 성공의 가능성을 높여줄 수 있도록 투자자를 사로잡는 사업계획서 작성 요령을 알아보자.

(1) **정확한 목표와 목적을 설정한다.**

사업계획서를 작성하기 전에 먼저 사업의 정확한 목적과 목표를 설정해야 한다.

사업의 목적과 목표에 따라 창업의 모든 준비사항이 달라질 수 있기 때문이다. 반드시 사업계획서는 사용 용도에 따라 그 목적에 적합하도록 작성되어야 한다.

(2) 자금조달 방법을 결정한다.

자금조달 운용계획은 정확하고 실현가능해야 한다. 자금에 차질이 생기면 사업위험이 클 수밖에 없다. 추측이나 가정은 배제해야 한다. 소요자본이나 운영비는 최대한 보수적인 관점에서 예측한다. 사업에 소요되는 자금조달 방법은 아래의 표 11.1의 자금조달 특성 비교표를 참조하여 자신에게 가장 적합한 자금조달 방법을 결정한다.

표 11.1 자금조달 특성 비교표

자금조달원천	경영권 참여	자금조달 가능금액	비용
은행	낮음	다양	다양
사업파트너	높음	다양	저비용
정부	낮음	적음	저비용
벤처 투자가	높음	중간/많음	저비용
엔젤 투자가	다양	중간/많음	저비용
기업공개	높음	많음	고비용

(3) 이해관계자의 관심사에 맞는 사업계획서를 작성한다.

사업계획서는 하고자 하는 업종과 사업계획서의 용도에 따라 사업계획서의 형태나 길이, 내용의 깊이와 초점이 다르게 작성되어야 한다. 하고자 하는 업종에 따라 성공요소가 다르며, 벤처투자가나 엔젤, 은행가, 공급자, 고객, 전략적 제휴 기업 등 여러 이해관계자가 각기 다른 목적을 갖고 있는 만큼 그들의 특별한 목적에 부합되도록 작성되어야 한다. 제품이나 기술의 우수성에 너무 치중하지 않도록 한다. 일반적으로 사업계획서를 필요로 하는 이해 관계자들은 시장가능성이나 이익잠재력에 대한 관심이 더 많다. 그런 만큼 시장중시의 계획을 세워야 한다. 다시 말해 투자환수 가능시기, 손익예측치, 계수적 분석결과 등 이해관계자들이 알고 싶어 하는 내용을 포함시키는 것이 필요하다.

① 벤처 투자가

벤처 투자가들은 많은 창업가들에게 가장 매력적이며 호소력 있는 자금관련 사업계획서를 원한다. 벤처 투자가는 창업의 초기 단계에 있는 위험이 높은 기업들을 후원하며, 자신들이 투자한 자금의 회수와 높은 투자 수익을 창출하는 것을 가장 중시한다. 이들은 향후 몇 년 이내에 주식시장에 상장하거나 대기업에 매각될 가능성이 높은 회사에 대해서만 투자하기 때문에 벤처 투자가를 대상으로 한 사업계획서라면 빠르고 꾸준한 매출증가와 향후 5년 이내에 주식의 상장이나 대기업에 매각될 가능성이 높은 회사라는 내용을 간결하고 설득력 있게 전달하여 강한 인상을 심어 줄 필요가 있다.

② 은행 vs 엔젤 투자가

은행을 대상으로 하는 사업계획서에는 직원의 이력사항 보다는 재무 상황에 더 관심을 가져야 하고, 전문 지식이 부족한 엔젤 투자가를 대상으로 할 때에는 두껍고 복잡한 사업계획서 보다는 간결하고 이해하기 쉬운 사업계획서가 더 효과적일 수 있다.

은행은 작은 규모의 자금을 시장 이자율에 맞추어 벤처 투자가들 보다 훨씬 낮은 비용으로 돈을 빌려준다. 경영권이나 지분에는 관심이 없고, 융자해 준 회사가 정기적으로 이자를 내고, 원금을 제대로 갚을 능력이 있는지에만 관심을 갖는다. 따라서 은행을 대상으로 하는 사업계획서라면 왜 회사가 자금이 필요한지에 대한 일목요연한 설명과 자금의 사용처, 다른 리스나 대출이 있는지의 여부, 회사가 최악의 상황에 처했을 때 어떻게, 어느 정도의 대출 원금을 상환할 수 있는지에 대하여 명확하게 설명하여야 한다.

③ 잠재적 사업파트너 vs 고객

회사의 지분 인수를 원하는 잠재적 사업 파트너들의 주요 관심사는 혁신적인 신기술을 갖고 있거나 다른 회사들이 탐내는 유통망이나 상품 포트폴리오를 갖고 있는지의 여부와 동일 업종에 있는 다른 회사들이 적극적인 인수 전략을 갖고 있는지의 여부에 큰 관심을 갖는다. 따라서 잠재적 사업 파트너를 대상으로 하는 사업계획서에는 명확한 지분구조의 역할 및 책임 분담을 제시하여야 하고, 고객을 대상으로 할 때에는 고객과 거래처와의 관계와 거래상황을 기술하여야 한다.

④ 공급자

공급자를 대상으로 하는 사업계획서는 물품에 대한 비용 지불 능력과 성장 가능성을 포함하여야 한다. 주요거래처의 고객리스트와 과거 공급자들과의 거래사항들을 강조하여 공급자로부터 가치 있는 고객으로 인정받도록 작성한다.

⑤ 전략적 제휴를 맺고자 하는 사람(기업)

전략적 제휴를 맺고자 하는 사람(기업)에 대한 사업계획서에는 제휴관련 부분을 잘 설명하여야 하며, 신뢰가 쌓일 때까지는 사업계획서에 민감한 시장 전략 관련 정보는 포함시키지 않는 것이 좋다. 또한 회사가 필요로 하는 것, 현재의 산업동향이나 경제 분석을 강조하고 중요 재무지표의 실적 대비 목표수치에 대한 비교 분석을 제시하는 것이 좋다.

제조업이나 소매업 관련 사업의 경우에는 어떻게 효과적으로 재고를 줄이고, 판매를 증가시킬 수 있는지에 대한 설명이 포함되는 것이 바람직하다. 만일 고급 프랑스 레스토랑을 창업하고자 한다면 유명한 전문요리사의 채용계획에 대하여 설명할 필요가 있으며, 점심시간에 직장인을 상대로 하는 식당의 경우에는 식당의 위치에 대한 설명을 강조하는 것이 바람직하다.

어떠한 경우든 하고자 하는 업종에 따라 최고의 표현 방법을 사용하여 사업이 최상의 모습으로 비추어질 수 있도록 작성하여야 한다.

(4) 현실적이고 합리적인 사업계획서를 작성한다.

시장규모, 시장점유율 등 시장에 대한 가정이라든지 경쟁사에 대한 가정, 또는 소요비용에 대한 가정이 타당성이 없다면 신뢰도가 떨어지게 된다. 특히 제품의 가격, 이윤, 판매량, 시장점유율 등을 예측할 때는 지나치게 낙관적인 자세로 임해서는 안 되며, 예상되는 경쟁 관계를 과소평가하지 않아야 한다. 사업계획이 너무 과대 포장되어 자기 주관적으로 치우치면 사업실행에 오류가 생길 수 있으며, 제3자로부터 신뢰를 얻는데도 문제가 생길 수 있다. 따라서 계획사업에 대한 주관적인 의견보다는 통계적이고 계획적인 객관적 자료를 근거로 하여 합리적인 내용으로 작성되어야 한다.

(5) 사업계획서는 상황에 따라 계속 수정되어야 한다.

사업계획서는 한번 만들면 그만인 것이 아니라 상황에 따라서 새로운 요소가 발견되면 그때그때 수정해야 한다. 그리고 계획 사업에 잠재되어 있는 문제점에 대해서도 항상 점검하고 수정해야 한다.

(6) 사업의 강점을 제시하여야 한다.

창업자 자신이 가지고 있는 목표 아이템을 제 3자에게 설득력 있게 납득시키는 것이 사업계획서의 목표인 것을 감안하여 자신 있게 작성해야 한다. 또한 사업내용이 차별화 되도록 핵심 사업내용을 강조시켜야 하며, 전문용어의 사용을 피하고 보편적으로 설득력 있게 작성하되 창업자의 열정과 꿈과 희망이 담겨 있어야 한다. 모든 사업에는 사업자가 가지고 있는 강점이 있다. 그 강점은 사업을 성공케 하는 경쟁력이자 원동력이 된다. 보유한 강점이 무엇이며, 어떠한 방향으로 사업성공에 기여하는지 확실하게 제시하여야 한다.

(7) 위기대응 방안과 투자자 보상책이 담겨 있어야 한다.

벤처창업은 급변하는 시장 환경 속에서 사업성공까지 높은 잠재적 위험이 수반되는 사업이다. 그런 만큼 잠재적 위험에 대한 대응방안이 포함돼야 한다.

기술위험, 시장위험, 관리위험 및 재무적 위험을 어떻게 관리하는가에 따라 사업의 성패가 결정되기 때문에 미래를 정확하게 예측하기는 힘들지만 잠재적인 투자자들에게 위험 및 보상의 유형과 정도를 설명할 수 있어야 한다. 전문 투자자들은 회수에 대한 광범위한 대안을 가진 기업을 선호하며, 기업이 그 대안을 유지하고 지속적으로 발전시키기를 원한다.

(8) 투자가 단행된 이후의 계획이 있어야 한다.

투자를 위한 사업계획서에는 일정액을 목표로 자기 기업의 가치를 반영한 증자 금액과 이에 대한 배수(Multiple)가 제시되어 있다. 그런데 많은 기업이 현재의 자기 기업 가치는 구체적으로 제시하고 있지만 향후 기업의 매출, 이익 등의 성장에 연계한 가치와 이에 따른 자본계획 등은 제시하지 못하고 있다. 즉 투자 이후 코스닥 등록 이후라든지 최소한 향후 3년간의 자본 및 기업 가치에 대한 계획까지 포함되어야 제대로 된 비즈니스 플랜으로 평가 받을 수 있다.

또한 좋은 사업계획서에는 제품의 수명주기와 장기적인 가격변동의 가능성 및 새로운 판매촉진 방안이 제시 되어야 하며, 새로운 유통 채널의 출현 가능성 등에 대해서도 논의해야 한다. 특허나 상표등록, 지식재산권 등을 획득함으로써 미래의 경쟁에서 나름대로의 진입장벽을 구축하거나 신상품을 개발 하는 등의 대비책을 제시하여 투자가들의 관심을 끌 수 있어야 한다.

(9) 필요할 경우 전문가 그룹으로부터 자문을 받자.

사업계획서를 만들기에 앞서 기업가 자신의 능력만으로 모든 사업계획의 수립이 가능한지, 아니면 주위에 전문가나 주변의 조력자가 필요한지를 결정해야 한다. 사업계획을 작성하는 데에는 계획수립을 위한 시간이나 돈, 에너지가 소모된다. 그런 만큼 컨설턴트, 회계사, 법률가와 같은 외부의 전문인의 도움이 필요한 경우에는 이를 활용하는 것이 효과적이다.

11.4 사업계획서의 내용 및 구성

11.4.1 사업계획서에 포함되어야 할 사항

사업계획서는 계획하고 있는 사업이 어떤 방향으로 나아가고 어떻게 목표에 도달할 수 있는지에 대해 설득력 있게 설명하는 문서이다. 잘 써진 사업계획서는 작성자가 계획사업을 완벽하게 이해하고 있으며 그에 상응하는 열정과 진지함으로 사업을 성공적으로 추진할 수 있다는 메시지를 담고 있다.

사업계획서에는 기본적으로 다음과 같은 요소에 대한 중요한 사항들이 포함되어야 한다.

1) 사업개요(Executive Summary)
2) 회사개요(Company Profile)
3) 사업내용(Product/Service)
4) 시장분석(Market Analysis)
5) 마케팅 계획(Marketing Plan)
6) 조직 및 참여인력(Organization and Human resource)
7) 자금계획(Financial Plan) 및 수지계획(Financial Projection)
8) 기회와 위험(Opportunities and Risks)
9) 사업추진 일정계획(Implementation Schedule)

(1) **사업개요**(Executive Summary)

사업개요는 투자가들에게 사업계획에 관한 전체적인 Outline을 보여 주는 것이기 때문에 사업계획서 구성 중에서 가장 중요하다. 따라서 당연히 그들의 관심을 끌 수 있도록 작성하어야 한다. 사업개요 부분에는 다음의 4가지 부분에 집중하여 작성하되 사업의 약점이나 위험요소, 또는 단점 등은 언급하지 않는 것이 좋다.

- 사업 아이디어의 명확성
- 제품과 서비스가 고객에게 주는 가치
- 시장의 규모 및 성장속도
- 투자에 따른 기대 수익률

벤처투자가들은 비록 대략 훑어보는 수준이라도 사업개요를 가장 먼저 본다. 사업개요가 잘 작성되어 있다고 반드시 투자로 연결되는 것은 아니지만 엉성하게 작성된 사업개요가 투자자의 등을 돌리게 만드는 것은 확실하다.

분명하고 객관적이고 합리적으로 작성된 사업계획은 투자자들에게 자신이 하고자 하는 사업에 대해서 정확히 알고 있다는 사실을 보여준다. 따라서 사업개요 작성에 시간을 투자하여 핵심내용을 축약하여 작성하여야 한다. 당신의 사업 아이디어에 대해 전혀 사전지식이 없거나 기술적 관련사업의 배경지식을 갖고 있지 않은 사람이 5~10분내 요약 부분을 읽고 이해하고 공감할 수 있는지 체크해서 만약 이해되지 않고 공감할 수 없다면 요약 부분을 보다 명확하고, 감동적이고 간결하게 수정해야 한다.

(2) 회사개요(Company Profile)

회사소개에서는 회사가 가지고 있는 '비전'에 대해서 설명해야 한다. 따라서 자신의 사업구상과 회사의 목표를 강조하는 것이 중요하다.

- 회사의 설립 배경은 무엇인가?
- 회사의 법적 지위는 어떤 것인가? (법인 또는 개인기업 여부)
- 주주구성은 어떻게 되어 있나?

회사에 대해 설명할 때 경영자가 회사의 목표를 달성하기 위해서 어떻게 포지셔닝하고, 어떤 전략을 구사할 것인지에 대한 생생한 그림을 전달할 수 있어야 한다. 시장의 잠재력을 바탕으로 당신의 회사가 얼마나 성장할 수 있는지에 대한 그림을 보여줄 수 있어야 한다.

예를 들면 다음과 같은 내용을 포함시킨다.

- 회사의 주주가 가지고 있는 중장기 목표는 무엇인가?
- 회사가 가지고 있는 장기적인 목표는 무엇인가?
- 목표를 달성하기 위한 성공의 요인은 무엇인가?
- 목표를 달성하기 위해서는 어떤 전략을 구사할 것인가?
  (저가전략인가 또는 차별화전략인가?)
- 목표달성으로 가기 위한 중간단계로 어떤 목표를 달성하면 되는가?

(3) 사업내용(Product/Service)

기존 제품과 비교했을 때 자신의 제품이 가지고 있는 장점이나 고객에게 줄 수 있는 혜택 등에 대해서 언급한다. 즉, 고객에게 기존의 가치를 보다 낮은 비용으로 제공하거나 혹은 고객에게 합리적인 비용으로 새로운 가치를 제공할 수 있음을 기술한다. 제품/서비스 혹은 사업 시스템이 높은 수준의 혁신을 이루고 있으며, 이러한 혁신을 보존하고 유지해 갈 수 있는 가능성 및 방안에 대해서 언급한다. 기본적인 생산에 필요한 사항들도 설명해 주어야 한다.

① 고객 가치

기존의 제품이나 서비스가 고객에게 주는 가치보다 더 나은 가치를 고객에게 줄 수 없다면 사업계획은 무의미 하게 된다. 따라서 새로운 제품이나 서비스가 고객에게 어떠한 가치를 줄 수 있는지를 철저히 분석해서 새로운 비즈니스가 더 유망하고 우월하다는 것을 납득시킬 수 있어야 한다. 만약 비교할 수 있는 제품이 있다면 고객의 입장에서 우리 제품을 구입했을 경우의 장점과 단점, 그리고 경쟁제품을 이용했을 경우의 장점과 단점을 설명해 주는 것이 좋다. 만약 여러 종류의 제품을 동시에 설명하려면 가장 중요하다고 생각되는 한·두 가지에 집중하고 나머지는 크게 분류하여 요약해주는 수준이 좋다.

② 제품 또는 서비스의 개발현황

기술적인 세부사항들은 피하고 가능한 한 쉽고, 단순하게 설명한다. 시제품이나 프로토타입이 있다면 기술개발을 위한 회사의 능력을 보여주는데 매우 유용하다. 제품이나 서비스가 고객에게 전달되기 위해서 해결해야 할 기술적, 제도적(법적), 관습적(소비자 행동적), 제휴적(타 업체와의 연계 필요), 사회여론적(문화적) 장애요인들을 명확히 하고 해결 방안을 제시해 주어야 한다. 그밖에 제품의 개발에 있어서 아직 해결해야 할 문제가 있다면 피하지 말고 다루도록 한다.

③ 생산단계

생산이 어떤 단계를 거치게 되는지를 설명하고, 필요한 장비, 생산용량, 확장가능성, 최소 매출규모, 이러한 생산에 필요한 자금규모 등을 언급한다.

(4) **시장분석**(Market Analysis)

사업계획서 작성에서 시장분석은 가장 어려운 부분이면서 동시에 가장 중요한 부분의 하나이다. 시장분석을 잘 하려면 충분한 시간을 갖고 시장과 관련된 다양한 자료를 면밀하게 분석할 필요가 있다. 시장규모는 고객의 수, 단위당 판매가, 매출액 등의 숫자로 표시되어야 하며, 시장의 성장에 대한 예측은 매우 중요하기 때문에 어떤 요소가 시장의 성장에 영향을 미치는지를 분석해서 제시한다. 사업계획의 다른 부분들은 시장분석에 크게 의존한다. 예를 들면 예상 매출액 수준은 운영계획, 마케팅계획, 재무계획 등에 직접적으로 영향을 미친다. 그러므로 이 장은 사업계획의 다른 부분에 앞서 작성하는 것이 바람직하다.

① 외부환경 분석

환경의 변화는 매력이 없는 사업을 매력적으로 바꾸기도 하고 매력 있는 사업을 별 볼일 없게 만들기도 한다. SWOT 분석이나 3C 분석(company, competitor, customer) 등을 통해 외부환경의 변화가 자신의 사업에 도움을 줄 것인지, 방해할 것인지에 대한 통찰력을 보여 주어야 한다. 사업계획서에 나타난 외부환경이 필연적으로 변한다는 사실을 인식하고 그러한 변화들이 사업에 미치는 영향을 예측해야 한다. 창업자가 외부환경을 유리하게 바꿀 수 있다면 그 방법도 설명해야 한다.

② 고객조사

제품과 서비스에 대한 고객이 누구이고 누가 될 것인지에 대해 논의한다. 고객에 대한 접근 난이도, 고객의 규모, 구매결정까지 걸리는 시간 등을 알아본다.

③ 시장규모

전체 시장의 규모를 추정하고 앞으로의 추이를 전망한다. 목표시장이 빠른 속도로 성장하거나 일정 규모 이상의 시장인지에 대해서도 기술한다. 시장규모 예측 시 알 수 없는 많은 요소가 있더라도 가능한 한 입증 가능한 숫자(객관적인 data)에 근거하여 논리적으로 추정해야지 논리적 비약이나 명시되지 않은 가정(assumption)에 의존해서는 안 된다.

④ 경쟁자분석

현재 또는 잠재적 미래 경쟁자에 대한 폭 넓은 분석을 제시한다. 경쟁자의 강점과 약점을 분석 비교하고 경쟁우위 요소를 어떻게 유지할 것인가를 제시한다.

⑤ 시장점유율 및 매출 예측

제품과 서비스의 시장규모와 전망, 고객, 경쟁자와 그들의 매출추이에 기초해서 시장점유율과 매출액을 추정한다. 이 때 시장을 세분화하여 어떤 시장을 대상으로 하고 있는지를 분명히 밝힌다. 시장을 세분화하는 방법은 여러 가지가 있을 수 있으나, 다음 3가지 원칙이 지켜져야 한다.

1) 측정성(Measurability) : 각 세분화된 시장의 고객수 및 구매력을 측정할 수 있어야 한다.
2) 내부 균질성(Homogeneous-within) : 각 세분화된 고객의 행동 양식을 측정할 수 있어야 한다.
3) 각 세분화된 고객은 동일한 마케팅 전략으로 공략할 수 있어야 한다.

(5) **마케팅 계획**(Marketing Plan)

표적시장의 가격 체계와 유통경로 하에서 특별한 마케팅 철학과 전략을 제시한다. 성공적인 비즈니스 런칭에서 가장 중요한 요소는 4Ps (Product, Price, Place, Promotion)에 대한 명확한 전략의 제시에 있다. 또한 잠재 고객이 누구이며 그들과 어떻게 접촉하고 어떻게 판매에 연결시킬 것인지에 대해 논의한다.

① 제품전략

취급 제품과 서비스를 설명하고 추후의 판매확대에 대한 계획도 논의한다.

② 가격전략

제품과 서비스에 붙일 가격에 대해 논의하고 주요 경쟁자의 가격정책과 비교한다. 가격수준은 기업의 시장목표에 따라서 달라질 수도 있는데, 통상 낮은 가격으로 조기에 시장점유율을 확대하는 침투가격정책(Penetration Strategy)과 특정고객을 대상으로 고가 가격정책(Skimming Strategy)을 사용할 수 있다.

③ 유통전략

이용 가능한 판매수단을 열거하고 유통경로를 설명한다. 제품이나 서비스를 어떻게 소비자에게 전달할 것인가를 다양한 요소를 고려하여 결정한다. 주요 고려 요소는 잠재적인 고객수, 제품이나 서비스의 종류, 고객이 기업인가 개인인가, 고객이 구매하는 장소, 제품에 대한 설명의 필요 정도, 가격의 수준, 구매빈도, 제도적/법적 제약 등이다. 또한 유통을 직접할 것인지 혹은 전문업체에게 위탁할 것인지도 결정해야 한다.

④ 홍보전략

제품이나 서비스가 잠재고객의 관심을 불러일으킬 수 있는 방법을 제시한다. 고객이 제품이나 서비스를 사게 하기 위해서는 다양한 방식으로 고객의 관심을 끌고 알리고 설득하고 확신을 심어 주는 과정이 필요하다. 핵심은 어떻게 고객에게 우리의 제품이나 서비스가 고객에게 가치가 있고, 경쟁 제품 혹은 대체재보다 더 잘 고객의 니즈를 충족시킨다는 점을 효과적으로 알리는데 있다.

소비자의 관심을 끄는 방법으로는 다음과 같은 방법이 있으며, 이에 대한 계획을 세운다.

1) 고전적인 광고(Classic Advertising) : 신문, 잡지, TV, 라디오
2) Direct Marketing : 특정 고객에 대한 메일, 전화 마케팅, 인터넷, SNS
3) PR(Public Relations) : 제품, 기업, 경영자에 관한 기사 등
4) 전시회, 박람회(Exhibitions)
5) 고객 방문(Customer Visits)

홍보전략에서 주의할 점은 프로모션이 구매결정자 혹은 구매결정에 큰 영향을 미치는 사람/집단에 초점(focusing)을 맞춰야 효율을 높일 수 있다는 점이다.

(6) 조직 및 참여인력(Organization and Human Resource)

사업추진 단계별로 필요한 조직 형태와 조직 단위별 역할과 기능을 상세하게 설명한다. 미국 벤처투자가인 Author Rock은 "나는 사람에 투자하지, 아이디어에 투자하는 것이 아니다"라고 말한 바 있다. 노련한 투자자들은 사업계획서를 받을 때 구성원의 이력서를 먼저 본다. 이를 통해 창업멤버들이 알고 있는 지식과 사람, 창업자 자신의 인지도를 평가한다.

일반적으로 경영진에 대한 부분은 투자가들이 보통 사업개요 다음으로 가장 먼저 보게 되는 부분이다. 그들은 처음부터 경영진이 과연 사업을 성공할 수 있는 능력과 노하우가 있는가를 알고자 한다. 따라서 이 부분에 좀 더 많은 신경을 쓸 필요가 있다. 경영진에 대해서 설명할 때 회사의 미래에 중요한 역할을 할 사람임을 강조해야 한다. 경험과 과거의 성공적이었던 실적은 화려한 학벌보다 훨씬 중요하다. 따라서 만약 경험이 없는 사람을 중요한 자리에 앉히려 한다면 그 이유에 대해서 설명해 주어야 하며, 회사 내에서 어떻게 기능과 책임이 분담되는지를 설명해야 한다. 또한 회사에 자문을 해주는 사람에 대해서 언급하는 것도 좋다. 회사를 시작

하면서 필요한 모든 기술과 경험을 가진 사람을 모두 채용할 수 없기 때문에 회계사나 변리사, 홍보대행사, 경영컨설턴트 등 어떠한 분야의 전문가를 자문위원으로 영입할 계획인가를 밝혀 투자가를 안심시킬 수 있다.

중요한 경영진에 대한 보상을 어떻게 할 것인지도 설명해야 한다. 이때에는 기본적으로 매출이나 이익 등 성과에 기반한 보상을 하는 방식을 취하는 것이 좋다. 그래서 투자가가 경영진이 열정을 가지고 목표를 향해 매진할 것이라는 확신을 가질 수 있게 해주어야 한다.

(7) **자금계획**(Financial Plan) **및 수지계획**(Financial Projection)

사업계획서의 다른 모든 요소를 종합하여 사업이 어느 정도의 수익성을 갖고 있는지, 사업추진에 필요한 자금조달 규모는 얼마인지를 예측하는 재무계획을 기술한다. 자금계획에서는 계획사업에 필요한 자금의 규모를 확정하고, 소요자금에서 자기자본을 제외한 자금에 대한 조달 계획을 세운다.

수지계획은 추정 재무제표의 작성을 통해서 계획사업의 향후 재무상태와 경영성과 등을 제시하는 것이다. 이 같은 수지계획의 목적은 계획사업의 잠재력을 보여주고 구체적으로 소요자금의 규모와 그 타당성을 제시하기 위한 것이다.

재무계획에서는 아래 5가지 요소를 반드시 제시한다.

- 현금흐름표(Cash Flow Statement), 손익계산서(Income Statement), 대차대조표(Balance Sheet)
- 예측기간의 최소 5년 이상, 적어도 현금흐름이 플러스가 되는 시점 이후 1년까지
- 최초 2년간의 상세한 재무계획(월별 혹은 분기별), 이후는 연간기준
- 모든 숫자는 합리적인 가정(assumption)에 근거해야 함 (모든 가정은 사업계획 내에서 근거가 제시되어 있어야 한다)
- 경제성 분석 결과(NPV, IRR, Payback 기간) 및 주요 변수 변화에 따른 민감도 분석(Sensitivity Analysis)

(8) 기회와 위험(Opportunities and Risks)

사업에 내재된 리스크를 사실적으로 기술하고 이를 극복하는 방안을 제시하고, 비즈니스에 내재된 잠재적인 기회에 대한 활용방안을 기술한다.

① 위험분석
사업추진에 따른 기본적인 리스크를 시장, 경쟁, 기술 등의 측면에서 분석한다. 이러한 위험요인들의 영향력(impact)을 계량적으로 측정하여 위험을 회피하거나 극복할 수 있는 방안을 제시한다.

② 기회분석
신규사업 추진에 따라 얻게 되는 시장, 경쟁, 기술 등의 측면에서 추가적인 기회의 내용을 분석한다. 이러한 선택(option)의 가치를 계량적으로 측정하여 선택의 가치를 높일 수 있는 방안을 도출한다.

(9) 사업추진 일정계획(Implementation Schedule)

사업추진 일정표는 사업을 시작하고 그 목적을 실현하는데 필요한 주요 업무의 추진상황을 보여주는 표이다. 현실성 있는 5개년 계획을 수립하여 프로젝트 추진상의 상호 연관된 문제들을 동시에 고려할 수 있도록 한다.

사업추진 일정표는 간트 도표(Gantt Chart)를 사용하여 업종선정, 시장조사와 분석, 입지선정, 자금마련, 개업준비, 오픈 등의 전체 사업계획을 구성하는 세부사항을 언제부터 언제까지 추진할 것인지를 상세하게 열거해 놓아야 한다.

이외에도 좀 더 명확하고 쉽게 여러 종류의 정보들을 담아야 하며, 표, 그래프, 도면, 사진뿐만 아니라 일부 계획에는 실제 샘플도 포함시켜 창업자의 사업에 대한 열정과 꿈과 희망을 사업계획서에 잘 나타날 수 있도록 작성한다.

11.4.2 사업계획서의 구성

사업계획서의 구성내용은 사업계획서의 용도 또는 목적에 따라 그 내용이 달라질 수 있다. 소정양식의 사업계획서는 정해진 양식에 충실하되 필요한 경우 보완사항을 추가하도록 하고, 일반 사업계획서인 경우는 다음 구성내용을 참고하면 된다.

여기에서 예시된 사업계획서의 구성내용(형식)은 일반적인 것이므로 경우에 따라 적절히 가감하여 사용하면 될 것이다.

(1) 사업개요

가. 사업의 배경과 필요성
나. 사업의 목적
다. 사업 기대효과
라. 사업의 기본내용

(2) 회사현황

가. 회사 개요(상호, 소재지, 연락처, 자본금, 특기사항 등)
나. 업체 연혁
다. 창업동기 및 사업의 기대효과
라. 사업전개 방안 및 향후 계획

(3) 조직 및 인력현황

가. 조직도
나. 조직 및 인력구성의 특징
다. 대표자 및 경영진 현황
라. 주주 현황
마. 관계회사 내용
바. 직원 현황 및 고용계획
사. 교육훈련 현황 및 계획

(4) 기술현황 및 기술개발 계획

가. 제품 소개(제품명, 간단한 제품 소개)
나. 제품 아이템 선정과정 및 사업전망
다. 기술현황
라. 기술개발 투자 현황 및 계획

(5) 제품의 소개

가. 제품 개요
나. 제품 규격 및 사양
다. 제품의 용도 및 특성
라. 제품 가격
마. 제품 사진 또는 구성도

(6) 생산 및 시설계획

가. 생산 및 시설 현황
나. 제품 생산계획(생산량, 생산공정 등)
다. 원부자재 사용 및 조달계획
라. 조직/인원 계획(부서별, 직급별 인원, 급여수준 포함)
마. 시설투자 계획(투자규모, 시설 배치도 등)

(7) 시장성 및 마케팅 계획

가. 관련 산업의 최근 동향 및 상황
나. 경쟁자 분석(경쟁회사 현황)
다. 예상 시장 점유율과 매출액
라. 연도별 판매계획 및 마케팅 전략

(8) 재무계획

가. 재무 현황(최근 결산기 주요 재무상태 및 영업실적)
나. 재무 추정(현금흐름분석표, 추정 대차대조표, 추정 손익계산서)
다. 향후 수익전망(손익분기분석, 향후 5개년 수익전망, 투자수익률)

(9) 자금 운영 및 조달계획

가. 소요자금 명세 및 용도
나. 자금조달 규모 및 방법
다. 연도별 증자 및 차입계획

라. 자금 조달상 문제점 및 해결방안(차입금 상환계획)

(10) 위험도 및 특수고려사항

가. 당면문제
나. 예상되는 위험요인 및 이에 대한 대응방안
다. 기본 가정이 달라질 경우의 대응방안

(11) 사업추진일정

(12) 첨부서류

가. 정관
나. 법인등기부등본
다. 사업자등록증 사본
라. 최근 2년간 결산서류
마. 최근 월합계잔액시산표
바. 경영진, 기술진 이력서
사. 지식재산권 및 신기술 보유관계 증빙서류
아. 기타 필요서류

11.4.3 사업계획서 신청양식(샘플)

창업사업계획서

사업 분야	
창업사업명	
동아리(팀)명	
신청인(대표자)	

※ 유의사항

1. 사업계획서의 내용은 A4용지 20페이지 내외로 작성
   * 사업계획 요약서는 A4용지 5페이지 이내로 작성
2. 본 계획서의 보충 설명을 위해 필요한 사진 또는 도면이 있을 경우 첨부
3. 제출된 사업계획에 대해서는 접수 및 심사과정에서 비밀 유지

사업계획 요약서

<table>
<tr><td>아이템명</td><td colspan="3"></td></tr>
<tr><td rowspan="2">적용분야</td><td rowspan="2"></td><td>대표자명</td><td></td></tr>
<tr><td>동아리(팀)명</td><td></td></tr>
<tr><td>사업개요</td><td colspan="3">○ 창업동기 및 사업의 기대효과

○ 사업내용 및 특성</td></tr>
<tr><td>보유기술</td><td colspan="3">○ 보유기술의 수준

○ 기술의 파급효과</td></tr>
<tr><td>시장분석</td><td colspan="3">○ 목표시장 규모 및 전망

○ 사업화 가능성 및 마케팅 전략</td></tr>
<tr><td>사 업 화
추진계획</td><td colspan="3">○ 생산과 시설확보 계획
○ 사업화 추진일정
○ 사업계획 차질시 대처방안</td></tr>
</table>

1. 창업사업개요

1-1. 창업동기
- 창업 목적 및 배경, 사업의지, 아이템 선정 동기 등

1-2. **참여인력의 전문성**
- 대표자 및 내부구성원의 전문성 - 전문가풀 구성 및 대외 협력관계 구축 현황

1-3. **사업내용 및 특성**
- 창업아이템의 기술분야, 특징, 장점, 기술개발 내용 등

2. 개발기술

2-1. 기술개발수준

- 개발과정과 설계상태, 시제품제작, 시험테스트 등 개발 진척상황 등
- 지적재산권 등록여부, 기술개발을 위한 외부의 지원여부 등

2-2. 기술의 파급효과

- 기술의 경제·기술적 파급효과 등

3. 시장분석

3-1. 목표시장 규모 및 전망

- 소비자분석 / 수요계층, 소득, 나이 등
- 경쟁자분석 / 시장동향, 신기술 동향
- SWOT(강점, 약점, 기회, 위협요인) 분석

3-2. 사업화 가능성 및 마케팅 전략

- 제품의 특성 및 경쟁력, 가격경쟁력, 대체기술 출현 가능성 등
- 초기시장 진입전략
- 마케팅 전략(4P-제품, 가격, 촉진, 유통정책)
  (STP-시장세분화, 표적시장 설정, 포지셔닝)

3-3. **제품경쟁력**
- 경쟁사 대비 가격 및 품질경쟁력
3-4. **성장가능성**
- 개발 제품군의 수명주기 및 지속성장전략 - 위험요소 분석 및 사업화 차질 시 대응전략

4. 시설확보 및 재무계획

4-1. 생산과 시설 확보계획

- 조직 및 인력구성 / 기술개발, 총무, 영업, 생산인력 등
- 시설투자 / 생산시설 설비 및 설치 투자 계획 등

4-2. 자본 및 재무계획

- 자금조달 운용계획(조달형태, 용도, 규모), 차입금 상환계획 등
- 수익전망 / 손익분기점 분석, 추정 대차대조표, 손익계산서 등

5. 재무계획

5-1. 소요자금 및 조달계획

(단위 : 천원)

소요자금			조달계획		
용 도	내 용	금 액	조달방법	기 조달액	추가 조달액
운전자금			자기자금		
			금융차입		
			기 타		
	소 계		소 계		
시설자금			자기자금		
			금융차입		
			기 타		
	소 계		소 계		
합 계			합 계		
소요자금 산출근거					
조달계획 산출근거					

※ 운전자금은 창업 후 생산제품의 판매대금으로 정상 영업자금 회전이 될 때까지의 기간 동안 소요되는 전체 예상자금을 자금용도별로 구분 기재

5-2. 추정손익계산서

(단위 : 천원)

구 분	2020년도	%	2021년도	%	2022년도	%
매 출 액						
매 출 원 가(−)						
판 매 관 리 비(−)						
영 업 이 익						
영업외손익(+, −)						
경 상 이 익						
특 별 손 익(+, −)						
법 인 세 등(−)						
당 기 순 이 익						
(* 연 구 개 발 비)						

6. 사업화 세부 추진 일정

내 용	2021년도				2022년도				비 고
	1/4	2/4	3/4	4/4	1/4	2/4	3/4	4/4	

11.4.4 연구개발계획서 신청양식(샘플)

중소기업 기술개발(R&D) 지원사업 연구개발계획서

※ 항목별 페이지 수 제한은 준수하여야 하고, 필요한 경우 붙임 자료로 제출 가능

1 과제 개요

과제명	
개발 목표	
개발 방법	
연구팀 구성	
기대효과	

2 자가진단

과제명		
확인사항	해당 있음	해당 없음
1. 현재 신청인은 사업 공고문 등에서 정한 신청 자격을 갖고 있나요?		
2. 현재 신청인은 사업 공고문 등에서 정한 관련 서류를 모두 제출하였나요?		
3. 현재 신청인은 국가 R&D 참여제한 중인가요?		
4. 신청인(법인, 등기이사 포함)은 인건비 유용 또는 허위거래로 정부 R&D 참여제한 등 제재를 받은 이력이 있나요?		
5. 현재 신청인은 부도기업인가요?		
6. 현재 신청인은 세무당국에 의하여 국세 또는 지방세 등의 체납처분을 받았나요?		
7. 현재 신청인은 민사집행법 또는 은행연합회 등 신용정보집중기관에 채무불이행자로 등록되어 있나요?		
8. 현재 신청인은 법원에서 파산, 회생절차, 개인 회생절차의 개시 신청이 이루어졌나요?		
9. 최근 신청인은 최근 년도 결산 기준으로 자본전액잠식 상태인가요?		

※ 상기 확인사항의 '현재'의 기준은 접수마감일 등 사업공고, 관련규정에서 신청자격 요건 확인을 위해 정한 시점임

※ 주관기관 및 참여기관 각각 작성

본 신청인은 위 사항에 대해 사실을 확인하였으며, 만일 사실과 다를 경우 지원 제외 또는 선정 취소 등이 될 수 있다는 것에 이의가 없습니다.

년 월 일

신청인 : 서명

법인명 : 직인

1. 기술개발 목표

* 최대 1페이지

연구개발을 통해 달성하고자 하는 정량적, 정성적 최종목표를 1 페이지 이내로 작성

1-1. 특화분야 (선택시)

※ 선택한 특화분야와 개발하고자 하는 내용이 어떠한 부분에서 부합되는지 설명

2. 연구개발 방법

* 최대 4페이지

※ R&D 결과의 검증 방법과 계획은 반드시 포함

- 기술개발추진전략, 지식재산권 확보, 다른 기관과의 협력 등 목표 달성을 위한 방법론 작성
- 기술개발 결과의 검증방법과 계획 반드시 포함

□ **성능지표 및 측정방법(필수작성)**

(1) 결과물의 성능지표

평가항목 (주요 성능1」)	단위	전체 항목에서 차지하는 비중2」 (%)	세계 최고수준 보유국/보유기관	연구개발 전 국내 수준	연구개발 목표치		목표 설정 근거
			성능수준	성능수준	1단계 (yy~yy)	n단계 (yy~yy)	

* 1」 정밀도, 인장강도, 내충격성, 작동전압, 응답시간 등 기술적 성능판단기준이 되는 것을 의미한다.
* 2」 비중은 각 구성성능 사양의 최종목표에 대한 상대적 중요도를 말하며 합계는 100%이어야 한다.

(2) 평가방법 및 평가환경

순번	평가항목(성능지표)	평가방법	평가환경
1			
2			

3. 선행연구개발

* 해당 사항 없으면 미기재

(1) 선행연구개발 이력 * 최대 1페이지

※ 자체 연구개발 실적 및 타 부처 지원 R&D 사업 포함 가능
※ 중기부 R&D 사업은 구분하여 모두 작성하되, 누락 시 지원 제외 또는 선정 취소

- 자체 연구개발실적, 국가지원 R&D 사업 이력 모두 작성(중기부 지원, 타부처 지원 구분하여 작성)

(2) 본 과제 수행 시 선행연구개발 결과 활용계획 * 최대 2페이지

※ 이전 중기부 R&D 과제와의 차별성은 반드시 포함

- 작성된 선행연구개발과 본 과제와의 연관성(활용계획)과 차별성을 반드시 작성

4. 연구개발역량

(1) 연구팀 구성 계획 및 역량 * 최대 2페이지

- 본 연구개발과제에 참여하는 연구팀 구성 계획과 역량을 작성
- 참여하는 연구원(과제 책임자 포함) 현황을 구체적으로 작성하되, 연구원들의 과제 수행 시 역할을 상세히 작성
- 본 과제 수행과 관련한 특허, 논문, 수상실적이 있다면 작성

(2) 연구원 현황(주관기관)

성명	소속·직위	학력·전공	과제 수행 시 역할

(3) 참여기관 등의 연구원 현황(기관별 작성)

성명	소속·직위	학력·전공	과제 수행 시 역할

(4) 본 과제 수행 관련 특허, 논문, 수상 * 해당 사항 없으면 미기재

5. 기술개발일정

* 최대 2페이지

- 기술개발기간 동안 추진할 과제들을 일정별로 제시

6. 연구비 사용계획

* 최대 2페이지

※ 정부지원금과 대응 자금(민간부담금)을 구분하되, 개괄적으로 작성

- 과제 연구비(정부출연금, 기관부담연구개발비)사용계획을 작성
- 연도별로 지급받은 연구비를 해당연도 내에 집행할 수 있도록 집행계획을 작성(분기별로 백만 원 단위까지 구체적으로 작성)

7. 사업화 목표와 전략 등

(1) 구체적인 사업화 목표

* 최대 1페이지

- 사업화 목표와 전략을 구체적인 근거와 수치를 기반으로 작성
- 기술개발 결과물(기술·제품)을 구체적인 사업화 목표(투자계획, 생산, 국내외 시장 진출 계획 등) 작성

(2) 사업화 전략

* 최대 2페이지

- 기술개발 결과물의 표준화, 인증계획, 홍보, 판로확보, 판매 등을 위한 전략을 기재

(3) 기대효과

* 최대 1페이지

- 기술개발 결과물의 사업화를 통한 고용창출, 경제기여도, 사회기여도, 지역내 파급효과 등 기재

[참고사항] 연구개발계획서 작성 체크리스트

1 기술수준

- 기존제품(기술)과의 차별성·도전성을 명확하게 제시하기 위해 세계 최고수준 등을 근거로 세부적으로 제시
- 수입대체, 외국제품 Reverse Engineering 가능

2 사전준비성 : 기술개발 역량을 판단하기 위한 근거이므로 사실적으로 제시

- 기초실험 결과, 시료(샘플) 확보 및 분석자료, 기술개발관련 인력, 시설 등 기본 인프라 구축 여부

3 기술개발 및 사업화 목표, 연구내용을 명확하게 설정

- 기술개발을 통한 기업 성장 및 개발기술의 사업화 성과와 산정근거를 객관적·체계적으로 명시
- 사업화 계획의 구체성과 목표설정의 타당성은 평가시 중요한 검토항목

4 모든 자료는 명확한 근거 제시 필요

- 시장규모, 국내외 경쟁기술, 목표설정은 명확한 근거가 부족할 경우 평가에서 불이익을 받을 수 있음

5 사업화를 위한 세부추진계획 제시

- 경쟁제품 분석을 통한 경쟁력 제시, 제품화 및 마케팅 계획 제시

6 사업화에 따른 기대효과 제시

- 기술제품의 사업화를 통하여 고용창출효과, 경제적 효과, 사회적 파급효과 등 제시

연 습 문 제

1. 사업계획서의 의의 및 용도는 무엇인가 설명하라.

2. 사업계획서를 작성할 때 지켜야 할 원칙에 대하여 설명하라.

3. 사업계획서에 포함되어야 할 사항을 설명해 보라.

4. 사업계획서에 담겨야 할 내용과 작성요령을 숙지한 후 자신이 관심을 갖고 있는 사업아이템에 관하여 직접 사업계획서를 작성해 보라.

5. 우리 회사의 비전과 전략을 설명해 보라.

6. 우리 회사의 제품 혹은 서비스를 설명해 보라.

7. 우리 기업의 경쟁우위(핵심전략)는 무엇인가 설명해 보라.

8. 우리 기업의 목표시장은 무엇인가 설명해 보라.

9. 최근의 기업내부상황(인력, 자금, 기술 등)을 설명해 보라.

10. 최근의 기업외부상황(산업, 지장, 매출추이 등)을 설명해 보라.

12장 기타 공학문서 작성

12.1 기타 공학문서 개요

일반적으로 조직생활에서는 상사가 시키는 것만 하면 되는 것이 아니다. 필요에 따라 자신의 의견이나 아이디어를 정리하여 새로운 과제를 제안하거나 자신의 일로써 적극적으로 일을 추진하는 자세가 요구된다. 예를 들면, 새로운 제품의 개발이나 직장의 활성화에 기여하는 혁신 아이디어를 제안하거나, 업무수행을 위해 상사나 회사의 간부에게 결재를 받아야 할 경우 자신의 생각이나 의견을 정리하여 제시하게 된다.

이러한 경우에 보통 제안서, 기획서, 품의서 등을 작성하게 된다.

제안서는 일의 진행방식이나 내용에 대한 개선책을 자발적으로 제안하는 문서이다. 기획서는 조직 내의 의사결정자에게 아이디어나 기획을 제안하고 허가를 받기 위한 문서이다. 품의서는 다수의 결재자가 있는 경우에 작성하는 회람식의 결재문서이다. 제안이나 기획이 비슷한 개념으로 사용되고 있지만 엄밀하게 구분하면 다른 개념이다. 제안은 현재 문제가 되고 있는 중점 사항을 분명히 밝히고 해결방안을 제시하는 활동으로서 '전체설계'라고 볼 수 있으며, 기획은 '상세설계'라고 볼 수 있다. 기획은 제안을 실행하기 위해 구체적으로 수립하는 계획 활동이라고 할 수 있다. 제안서나 기획서를 제출한다고 해서 제안한 아이디어가 반드시 채택된다는 보장은 없다. 그러나 이러한 문서를 제출하는 주목적은 일에 대한 자신의 의욕과 능력을 보여주는 데에 있다. 완벽한 것을 제출하지 못한다고 해도 상관없다. 자신만의 의견이나 아이디어를 적극적으로 제안하자.

12.2 제안서

제안서는 새로운 사업이나 과제를 추진하기 위하여 자신의 생각이나 아이디어를 정리하여 스스로 제안하는 문서로서 기존의 문제점을 획기적으로 개선하거나 새로운 해결방안을 제시하는 것이다.

제안서를 크게 두 가지로 분류할 수 있는데 하나는 사내에서 통용되는 일상 업무에 관한 제안서이고 다른 하나는 연구과제나 외부 프로젝트를 수주하기 위해 제안하는 대외 제출용 제안서가 그것이다.

먼저 일상 업무의 능률을 높이고 직장의 환경을 개선하기 위해 현재의 문제점에 대한 해결방안을 제안하는 경우에는 보통 사내 제안서를 작성하게 된다. 사내 제안서는 제안 목적, 제안 내용, 개선효과 등이 포함되게 작성하면 된다. 제안목적에는 제안의 필요성과 어떤 이유로 제안하였는지를 밝히고 현재의 문제점이나 개선하고 싶은 주요 사항을 기입한다. 제안내용에는 제안의 구체적인 내용을 간단명료하게 제시하고 제안한 내용의 구체적인 절차나 방법을 명기한다. 마지막으로 제안 내용의 채택시 어떠한 효과를 기대할 수 있는지 개선효과를 기입한다. 필요시 해당 내용을 확인할 수 있는 증빙자료나 참고자료를 첨부한다.

대외 제출용 제안서는 공공기관이나 기업에서 발주한 프로젝트를 수주하기 위하여 제안업체의 개발 경험이나 기술적 특징들을 체계적으로 정리하여 제출하는 문서를 말한다. 일반적으로 공공기관이나 기업에서 프로젝트를 발주할 때에는 공개입찰을 하거나 공개공모를 하게 되는데 이 때 입찰이나 공모에 참여하는 업체나 기관을 평가하기 위하여 사전에 해당 발주처가 해당 프로젝트를 어느 정도 이해하고 있으며, 해당업체의 기술력이 어느 정도인지, 그리고 어떠한 전략과 예산으로 프로젝트를 추진할 것인가를 파악하기 위해 '제안요청서(RFP)'라는 것을 제시하게 된다. 이 제안요청서에는 연구의 목적 및 목표, 연구내용, 추진전략, 추진체계, 예산, 기대효과 등 프로젝트에 대한 이해의 정도와 프로젝트를 수행하려는 기관이나 업체의 기술수준, 단계별 프로젝트의 추진 일정 등 프로젝트의 수행에 관한 기본적인 정보를 파악할 수 있는 여러 항목들이 포함되어 있다. 이런 절차로 진행되는 프로젝트는 예산 규모가 크고 대규모 프로젝트여서 몇몇 업체가 컨소시엄을 이루어 제안에 참여하기도 한다. 공개입찰이나 공개공모에 참여한 기업이나 기관이 사전에 제시된 제안요청서에 맞추어 제안서를 충실히 작성하여 제출하게 되면 프로젝트 발주 기관이나 업체는 각 업체로부터 제출된 제안서를 받아 평가기준에 따라 엄정하게 평가하게 되고, 최종 선택된 제안서를 작성한 업체와 계약을 체결하게 된다.

제안서 작성시 고려해야 할 사항은 제안서를 읽을 고객을 고려하여 제안서가 작성되어야 한다는 것이다. 여러 기관이나 업체가 공모에 참여하여 경쟁하는 관계로 RFP상에서 요구하고 있는 요구사항을 충분히 조사분석하여 요구한 사항을 기재해야 하며, 그에 대한 획기적인 아이디어나 기술을 통해 해당 과제를 성공적으로 수행할 수 있음을 보여주어야 한다.

제안서 작성시 고려해야 할 사항은 다음과 같다.

- 제안자는 제안요청서(RFP)를 참조하여 각 항목별로 구분하여 제안서를 작성하여야 한다.
- 제안요청 내용을 명확히 파악하고 해당 과제의 정확한 분석을 통한 업무파악과 추진전략, 과제범위 및 내용들을 명확하게 기술하여야 한다.
- 제안목적 및 범위를 명확하게 기술하고 타 제안업체에 비하여 차별적으로 비교우위에 있는 사항을 기술한다.
- 제안서는 제안요구사항을 최대한 충족하고 꼭 필요한 사항 위주로 간단·명료하게 작성한다.
- 제안서의 내용은 명확한 용어를 사용하여 표현하여야 하며, "～할 수도 있다", "～이 가능하다", "～을 고려하고 있다", "～에 동의한다" 등과 같은 모호한 표현은 피한다.
- 제안내용의 근거자료 및 참고자료 등을 첨부하여야 하며, 허위 또는 단순한 예상으로 작성해서는 안 된다.

제안서 목차 및 작성지침(예시)은 다음과 같다.

작성항목	작 성 방 법	비고
Ⅰ. 제안개요		
1. 제안목적	- 제안의 배경, 목적, 의미, 특징 등을 간략하게 기술 - 제안사업의 필요성 기술	
2. 제안범위	- 제안기술, 장비 및 서비스에 대하여 개괄하고, 제안의 범위에 대하여 기술	
3. 제안의 특징 및 장점	- 제안사의 제안내용에 대한 기술적 전략, 주요적용기술, 향후 지원 방안 등 제안내용의 특징, 장점에 대하여 상세히 기술 - 제안사의 제안내용이 기술적, 운영적 측면 등 전반적인 면에서 제안요청기관의 사업수행에 필요한 이유 등을 기술	
Ⅱ. 제안사 현황		
1. 일반현황	- 제안사의 일반현황, 주요연혁, 재무현황 등 (최근 3년간의 자본금, 부채비율 및 부문별 매출액을 명료하게 제시)	
2. 조직 및 인력	- 제안사의 조직 및 인원현황 - 참여인력 이력(학력, 경력, 자격증 등) 현황 첨부	
3. 주요사업실적	- 동 사업과 유사한 제안사의 주요 사업실적을 제시 (규모, 실적 수 그리고 해당 년도)	서식 1호 서식 2호
4. 주요사업내용	- 제안사의 주요 사업내용을 분야별로 구분하여 제시	
Ⅲ. 사업추진방안		
1. 사업추진방향	- 사업 수행 방향	
2. 중소기업정보화구축사업	- 중소기업정보화구축사업 원가계산 기준 및 방법과 사업수행 방법 등 기술	
3. 생산정보화사업	- 생산정보화사업 원가계산 기준 및 방법과 사업수행 방법 등 기술	
Ⅳ. 사업관리부문		
1. 사업추진체계	- 본 사업을 수행할 조직과 업무분장 내용 및 투입인력을 상세히 제시	
2. 추진일정	- 사업 추진일정 제시	
Ⅴ. 추가 제안사항	- 제안사가 본 사업의 목적에 비추어 추가 제안 사항 등 제안	

다음의 [첨부3]은 수요조사 제안서 및 작성예시이다.

[첨부3] 수요조사 제안서 및 작성예시

수요조사 제안서

<table>
<tr><td>제 안 자</td><td>소속</td><td></td><td>직위</td><td></td><td>성명</td><td></td></tr>
<tr><td>연 락 처</td><td>전화</td><td></td><td>팩스</td><td></td><td>e-mail</td><td></td></tr>
<tr><td>사 업 명</td><td colspan="6">기업협동형 기술개발사업 - 전략과제</td></tr>
<tr><td>분야</td><td colspan="6">※ 수요조사 대상 목록표 우측 분야 중 택일하여 작성</td></tr>
<tr><td>융합기술</td><td colspan="6">※ 수요조사 대상 목록 A11～H21 중 번호를 택일하여 작성</td></tr>
<tr><td>제안과제</td><td colspan="6">※ 상기 융합기술(분야 아님)과 관련하여 제안하는 과제 명기</td></tr>
<tr><td>최종목표</td><td colspan="6">※ 상기 융합기술(분야 아님)과 관련된 최종목표 명기</td></tr>
<tr><td rowspan="5">제안과제의 융합기술범위</td><td colspan="2">관련업종
※ 산업기술분류체계 참조하여 중분류까지 작성</td><td colspan="3" rowspan="2">핵심요소기술</td><td rowspan="2">기여도</td></tr>
<tr><td>대분류</td><td>중분류</td></tr>
<tr><td></td><td></td><td colspan="3">※융합기술을 개발하기 위한 관련업종별 기술 명시</td><td>%</td></tr>
<tr><td></td><td></td><td colspan="3">※융합기술을 개발하기 위한 관련업종별 기술 명시</td><td>%</td></tr>
<tr><td></td><td></td><td colspan="3">※융합기술을 개발하기 위한 관련업종별 기술 명시</td><td>%</td></tr>
<tr><td>제안과제의 필요성</td><td colspan="6">※ 제안기술의 경제적·산업적 중요성과 이에 따른 개발의 필요성을 구체적으로 서술
1. 경제적 중요성
2. 산업적 중요성</td></tr>
<tr><td>제안과제의 개발내용</td><td colspan="6">※ 최종 목표를 달성하기 위한 개발내용을 가급적 구체적으로 작성</td></tr>
<tr><td>예상개발기간</td><td colspan="6">년 (개월)</td></tr>
<tr><td rowspan="2">예상총개발비</td><td colspan="6">1차년도 : 정부출연금 백만원, 민간부담금 백만원
※ 연간 정부출연금은 200백만원 이하이어야 함</td></tr>
<tr><td colspan="6">2차년도 : 정부출연금 백만원, 민간부담금 백만원</td></tr>
<tr><td>키워드(5개)</td><td colspan="6">※ 기술개발내용의 주요 키워드를 중요도 순으로 5개 명기</td></tr>
<tr><td>국내·외 기술동향</td><td colspan="6">※ 제안기술에 대한 국내외 기술수준, 개발현황, 문제점 및 향후전망 등을 서술</td></tr>
<tr><td>국내·외 특허동향</td><td colspan="6">※ 제안기술에 대한 국내외 특허 동향 등을 서술
(제안기술과 관련된 특허 보유시 반드시 기재)</td></tr>
<tr><td>개선 및 파급효과</td><td colspan="6">※ 제안기술의 개선 및 향상효과, 다른 기술에의 파급효과 등을 서술</td></tr>
</table>

수요조사 제안서

<table>
<tr><td>제 안 자</td><td>소속</td><td>한국대학교</td><td>직위</td><td>교수</td><td>성명</td><td>김한국</td></tr>
<tr><td>연 락 처</td><td>전화</td><td>02-355-3333/
010-333-3335</td><td>팩스</td><td>02-355-3334</td><td>e-mail</td><td>hankuk@</td></tr>
<tr><td>사 업 명</td><td colspan="6">기업협동형 기술개발사업 - 전략과제</td></tr>
<tr><td>분야</td><td colspan="6">에너지·환경 소재</td></tr>
<tr><td>융합기술</td><td colspan="6">A45, IT 제품용 슬림형 방열소재 조성 설계 및 나노복합화 기술</td></tr>
<tr><td>제안과제</td><td colspan="6">전자부품용 슬림형 방열소재 개발</td></tr>
<tr><td>최종목표</td><td colspan="6">5W/m·k급 IT 제품용 슬림형 방열 복합소재</td></tr>
<tr><td rowspan="5">제안과제의
융합기술범위</td><td colspan="2">관련업종</td><td colspan="3" rowspan="2">핵심요소기술</td><td rowspan="2">기여도</td></tr>
<tr><td>대분류</td><td>중분류</td></tr>
<tr><td>전기전자(20)</td><td>전기전자부품(06)</td><td colspan="3">부품특성 및 내구수명, 피로수명 평가</td><td>20%</td></tr>
<tr><td>섬유화학(40)</td><td>고분자재료(05)</td><td colspan="3">고내구성 매트릭스 formulation 기술</td><td>30%</td></tr>
<tr><td>섬유화학(40)</td><td>세라믹재료(12)</td><td colspan="3">고열전도 무기필러표면처리 및 유무기균일분산기술</td><td>50%</td></tr>
<tr><td>제안과제의
필요성</td><td colspan="6">1. 산업적 중요성
- 디지털기기의 성능향상과 집적화가 동시에 진행되면서 기기 사용 중 발열이 성능에 미치는 영향이 더 커짐. 기존의 발열원에 접촉하는 금속방열판 구조설계 및 대체금속소재, 페이스트고정 등으로 방열효과를 개선하는 것에는 한계가 있음
- 고열전도도를 갖는 무기필러를 고분자와 복합화한 방열패드의 적용으로 방열효율을 극대화하고 동시에 진동 및 충격을 상쇄하여 기계적 손상에 의한 손실도 방지
2. 경제적 중요성
2004년 PDP 제품적용으로 시작된 신규시장으로 2006년 국내시장 100억원 규모로 성장하였으며 관련응용제품의 확대(연평균 30%성장)로 급격한 신장이 예상됨.</td></tr>
<tr><td>제안과제의
개발내용</td><td colspan="6">○ 고전도율 소재 선정 및 균일분산 기술(열전도도 복합체 기준 5 W/m·k 이상)
- 고전도율 무기입자 사이즈 및 분포제어, 표면처리 등 분산향상 기술
○ 고내구성 고분자매트릭스 조성 및 배합기술(무기필러함량 70% 이상)
- 미반응 실록산저중합체(LMWS) 함량 최저화
○ 제품의 신뢰성향상 및 평가기술
- 열노화에 대한 경도 경시변화 억제기술
- 온도사이클 시험에 의한 수명보증시험 및 가속시험 기술</td></tr>
<tr><td>예상개발기간</td><td colspan="6">2년(24개월)</td></tr>
<tr><td rowspan="2">예상총개발비</td><td colspan="6">1차년도 : 정부출연금 200백만원, 민간부담금 100백만원</td></tr>
<tr><td colspan="6">2차년도 : 정부출연금 200백만원, 민간부담금 100백만원</td></tr>
<tr><td>키워드(5개)</td><td colspan="6">방열패드, 고열전도도, 실리콘, 무기필러, 복합화</td></tr>
<tr><td>국내·외 기술동향</td><td colspan="6">○ 기존 국내 실리콘 성형업체들인 H사, D사 등에서 유사기능 제품 출시하였으나, 세라믹충진재·고분자의 mismatch, 성능 및 내구성향상이 필요함. 복합기술을 기초로 한 신생업체 A사, H사 등에서 요구물성에 근접한 제품 생산 중
○ 3M사, Mochida사, Dow corning사 등은 우수한 원료기술을 기반으로 관련제품을 개발하고 국내에 현지공장을 설립하는 등 영업활동에 착수함</td></tr>
<tr><td>국내·외 특허동향</td><td colspan="6">○ 일본 : 고전도율 세라믹을 80%까지 복합화하는 기술 보유</td></tr>
<tr><td>개선 및 파급효과</td><td colspan="6">○ 국산 IT 제품의 방열특성향상 등으로 고급화전략에 기여
○ IT 제품 응용뿐 아니라 250℃도 이하 중저온 대역의 방열소재를 적용하는 산업에 광범위하게 적용.</td></tr>
</table>

아래 표는 한국과학재단에서 공모한 특정기초연구지원사업의 평가항목 및 배점 현황표이다.

과제 수요조사 제안서 작성방법

1. **제안 개요**
   - 제안기술명 : 제안하는 과제의 가장 핵심적인 내용을 표현
   - 표준화사업분류/관련위원회/산업기술분류* : 수요조사 공고문의 수요조사 범위 및 첨부를 참조하여 작성
     * 향후 제안서 선정시 산업기술분류별로 검토예정이며 산업기술분류 미기입 및 오류로 인해 선정시 불이익을 볼 수 있음
2. **사업목표 및 내용** : 제안하는 과제의 최종목표와 연도별 사업목표를 제시하고 목표달성을 위해 수행해야 하는 사업의 내용을 기술적 측면에서 명확성이 유지되도록 개조식으로 서술하고, 주목표*(표준안 개발 등)와 부목표*를 구별하여 기재하되, NP채택 및 ISO·IEC·KS 등 제정건수를 정량적·단계별***로 명확히 서술
   * 표준안개발 목표는 국가표준, 국제표준 등의 표준안이 동일안인 경우 1건으로 기입
   ** 국제표준화회의 참석 및 개최, PL·컨비너·의장간사 수임, TC·SC·WG 등 신규 설립
   *** ○○○국제표준 채택(1차 : 10.99, 2차 : 20.99, 3차 : 30.99, 4차 : 40.99, 5차 : 50.99)
   International harmonized stage codes 참조 : 10.99(New Project approved), ~, 50.99(FDIS approved for publication) 등
   ○○○국내표준 제정(1차 : KS상정, 2차 : KS제정)
3. **사업필요성**
   - 제안과제의 기술, 경제, 산업적 중요성에 따른 사업의 필요성을 구체적이고 세부적으로 기술하여 핵심적 내용이 부각되도록 서술
   - 국내·외 기술개발 동향 및 수준, 문제점 및 향후 전망, 본 과제의 차별성(창의성) 및 난이도를 가능한 한 객관적이고 구체적으로 서술
4. **기대성과**
   - 사업의 완료시 예상되는 파급효과를 기술적 측면에서는 기술의 향상, 다른 기술의 파급효과 등으로 서술
   - 경제적·산업적 측면에서의 시장창출, 무역장벽 해소, 비용절감 등의 경제적효과와 관련 산업에 미치는 영향 등 산업적 효과를 서술
   - 사업결과의 향후 상용화, 표준을 활용하는 산업체에 도움이 되는 기반구축 등 활용방안을 구체적으로 서술
5. **추진체계** : 주관기관 및 참여기관의 추진체계 체크
6. **기타 유의사항** : 수요조사 제안서는 2쪽 이내로 작성하고 '유사과제 수행내용 및 유사표준 검토'는 반드시 확인 후 해당사항 있을시 2쪽 이내로 기입

[별첨 1]

2023년도 국가표준기술력향상사업 과제 수요조사 제안서

1. 개요

<table>
<tr><td colspan="2">제안기술명</td><td colspan="5"></td></tr>
<tr><td colspan="2">표준화 사업분류</td><td colspan="2">표준화 연구개발 ( )</td><td colspan="3">표준화 기반조성 ( )</td></tr>
<tr><td colspan="2">관련 위원회</td><td colspan="2">기술심의회명 :</td><td colspan="3">전문위원회명(관련 TC, SC) :</td></tr>
<tr><td colspan="2" rowspan="4">산업기술분류</td><td colspan="5">대분류</td></tr>
<tr><td colspan="5">ex. 전기·전자</td></tr>
<tr><td colspan="2">중분류</td><td colspan="3">소분류</td></tr>
<tr><td colspan="2">ex. 반도체소자 및 시스템</td><td colspan="3">ex. SoC</td></tr>
<tr><td rowspan="2">연구비</td><td>구분</td><td>1차년도</td><td>2차년도</td><td>3차년도</td><td>4차년도</td><td>합 계</td></tr>
<tr><td>정부출연금
(백만원)</td><td></td><td></td><td></td><td></td><td></td></tr>
<tr><td colspan="2">총사업기간(년)</td><td colspan="5">(총 년)</td></tr>
<tr><td colspan="2">제안자/제안기관</td><td colspan="5"></td></tr>
</table>

2. 사업목표 및 내용

최종목표	
연차별 사업 목표 및 내용	

3. 사업 필요성

필요성	
국내·외 기술개발동향 및 수준	
국내·외 표준개발동향 및 수준	

4. 기대성과

파급효과	
활용방안	

5. 추진체계

주관기관	산업체( ) 대학( ) 연구소( ) 기타 ( )
참여기관	산업체( ) 대학( ) 연구소( ) 기타 ( )

아래의 [첨부]는 수요조사 제안서 및 작성예시이니 참고하기 바람.

[첨부] 2023년 파괴적 혁신 R&D 설계기획사업 기술 수요조사

□ 개요

사업명	파괴적 혁신 R&D 설계기획사업(지식서비스산업기술개발 내역)			
산업기술분류* (대분류)	□ 기계·소재	□ 전기·전자	□ 정보통신	□ 화학
	□ 바이오·의료	□ 에너지·자원	□ 지식서비스	□ 세라믹
과제명 (후보테마명)	*예시) 날개 없는 선풍기*			

□ 의견 제안자

성 명	*홍길동*		
소속기관명	*○○○대학교, ○○○연구소*	직위	*교수*
휴대전화	*010-000-0000*	유선전화	*02-000-0000*
이메일주소	*abcded@naver.com*		

□ 제품·서비스 품목의 아이디어 제안

아이디어 제안과 관련하여 정해진 양식은 별도로 없으며, 전문용어·학술용어는 최대한 배제하여 누구나 이해하기 쉽고 간결하게 제시바랍니다. (아래 예시의 작성 항목은 필수 작성 항목은 아니며, 연구자분들의 기술 수요조사 작성에 도움을 주고자 제시하였습니다.)

예시) 품목명 : 날개 없는 선풍기

- *(이슈, 문제제시) 여름철 어린이 선풍기 손가락 끼임 사고 등 위험 요인 多, 선풍기 형태 제한, 위생 문제, 소음 문제 등*
- *(새로운 시각) 날개 없이 냉풍을 생성하는 법?*
- *(제품개념화) 모터 구상, 형태 구현 등 현실가능성 검토 및 스펙제시*
- *(기능분석) 과학공학적 원리를 이용한 구성요소, 세부기능 도식화*
- *(실현성 검증) 시뮬레이션 등을 활용하여 실현 가능성 평가*
- *(문제해결) 시뮬레이션 및 프로토타입(시제품) 제작, 개념특허 출원*

파괴적 혁신 R&D 설계기획사업 설명자료(요약)

1. 사업 개요

□ **(목적)** 기존 제품 구현방식에 얽매이지 않고, 새로운 방식의 제품·서비스의 개념설계, 기능 정의, 타당성 검증 등을 수행하는 파괴적 혁신 R&D

□ **(총사업기간)** 2023년～2027년 (총 5년)

□ **(총사업비)** 약 87.5억원 (국비 70억원)

- **(과제당 사업비)** 단계경쟁을 통해, 1단계(0.5년, 0.5억원), 2단계(1년, 2억원) 지원

2. 사업 특징

□ **(정의)** 5～10년 內 산업적 파급효과가 큰 미래유망산업 전략제품에 대한 'Concept Design' 지원

□ **(중요성)** 제품·시스템의 성능과 완성도를 결정하는 초기 단계로 **생애주기 단계 기준 약 70% 규모 비용을 차지**(중요도 높음)

- 개념설계 단계에서 해결하지 못한 채 기본설계 단계에 진입하면 개발에 소요되는 기간 및 비용이 높아짐
- 다양한 시스템융합 제품 등 시스템의 구조가 복잡해지는 트랜드 상황에서 개념설계의 **가치(중요성) 및 비중은 높아지는 추세**

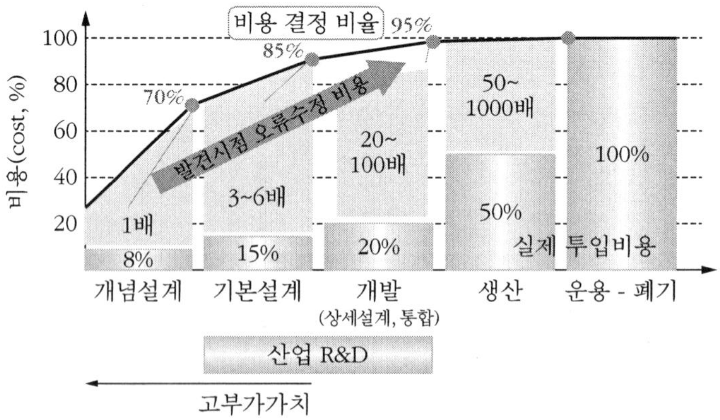

출처: INCOSE Handbook, pp 13 (Committed life cycle cost against time)

참고 1 파괴적혁신 R&D과제 예시

우주발사체 [SPACE X]		
우주발사체 재활용	기존 방법	새로운 시각
	[개발배경 및 현황] • 위성 등을 우주로 운송하는 비용은 매우 고가이며, 고가인 이유는 발사체가 1회용이기 때문 • 발사체 등을 재활용 * 팰컨9 1회 발사 약 5,000~6,000만 달러 중 연료비 : 50만 달러, 로켓 : 1,000만 달러 이상) • 기술개발 소요기간 : 약 10년 * '02년 SpaceX 설립, '10년 첫 비행, '13년 Rapter시험	[우주발사체 재활용은 안 될까?] • 우주발사체(로켓) 재사용으로 발사비용 10분의 1로 절감 • 소형위성 발사체 공유 시장(Small SAT rideshare program) 형성 (발사비 kg당 5,000달러 수준) [기술개발개념] • 엔진개념 : 최초 단일 챔버 엔진(Merlin)의 여러 개념 개발 및 시험 → 다중엔진(Raptor)로 진화 • 자세제어(Grid Fin 활용), 역추진 기술
스마트폰 [애플]		
스마트폰	기존 방법	새로운 시각
	[개발배경 및 현황] • 통신수단이 유선전화에서 휴대전화로 진화 • iPod : 휴대용 미디어 플레이어 존재 • iPod을 하나의 앱으로 생각하고 다른 앱을 추가할 수 있다는 발상전환	[모든 기능을 하나로 할 수는 없을까?] • 애플은 아이폰, 전화, 인터넷, 컴퓨터를 하나의 기기로 통합, 앱스토어 장터를 만들어 이용자들이 생산자로서 참여하는 거대한 어플리케이션 생태계라는 새로운 개념을 제시. 이동통신 분야의 새로운 개념 설계 [시장현황 및 파급력] * 기존 전화시장은 사라지고 스마트폰 시장 창출, 반도체 SIP 기술
플랫폼 시장 [다양한 분야의 Tech기업]		
Platform	기존 방법	새로운 시각
Uber 당근마켓 coupang	[개발배경 및 현황] • 인터넷 및 전자상거래의 일상화 • 온라인상의 거래 신뢰 확보 • 단순 배달앱을 비롯한 웹기반 플랫폼 시장 등장 • 웹기반 플랫폼 시장이 Uber, 당근마켓, 쿠팡 등 공유경제와 융합하여 새로운 플랫폼 시장 확장 • 지난 10년 간 다양한 형태의 플랫폼이 출현하면서 기존 산업의 가치 사슬이 바뀌고 새로운 시장이 창출 • 창의적 아이디어를 개념설계로 구현하여 빠르고 정확하게 분석 후 구현	[스마트폰 시대!, 사용자가 쉽게 접근하는 플랫폼은?] • 플랫폼 비즈니스 성공의 핵심 키워드는 '선점'과 '혁신' • 증강현실(AR)·핀테크·인공지능(AI)첨단 기술과의 결합 [신시장 창출] • 여전히 확장 가능 영역 많으며, 플랫폼 기반 신시장 창출 가능성 높음 예) 개념설계 지원 플랫폼 기술 (ios 및 안드로이드 기반 APP 설계기술 등)

12.3 기획서

기획이란 사전적 의미로는 '생각하는 바를 그려내는 일'이다. 좀 더 구체적으로 정의하면, 사업 창조 아이디어, 사업환경 개선 아이디어, 사업발전 아이디어 등 사업과 관련된 자신의 생각을 구체화하여 실현 가능한 제안으로 전개시키는 작업을 가리킨다. 현상에 만족하지 않고 문제의식을 가지고 끊임없이 발전을 지향하는 사람이라면 누구나 기획에 큰 관심을 가지고 있다. 요즘은 기획, 마케팅, 홍보는 말할 것도 없고 영업, 관리 등 모든 분야에서 기획서를 써야 한다. 직장인이라면 단순 업무를 수행하는 것에 그치지 않고 적극적으로 아이디어를 끌어내고 기획해 문서형태로 만들어 제출하는 기획서를 작성하는 능력이 필요하다. 기획서 하나로 능력을 인정받기도 하고 무능한 사람으로 낙인찍히기도 한다. 특히 비즈니스의 세계에서는 혼자서 모든 일을 다 할 수 없기 때문에 많은 사람들을 설득하여 지원과 협조를 얻어내는 일이 매우 중요하다. 다른 사람을 설득하여 지원과 협조를 얻어내기 위해서는 일목요연하면서도 상대를 설득할 수 있는 탁월한 기획서 작성이 필수적이라 할 수 있다.

기획서의 작성 목적은 상대를 설득해 그것이 채택되도록 하는 것이다. 채택되지 않는 기획서는 무의미하다. 상대를 설득하고 그것이 채택되도록 하기 위해서는 우선 상대방이 읽게 만들어야 하므로 무엇보다 눈에 확 띄는 기획서를 써야 한다. 그러기 위해서는 그래프나 차트, 이미지 등을 적절히 활용하여 시각적인 효과를 꾀하거나 기획의 이점을 뒷받침 해주는 조사 자료 등을 별도의 용지에 정리해서 첨부하면 설득력이 보다 높아질 수 있다. 또한 읽는 사람을 배려해 가능하면 지나치게 여러 장으로 기획서를 작성하지 말고 짧지만 상대방을 설득할 수 있는 요소를 명료하게 담아 빠른 의사결정을 유도할 수 있어야 한다. 그리고 시간이나 비용 등 여러 측면에서 상당한 효과나 이득을 볼 수 있다는 사실을 보여줌으로써 상대의 관심을 끌 수 있어야 한다. 채택되는 기획서가 되기 위해서는 흥미로운 내용을 담고 있어야 한다. 흥미를 유발하는 기획서 작성의 포인트로는 이전에는 없는 새로운 방법임을 보여주는 참신성과 비용절감 효과, 고효율 실현 가능성 등 여러 장점과 기대효과를 구체적으로 제시함으로써 상대의 흥미를 끌어낼 수 있어야 한다.

기획서는 보통 기획의 취지, 기획의 목적, 기획의 내용, 예상비용, 기대효과 등으로 구성하는 것이 바람직하다. 먼저 기획을 세우게 된 이유를 설명하고, 기획의 의도와 목적이 무엇인지 명료하게 제시한다. 다음으로 기획의 구체적인 내용을 기술하되 요점을 항목별로 정리하는 것이 좋다. 비용의 견적을 상세하게 제시하거나 조사 데이터를 첨부해서 기획 내용의 설득력을 높이는 것도 필요하다. 마지막으로 기획안의 도입시 어떠한 효과를 기대할 수 있는지 실현했을 때의 효과와 이점을 구체적으로 제시한다. 필요시 해당 내용을 확인할 수 있는 증빙자료나 참고자료를 첨부한다.

12.4 품의서

품의서는 이미 진행된 사안이나 진행할 사안에 대해서 보고 및 그 결과에 따른 조치사항에 대한 허락을 위한 서류이다. 보통 조직내에서 업무상 필요한 물건의 구매를 위해 작성한다고 보면 된다. 가령 컴퓨터를 구입하고자 할 때 품의(상신)하여 윗사람의 동의를 구하는 행위에 대한 서식이 품의서인 것이다. 이 때 물품명, 수량, 단위, 예상가격, 사용처 등이 기재되어야 한다. 품의서는 업무담당자가 어떤 일을 추진하기 위하여 다수의 부문, 다수의 결재자의 승낙이 필요한 경우에 결재를 얻기 위해서 작성하는 사내용 회람식의 기안문서이다. 어떠한 조직이든 조직내에는 각각의 직책에 대한 권한과 책임을 사전에 부여해 놓은 규정이 있는데, 품의서는 자신에게 부여된 권한범위 내에서 해결할 수 없는 일을 하기 위해 상사의 권한과 자원을 사용할 수 있도록 허락을 받고 지원을 약속받기 위한 문서라고 할 수 있다. 따라서 품의서 결재를 받고나면 품의서의 기안대로 필요 비품이나 물품을 구입하는 권한을 행사할 수 있게 된다. 품의서는 대부분 회사의 서류양식으로 정해져 있으며, 업무의 증거로 남기 때문에 오류 없이 작성되어야 하며, 실행 후 결과 보고도 이루어져야 한다.

품의서는 내용면에서 크게 두 가지로 나뉜다. 하나는 일상 업무에 관한 것이고 다른 하나는 금전적인 면에 관한 것이다. 전자는 비품이나 필요 물품의 구입 등을 말하고 후자는 기부금 지출이나 특별 지출 등이 필요할 때 사용한다.

이 두 가지 모두 품의서를 통과시키기 위해서는 결재를 얻은 후의 실행하고자 하는 의지를 보여주는 구체적인 내용이 담겨 있어야 한다. 복수의 견적을 제시하거나 충분히 조사 분석한 자료를 첨부하거나 관계자와 사전 조율이 되어 협력 요청이 가능하다는 것들을 어필하면 설득력이 높아진다.

품의서 작성은 보통 6하 원칙에 근거해서 작성하며, 몇 단계를 거쳐 결재가 이루어지는 문서인 만큼 요점을 벗어나는 일이 없도록 주의해야 한다.

연습문제

1. 기획서와 제안서의 차이점에 대하여 설명해 보라.

2. 기획서를 작성할 때 지켜야 할 원칙에 대하여 설명해 보라.

3. 제안서에 포함되어야 할 사항을 설명해 보라.

4. 품의서에 포함되어야 할 사항을 설명해 보라.

5. 미래성장유망 분야의 사업화 기술개발을 통한 성장동력 창출을 위해 필요한 유망 기술과제에 대한 수요조사 제안서를 작성해 보라.

6. 자신이 속한 조직에 필요한 신규사업 기획서를 한 가지 작성해 보라.

7. 자신이 속한 조직에서 필요한 물품 구입을 위한 품의서를 한 가지 작성해 보라.

제 IV 부
공학문서 발표

제 IV 부
공학문서 발표

13장
발표문서의 작성

최근 산업체에서는 대학 졸업자들에 대해 전공분야에 대한 해박한 전문지식의 습득과 함께 자신의 지식과 생각을 다른 사람들에게 효과적으로 전달하고 이해시킬 수 있는 발표(PT; presentation) 능력에 대한 중요성을 강조하고 있다. 특히 어려운 수학과 물리학 등의 기초과학에 기반한 응용학문을 공부하는 공학분야의 학생들에게는 전공분야에 대한 깊고 폭넓은 전문지식은 물론 전공지식을 기반으로 하는 현실의 문제들에 대한 공학적 해결방법들을 같은 전공분야의 사람들에게는 물론 경우에 따라서는 비전공분야의 사람들에게 효과적으로 전달할 수 있는 발표 능력을 많이 요구하고 있다.

일반적으로 기업의 마케팅이나 상품홍보를 위한 경우, 발표는 약속된 시간 내에 목표한 내용을 정확하고 설득력 있게 전달하여 듣는 사람들로 하여금 발표자가 의도한대로 판단하고 의사결정을 하도록 유도한다. 반면에 공학분야에서의 발표는 공통의 관심사항인 특정 주제에 대해 발표자가 연구한 결과들이나 기존의 연구 결과들을 파악하여 발표자의 관점에서 정리된 내용을 듣는 사람들에게 정확하게 전달하여 이해시키고, 이를 통해 경우에 따라서는 논쟁과 토론 등을 통해 상호 발전을 도모한다. 마케팅/홍보분야의 발표와 공학연구 분야의 발표에서와 같이 발표는 그 관심분야에 따라 발표의 성격과 목표가 다르지만 기본적으로 발표가 성공적이라는 평가를 받기 위해서는 발표자가 의도한 발표내용을 그 발표를 듣는 사람들에게 정확하게 전달해야 한다는 점에서는 같다.

세상의 모든 일들이 그러한 것처럼, 성공적인 발표를 위해서는 사전의 치밀한 하고 충분한 준비와 연습이 필요하다. 특히 발표경험이 그리 많지 않고 아직은 배우는 과정에 있는 공과대학 학생들에게서는 이러한 발표준비를 얼마나 정성껏 수행하고, 충실하게 연습하는지가 발표의 성공을 가늠하는 중요한 요소가 된다. 이 장에서는 일반적인 발표의 준비과정을 설명하고, 특히 발표문서를 효과적으로 작성하는 방법에 대해 알아본다.

13.1 발표의 준비과정

성공적인 발표를 위해서는 치밀하고 충실한 준비가 필요하다. 특히 공학분야에서와 같이 전문적인 지식을 다루는 분야에서의 성공적인 발표를 위해서는 발표를 하기에 앞서 해당 전문분야의 전공지식에 대한 정확하고 심도 깊은 이해와 이를 기반으로 한 충분한 사전 준비를 해야 한다. 발표의 준비는 발표 주제에 대한 정확한 지식의 습득과 이해도 필요하지만 습득된 지식을 어떻게 효과적으로 전달할 것인지에 대한 충분한 고민과 사전 준비가 필요하다. 이처럼 발표를 통해 내용을 어떻게 효과적으로 전달할 것인지를 구상하는 과정을 “발표 준비” 또는 “발표 기획”이라고 한다. 일반적으로 성공적인 발표의 준비 과정은 그림 13.1에서 보는 바와 같이, 1) 충분한 자료준비와 발표 계획 수립, 2) 수립된 발표계획을 고려한 효과적인 발표문서의 작성, 3) 준비된 발표문서를 설득력 있게 전달할 수 있는 발표 시나리오의 구상 및 준비, 4) 충분한 발표연습 및 돌발상황에 대한 예측 및 대비 등의 과정으로 이루어진다.

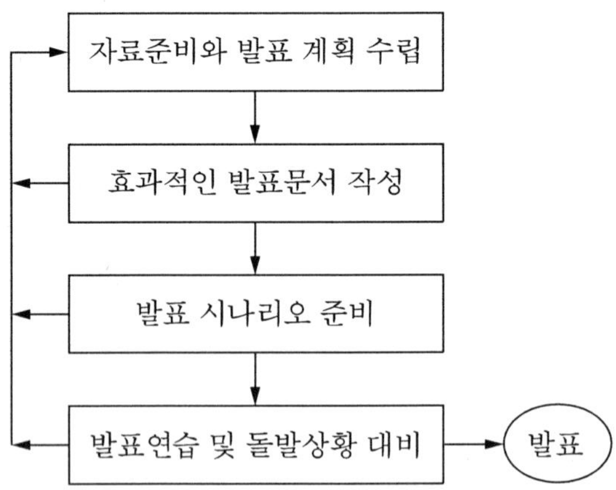

그림 13.1 성공적인 발표를 위한 준비 과정

13.1.1 자료준비와 발표 계획 수립

성공적인 발표를 위해서는 발표주제에 대한 정확한 이해를 토대로 관련 지식들을 습득하고, 자료들을 충분히 확보하여 분석하고 이해해야 한다. 그리고 이렇게 준비된 발표내용을 효과적으로 전달하기 위한 방법에 대한 계획을 수립해야 한다. 일반적으로 발표 계획은 발표의 성격과 발표 시간, 그리고 발표를 듣는 대상자들의 관심도와 특성, 발표 수단 등에 따라 적절하게 고려해야 한다.

일반적으로 공학분야에서의 발표는 연구결과의 발표, 프로젝트 결과의 발표, 연구계획의 발표, 공학 관련 신기술의 발표 등과 같이 일반적으로 특정 전공분야에 대한 공통의 전문적인 관심을 가지고 있는 사람들을 대상으로 하고, 기본적으로는 제한된 시간 내에 핵심적인 지식을 정확하게 전달해야 하는데, 이러한 점은 듣는 사람의 감동을 도모하거나 감성을 자극하여 의도된 메시지를 전달하려는 일반적인 홍보를 위한 발표와는 발표의 목적에서 약간의 차이가 있다. 그러나 발표의 목적이 주어진 시간 내에 의도된 내용을 효과적으로 전달해야 한다는 점에서는 공학분야에서도 예외가 없다.

13.1.2 효과적인 발표문서 작성

발표계획을 수립하고 나면, 이를 토대로 발표과정에서 사용할 발표문서를 효과적으로 작성해야 한다. 일반적으로 발표문서는 발표자가 해당 발표를 얼마나 충실하게 준비했는지를 간접적으로 나타내기 때문에 발표문서를 성의껏 잘 작성하게 되면 발표시에 발표를 듣는 사람들로부터 우선하여 발표자에 대한 신뢰를 얻을 수 있게 된다.

발표문서의 준비는 발표환경 즉, 전달수단에 따라 달라질 수 있는데, 예전에는 차트(chart)를 이용한 발표, OHP(overhead projector)를 이용한 발표 등이 많이 사용되었지만 최근에는 컴퓨터를 이용한 발표, 특히 마이크로소프트사의 파워포인트(powerpoint)와 같은 발표용 전문소프트웨어와 빔 프로젝터(beam projector)를 이용한 발표가 보편화되고 있다. 이외에도 슬라이드(slides)를 이용한 발표나 동영상 비디오 발표 등 특정의 전문영역에서 선호되는 발표방법들도 있다. 최근 대부분의 기업이나 대학에서는 파워포인트와 같은 전문적인 발표용 컴퓨터 소프트웨어와 빔 프로젝터 설비를 갖춘 발표환경을 구축하고 있는 것이 일반적이다. 따라서, 이 장에서는 이러한 발표환경을 기준으로 해서, 발표문서를 효과적으로 작성하는 방법에 대해 다룬다.

13.1.3 발표 시나리오 준비

발표문서를 준비하고 나면 다음으로는 준비된 발표문서를 어떤 순서로, 어떻게 전달할 것인지를 고려하여 발표 시나리오를 구상해야 한다. 특히 경험이 많지 않은 발표자의 경우에는 많은 사람 앞에 서서 발표를 하게 될 경우, 긴장을 해서 준비된 발표문서의 내용을 제대로 설명하지 못하게 되는 경우가 많게 된다. 따라서, 준비된 발표문서를 효과적으로 발표하기 위해서는 반드시 발표문서의 첫 페이지부터 마지막 페이지까지 각 페이지를 어떻게 설명할 것인지를 미리 계획해야 하는데, 이것은 마치 연극배우가 무대에서 1인 연극을 하기 위해 연극의 시작부터 끝까지의 모든 과정에 대한 시나리오를 준비하는 것과 같다고 할 수 있다.

특히 공학분야와 같은 논리적 설득이 중요한 발표에서는 발표 시나리오를 준비할 때에는 발표문서의 각 페이지의 내용을 어떻게 논리적이고 효과적으로 전달할 것인지도 계획해야 하고, 특히 전체 발표과정에서 발표문서의 페이지들 사이의 논리적인 전개순서를 어떻게 할 것인지를 미리 점검하여 발표순서의 논리적 타당성 등을 확보해야 한다.

13.1.4 발표연습 및 돌발상황 대비

발표 시나리오를 준비하고 나면, 준비된 발표 시나리오에 대한 충분한 사전 연습이 필요하다. 특히 발표 초보자의 경우, 발표과정에서의 시간 관리와 발표 태도 등을 점검하는 것이 중요하다. 또한 계획된 발표 시나리오에서와는 달리 발표과정에서 발생할 수 있는 질문들이나 정상적인 발표의 진행을 방해하는 돌발상황의 발생에 대한 적절한 대비 방법을 미리 준비하고, 발표준비 과정에서 이러한 부분에 대한 철저한 사전 점검과 충분하게 연습해야 한다.

13.2 발표문서의 특성과 구성

최근 발표는 컴퓨터와 빔 - 프로젝터를 이용한 발표환경의 구축이 보편화되고 있다. 또한 미국 마이크로소프트사의 파워포인터와 같이 멀티미디어에 기반한 다양한 시각적 표현 기능을 제공하는 발표용 전문소프트웨어의 활용이 일반화되고 있다. 여기서는 이러한 발표 환경에서 사용되는 발표문서의 특성과 발표문서의 일반적인 구조에 대해 설명한다.

13.2.1 발표문서의 특성

발표문서는 발표자가 발표를 할 때 듣는 사람들에게 제공하는 문서로, III 부에서 설명했던 여러 형태의 공학문서들과는 달리 발표 과정에서 발표를 듣는 사람들의 주의와 시선을 집중시킬 수 있는 요소들을 포함하고, 기본적으로 발표자의 설명과 청중에게 제공되는 것을 전제로 작성된다. 발표문서는 발표 현장에서 즉각적으로 제공되거나 미리 제공되더라도 발표자의 부연 설명을 전제로 제공되기 때문에 가능하면 함께 문서를 보면서 짧은 시간 내에 그 내용의 의미를 직감적으로 이해할 수 있도록 하는 높은 가독성을 확보하는 것이 중요하다.

그림 13.2는 공대 학생이 수업시간의 주제 발표를 위해 작성한 발표문서의 예를 나타낸다. 일반적으로 발표문서들은 다음과 같은 특성을 갖는다.

- 발표문서들은 페이지 단위로 구성되고, 각 단위 페이지의 문서내용은 개조식[8](個條式, 글을 쓸 때 앞에 번호를 붙여 가며, 짧게 끊어서 중요한 요점이나 단어를 나열하는 방식) 표현이나 요약식 표현 또는 함축된 표현으로 작성된다. 따라서 발표문서에서는 특별한 경우가 아니면 일반 교재에서의 설명식 표현이나 서술식 표현은 피해야 하며, 말로 설명할 수 있는 자세한 내용의 기술은 피하는 것이 좋다.

---

8) 정보를 간결하게 전달하기 위해 불필요한 사족을 줄이고, 가독성을 높이기 위해 쓰이는데, 키워드나 개요만을 중심으로 서술하고, 대개 글머리 표나 일련번호를 붙인다. 개조식 표현의 특징은 다음과 같이 일곱 가지를 들 수 있다. ① 내용이 짧아야 한다. ② 중요한 요점이나 단어를 나열한다. ③ 각 문장은 내용이 중복되지 않는다. ④ 부가적인 내용 없이 사실만 전달한다. ⑤ 문체가 건조해서 격식은 없지만, 실용성이 좋다. ⑥ 명사로 끝나는 경우가 많다. ⑦ 숫자나 기호로 항목을 구분한다.

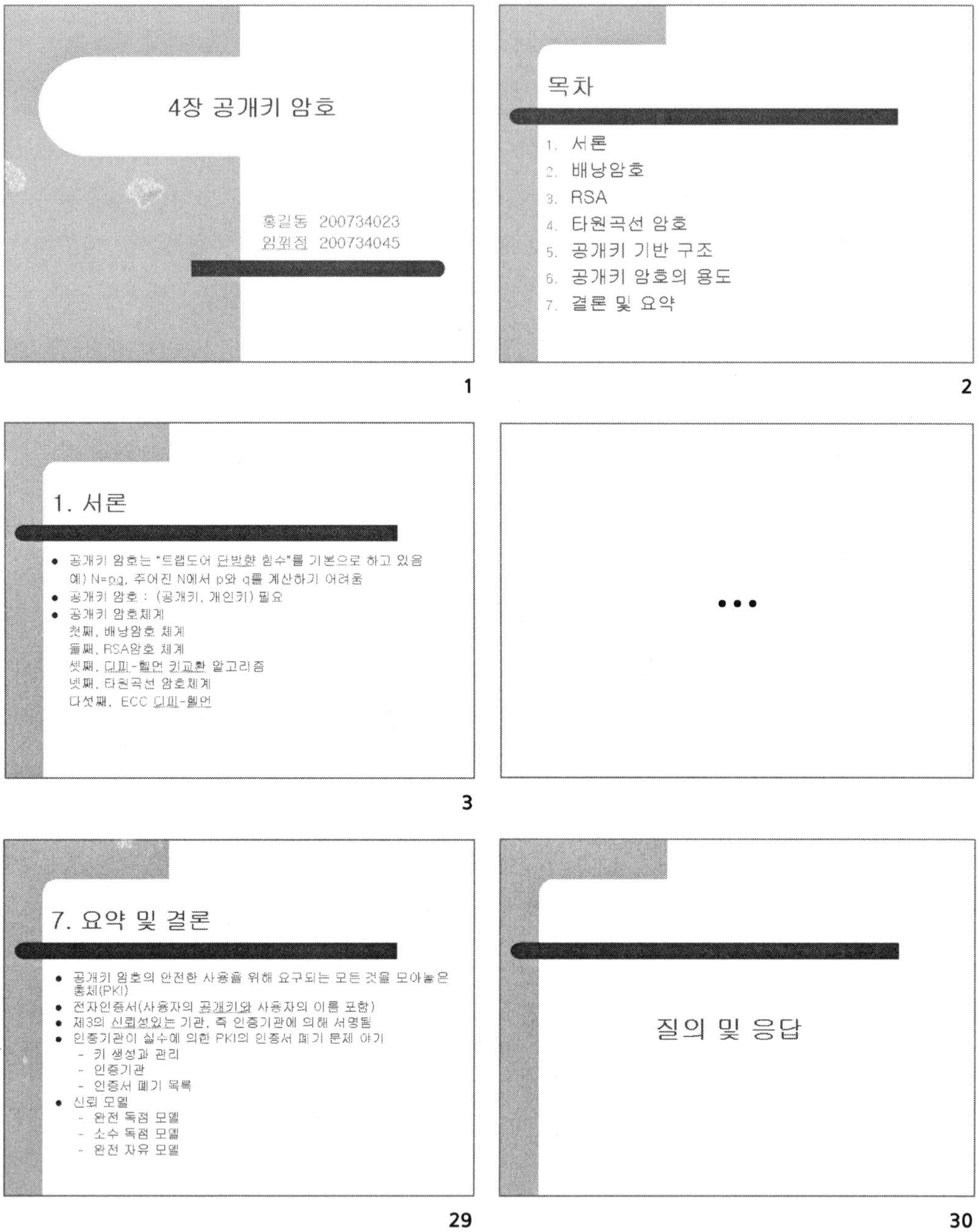

▌그림 13.2 발표문서의 작성 예

- 발표문서는 일반 문서와는 달리 페이지 단위로 메시지를 전달한다. 따라서 발표를 통해 전달할 메시지(주제)는 페이지 단위로 구성해야 한다. 즉, 발표를 통해 전달할 내용은 가능한 한 한 페이지 내에 압축해서 표현하고, 특별한 경우가 아니면 여러 페이지에 걸쳐 분산되지 않도록 해야 한다. 일반적으로 발표문서의 각 단위 페이지에는 그 페이지를 통해 전달할 핵심적인 내용이 최대 1～2개만을 포함되도록 하는 것이 바람직하다. 특히 발표문서를 작성할 때, 발표문서의 한 페이지에 너무 많은 내용들을 포함시키지 않도록 해야 한다.
- 발표문서는 발표과정에서 해당 문서가 제시되는 동안의 짧은 시간 내에 해당 페이지의 내용을 발표를 듣는 사람들이 파악할 수 있도록 작성하는 것이 중요하다. 따라서 발표문서에서는 단순히 발표내용을 설명하는 텍스트들만을 포함하는 것보다는 발표자의 설명을 시각적으로 이해할 수 있도록 하는 도표, 그래프, 그림 등과 같은 시각적인 표현들을 적절하게 포함시켜 작성하는 것이 바람직하다. 특히 공학 분야의 발표에서는 복작한 수식이나 이론 수식 전개 등은 부가 설명이나 참고자료 등으로 처리하고, 발표과정에서는 그림 13.3에서 같은 다양한 형태의 그래프 표현이나 도표 등을 이용해서 표현함으로써 시각적인 이해를 도모하는 것이 좋다. 그리고 최근에는 파워포인터 등과 같은 발표용 전문소프트웨어에서 제공되는 애니메이션 기능이나 동영상 기능, 문서연결 기능 등과 같은 멀티미디어 매체를 포함하는 발표문서의 작성도 많아지고 있다.
- 발표문서는 시각적인 구성이 중요하기 때문에 표현의 일관성과 통일성이 해당 문서의 이해에 크게 영향을 주게 된다. 따라서 같은 내용을 포함하고 있는 발표문서라 하더라도 일관되고 통일성 있게 구성하는 문서가 더 설득력을 얻게 된다. 다시 말하면 발표문서는 내용의 작성 형식도 매우 중요하게 취급된다.
- 발표문서에서 페이지들 사이의 논리적 연결성은 발표과정에서 설득력 있는 논리의 전개를 위해 매우 중요하다. 특히 공학분야의 발표문서는 "서론 - 본론 - 결론"과 같은 3단 논리의 구성이나 "문제정의 - 문제점 도출 - 해결방안 제시 - 비교평가 - 결론" 등과 같은 논리적 연결구조를 갖고 작성하는 것이 일반적이다.
- 발표문서의 분량이 많은 경우, 실제 발표에서 듣는 사람들이 발표의 진행 정도를 가늠해 볼 수 있도록 머리글이나 꼬리 글 등을 이용하여 소제목이나 페이지 번호 등을 포함시킨다. 이것은 발표자가 발표의 진행 시간을 관리하는 데에도 유용하게 활용된다. 발표는 반드시 정해진 시간을 엄수해야 한다.

- 발표과정에서 발표문서를 구성하는 모든 페이지들에 동등한 발표시간이 할당되는 것은 아니다. 발표자의 발표 시나리오에 따라 핵심적인 내용을 포함하는 페이지들의 중심으로 발표시간의 많은 부분을 할당하고, 그 외에 부연설명이나 발표과정에서의 질문, 혹은 돌발적인 상황을 대비해서 부가적으로 작성된 백업 페이지들을 미리 준비하면 발표과정에서 나타난 돌발상황에 따라 생략되거나 잠시 보여주는 수준의 참조 등으로 활용할 수도 있다.

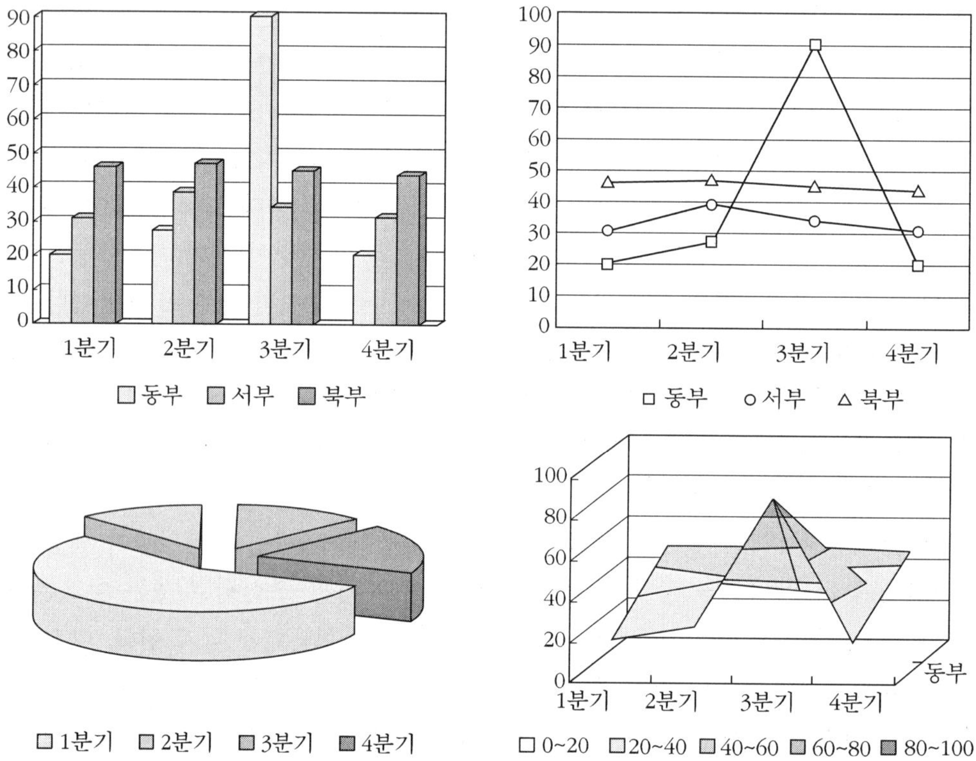

그림 13.3 발표문서의 다양한 그래프 표현

13.2.2 발표문서의 기본 구성

발표문서의 구성은 발표자가 준비한 발표내용과 발표 계획, 발표방법에 따라 다양한 형식으로 구성될 수 있으므로 모든 발표에 적용할 수 있도록 발표문서의 일반적인 표준 구성을 정의하는 것은 불가능하다. 그리고 발표문서는 발표분야의 특성이나 성격, 예정된 발표시간, 발표를 듣는 사람들의 지식수준과 기대치, 발표를 통해 전달할 메시지의 난이도 등을 고려하여 다양한 구조로 구성될 수 있어서 특정의 어떤 한 구성이 반드시 좋은 구성이라고 단정하는 것도 불가능하다.

공과대학의 학생들은 전공교과목 수업시간에 행해지는 주제 발표 또는 학과 졸업논문 발표, 프로젝트의 계획 발표, 중간 및 결과 보고, 공학작품 발표, 연구 논문의 구두 발표 등에서 다양한 발표 기회를 얻게 된다. 이와 같은 발표기회에서 공학 계열의 학생들이 발표문서를 작성할 때 참고할 수 있도록 표준적인 구성이라고는 할 수 없지만 대부분의 발표문서들이 포함하는 구성요소들을 간단히 설명하면 다음과 같다.

(1) 발표제목과 발표자

발표제목과 발표일자, 발표자 등의 내용을 포함한다. 발표제목은 필요한 경우 부제를 붙일 수 있다. 그리고 발표자를 기술할 경우, 경우에 따라서는 발표자의 소속기관, 직급 등을 표시하지만 발표자와 발표를 듣는 사람들이 모두 같은 기관에 소속되는 경우에는 생략할 수 도 있다.

그림 13.4 발표제목 및 발표자 작성 예

(2) 발표순서(또는 발표내용 소개)

발표문서의 전체 구성 및 발표 내용의 발표순서를 포함한다. 발표순서는 발표 내용의 논리적 전개를 미리 제공하여 발표를 듣는 사람들이 미리 발표 내용의 전개를 예측하고 발표를 들을 준비를 하도록 하여 발표의 이해를 높이는 데 도움이 되도록 할 수 있다.

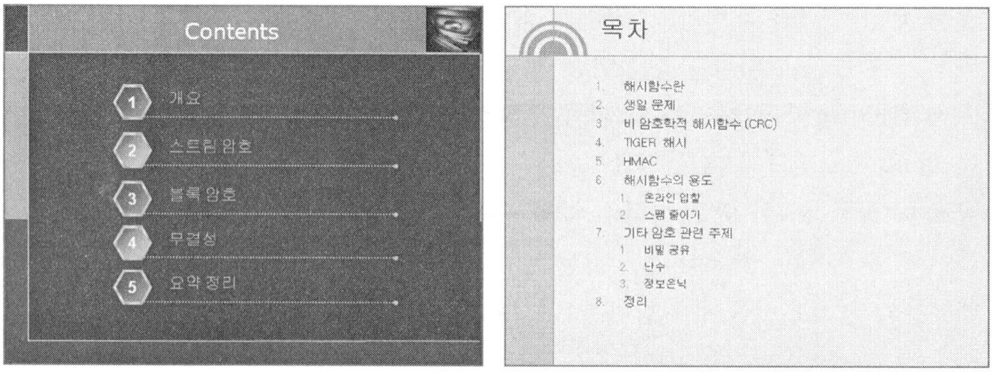

그림 13.5 발표순서의 작성 예

(3) 발표 배경(또는 연구 필요성)

일반적으로 공학 주제를 다루는 경우, 해당 발표 주제가 해당 분야에서 연구 대상으로 출현하게 된 계기나 배경 등을 언급하여 발표 주제에 관한 관심도 및 공감대 형성을 도모하는 것이 좋다. 이러한 내용의 구성은 발표과정의 논리적 전개를 위해서도 유용하다.

(4) 발표 핵심 내용

발표 주제의 핵심적인 내용을 포함한다. 공학 분야의 주제를 다루는 경우, 이 부분의 구성은 <발표 주제에 대한 문제정의 - 기존 연구 고찰 - 문제점 파악 - 새로운 문제 해결 방법의 제시 - 비교평가> 등과 같은 논리적인 구성을 하도록 하는 것이 좋다.

(5) 결론

발표의 핵심적인 결론을 요약하여 기술하고, 필요하면 참고문헌을 제시하는 것이 좋다. 일반적으로, 결론은 한 페이지 분량으로 하는 것이 바람직하지만, 때에 따라서는 2~3페이지의 분량도 가능하다. 공학 발표는 결론과 함께 "향후 연구과제" 또는 "후속 연구과제", "미래의 논의 사항" 등이 포함된다.

(6) 맺음말 및 질의응답

이 부분은 발표과정에서 구두로 해결할 수도 있지만, 문서의 마지막에 포함하는 것이 일반적이다. 그리고 결론을 언급하고 난 후, 일방적으로 발표를 끝내는 것보다는 발표의 남은 시간을 고려해서 2~3개 정도의 질의응답 시간을 갖는 것이 바람직하다.

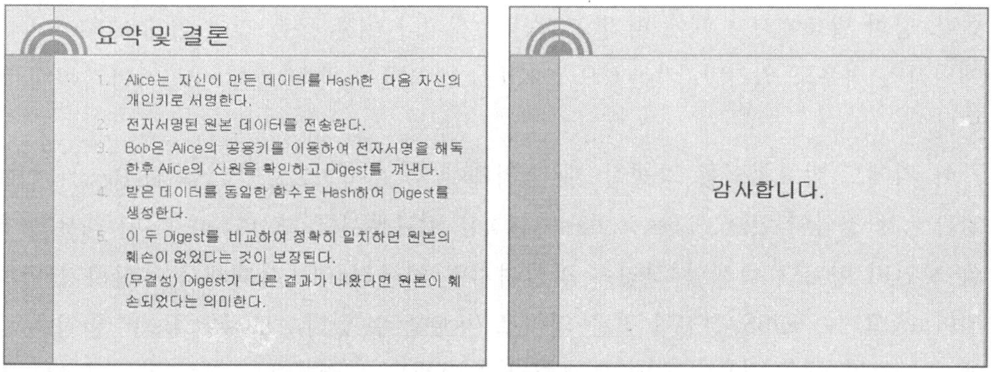

▮그림 13.6 결론과 맺음말 작성 예

13.3 설득력 있는 발표문서의 작성방법

페이지 단위로 구성되는 발표문서에서는 각 페이지의 시각적인 구성이 중요하다. 여기서는 이러한 발표문서의 시각적인 구성을 위한 작성원칙과 발표문서의 형식적인 측면에서의 작성원칙을 설명한다.

13.3.1 발표문서의 작성 원칙

발표문서를 작성할 때, 고려해야 할 중요한 원칙으로는 KISS(Keep It Simple and Short) 원칙과 KILL(Keep It Large & Legible) 원칙이 있다.

KISS 원칙은 발표문서의 작성은 물론 발표과정에서도 적용되는 원칙으로, 발표문서의 작성은 가능하면 핵심 전달사항만을 간단하고 짧게 구성하고, 부연설명 등 부가적으로 필요한 것은 별도의 참고자료나 발표 중 구두로 해결한다는 의미로, 홍보용 발표문서의 작성 등에 강조된다. 이 원칙은 발표문서를 필요 이상으로 자세하게 작성하면,

발표를 통해 전달해야 할 핵심 메시지에 대한 집중을 방해하고, 때에 따라 청취자의 흥미를 상실하게 만들 수 있음을 의미한다.

반면에 KILL 원칙은 발표문서는 시각적으로 이해하기 쉽게 작성하기 위해 발표문서에 포함되는 텍스트 문자와 그림 등은 허용하는 범위 내에서 크고 명료하게 작성해야 한다. 공학 발표에서는 때에 따라 복잡한 수식이나 이론 등을 깊이 있게 다루어야 하는 예외적인 경우도 있지만, 기본적으로 KILL 원칙은 공학 발표에서도 바람직하게 적용된다.

이 외에도 발표문서를 작성할 때 고려해야 할 원칙으로는 "Less is Best!" 원칙과 일관성, 간결성이 있다. "Less is Best" 원칙은 발표문서를 작성할 때, 어떤 내용을 추가할 것인지 아니면 삭제할 것인지 망설여지면 기본적으로 삭제해서 포함하지 말라는 의미로, 크게는 KISS 원칙과 같은 의미로 이해할 수 있다. "Less is Best" 원칙은 발표에 포함하지 않은 내용이 추후 필요하다면 언제든지 추가하는 것이 가능하다는 것을 전제로 하고 있다.

마지막으로 발표문서를 작성할 때 고려해야 할 원칙은 발표문서의 각 페이지는 물론 페이지들 사이에도 형식적인 일관성과 간결성을 유지해야 한다. 발표문서가 시각적으로 일관성과 간결성을 갖게 되면, 발표를 듣는 사람은 편안한 마음으로 발표를 들을 수 있어서 설득력 있는 발표를 위해서는 문서의 내용도 중요하지만 같은 내용을 형식적으로 일관되고 간결하게 작성해서 보여주는 것이 중요하다. 아마 이것은 같은 물건

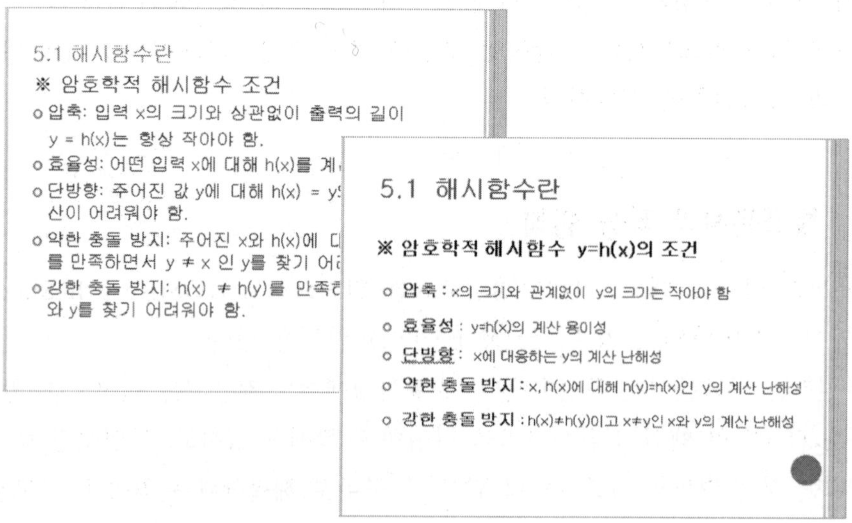

▌그림 13.7 발표문서 작성 원칙을 고려한 작성 예

임에도 백화점에 정성껏 포장되어 전시된 물건과 반대로 노점상에서 특별한 포장을 고려하지 않고 전시된 물건에 대해 느끼는 구매 충동의 차이를 생각하면 그 중요성을 이해할 수 있을 것이다.

공학 분야의 발표에서는 그동안 발표 내용의 깊이와 진정성에 무게를 두고 상대적으로 이러한 형식적인 문서작성의 원칙들이 덜 중요하게 여겨져 왔지만 최근에는 공학 분야에서도 발표 내용의 형식적인 포장이 설득력 있는 발표의 중요한 성공요인으로 인식되고 되고 있음을 유념해야 한다.

13.3.2 발표문서 작성의 고려사항

발표문서를 작성할 때, 시각적으로 잘 구성하면 발표문서의 가독성을 높여 발표과정에서 발표의 설득력을 높일 수 있다. 일반적으로 발표문서의 내용은 텍스트 형태의 문자 데이터와 도표, 그래프, 그림, 동영상 등과 같이 비주얼 형태의 데이터를 포함한다. 각 형태의 내용을 포함시켜 발표문서를 작성할 때 고려해야 할 사항들을 설명하면 다음과 같다.

(1) 텍스트 내용의 형식

- 일반적으로 발표문서의 각 페이지에서 텍스트 데이터의 경우 한 라인에서 텍스트 단어는 6～7개 이내로, 그리고 한 단위 페이지에서는 6～7개의 라인을 넘지 않게 작성하는 것이 바람직하다.
  일반적으로 이러한 기준은 공학 분야에서 특정 주제를 자세하게 다룰 때는 지키기 어려울 수도 있지만 앞 절에서 설명한 KISS 및 KILL 원칙을 반영하여 발표문서의 한 라인에는 적은 수의 단어를 포함시키고, 각 페이지에는 적은 수의 라인으로 작성하는 것이 바람직하다.
- 발표문서는 텍스트의 글꼴 및 크기의 선택이 중요하다. 반드시 어느 특정의 글꼴과 크기가 바람직하다고 말할 수 없지만, 문서를 작성할 때 발표자가 특정한 한글 글꼴이나 영문 글꼴을 문서의 표준 글꼴로 설정하여 일관되게 사용하는 것이 중요하다. 아마도 자신이 속한 집단에서 선호하는 것이 있을 수 있다.여기서 유념해야 할 점은 어떤 글꼴이나 크기를 사용하더라도 특별한 경우가 아니면, 발표문서의 전체 페이지들 사이에 글꼴과 크기는 일관성과 통일성을 유지하는 것이 바람

직하다. 그리고 발표문서의 한 페이지에 여러 글꼴을 동시에 사용하는 것은 피하는 것이 좋다(강조를 위해 한 개 정도는 허용). 그리고 영문의 경우, 모든 문자를 대문자로 작성하는 것도 피해야 한다.

- 일반적으로 빔 프로젝터를 이용해서 발표를 하는 경우, 발표화면과는 적어도 2~3미터 이상을 거리를 두고 발표하는데, 듣는 사람들이 보기에 한글 20포인트 이상의 크기나 그 이상이 좋다. 고딕 계열의 글꼴을 사용하는 바람직하다고 알려져 있고, 영문의 경우에는 산세리프(Sans-serif) 계열의 Arial 글꼴의 사용이 좋다.
- 발표문서에 문장의 마침표 사용을 피하고, 가능하면 밑줄문자의 사용도 피하는 것이 좋다.

(2) 멀티미디어 데이터의 표현의 형식

- 발표문서에서 멀티미디어 데이터를 포함할 때, 해당 페이지에서 비주얼 데이터와 텍스트 데이터의 배치가 시각적으로 편안한 느낌이 들도록 조화를 고려해야 한다. 그리고 이러한 멀티미디어 데이터와 텍스트 데이터의 배치는 가능하면 문서의 모든 페이지에 일관성을 유지하는 것이 좋다.
- 일반적으로 특수한 경우가 아니면, 멀티미디어 데이터는 해당 데이터를 설명하는 텍스트(예를 들면 표제목, 그림제목 등)를 포함하는데, 그림과 텍스트 배치도 일관성을 갖도록 하여야 한다. 예를 들면, 문서에 그림이나 도표 등을 포함하는 경우, 그림제목을 그림의 **하단** 중앙 위치에 배치하고 표 제목을 그림 **상단** 왼쪽 끝부분에 배치한다. 이 배치 기준은 문서의 모든 페이지에서 같게 적용하는 것이 바람직하다.
- 일반적으로 발표문서의 한 페이지에서는 동시에 많은 종류의 많은 멀티미디어 데이터를 포함하지 않도록 한다. 한 페이지에 많은 내용을 포함하는 것도 피해야 한다. 일반적으로 문서의 한 페이지에는 가장 핵심적인 멀티미디어 데이터를 1~2개 정도 배치하는 것이 바람직하다.
- 최근의 발표문서들은 시각적인 효과를 위해 글꼴과 문서의 배경으로 다양한 색상이나 배경 이미지를 사용하는데, 이때 한 단위 페이지에서 색의 사용은 배경색과 글꼴의 색을 포함해 2~3색 이내로 제한하여 사용하는 것이 좋다. 그리고 배경색과 배경 이미지를 사용하여 작성하는 경우, 지나치게 요란하거나 강한 느낌의

색상이나 이미지의 사용은 피하는 것이 좋다. 또한 색상의 사용도 문서의 모든 단위 페이지에서 일관성을 가지고 사용하는 것이 좋다.

지금까지 설명한 여러 사항 이외에도 발표문서를 작성할 때는 머리글과 꼬리 글의 사용, 발표문서의 페이지 표시, 동영상 데이터의 연결, 발표용 소프트웨어에서 제공하는 애니메이션 기능의 사용, 발표 시 발표문서의 표시 효과 등 많은 사항을 고려하는데, 모든 동료가 동의하거나 선호하는 절대적인 기준은 존재하지 않지만, 사람들에 따라 각기 다른 작성 기준의 적용을 선호하기도 한다. 다만, 구체적으로 선호도에 차이가 있을 수 있지만 기본적으로 13.3.1절에서 설명한 KISS 원칙과 일관성, 간결성, 통일성의 원칙은 고려하는 것이 좋다. 이러한 원칙들을 고려해서 여러분들도 나름대로 문서 작성 원칙과 기준을 결정하여 작성할 때 성공적인 발표가 된다.

연습문제

1. 발표문서가 일반적인 워드프로세서 문서와 다른 특성에 관해 설명하라.

2. 일반적으로 발표문서를 작성할 때 고려해야 할 원칙들에 관해 설명하라.

3. 성공적인 발표를 위한 준비과정을 설명하라.

4. 여러분이 대학에서 전공수업을 수강하는 과정에서 특정부분의 내용을 발표해야 하는 세미나를 준비해야 한다고 할 때, 이를 위한 발표문서를 작성하기 위해서 특별히 여러분의 전공분야에서 고려해야 할 점들이 있는지 조사해 보라.

5. 최근에서는 컴퓨터와 빔 프로젝트를 이용한 발표가 일반화 되고 있다. 발표문서를 작성하고 실제 프레젠테이션을 수행하는데 이용할 수 있는 대표적인 소프트웨어로는 마이크로소프트사의 파워포인트 프로그램이 있다. 파워포인트 이외에 이용할 수 있는 발표문서 작성 및 프레젠테이션용 소프트웨어로는 어떤 것들이 있는지 조사해 보라. 이 때 무료로 사용할 수 있는 공개 소프트웨어들을 조사하고, 그 사용방법을 확인해 보라.

6. 발표문서를 준비할 때 발표내용을 논리적으로 구성하는 것이 중요하다. 일반적으로 이학이나 공학분야 등의 분야에서 요구되는 발표문서의 논리적 구성을 조사하여 설명하라.

7. 발표문서의 작성은 그 내용과 함께 형식에서의 일관성과 간결성도 중요하다. 여러분이 발표문서를 작성한다면, 한글과 영문 글꼴과 크기, 멀티미디어 데이터 배치, 색상 사용 등에서 어떤 기준으로 설정해서 작성할 것인지를 계획하고, 예제 발표문서를 작성해 보라.

8. 발표문서의 시각적 효과를 위한 작성원칙들에 관해 설명하라.

9. 교재 13장을 본인이 다른 사람들에게 설명하기 위해 발표해야 한다고 가정하고, 13장의 내용을 발표하기 위한 발표문서를 작성하라.

10. 인터넷이나 유튜브 등을 조사해 보면 발표문서 작성요령과 발표기술에 대한 많은 동영상 자료들을 찾을 수 있다. 이러한 자료들을 조사하고, 비교 분석하여 발표문서 작성과 발표기술에 관련된 나름대로의 원칙(기준)을 세워 제시하라.

11. 여러분의 전공을 다른 사람들(예를 들면, 고등학교 학생들)에게 소개하는 홍보용 발표를 위한 발표문서를 작성하라.

14장 공학 발표

발표는 한정된 시간 내에 관련 정보를 정확하게 전달하여 자신이 의도한 대로 판단과 의사결정이 되도록 하는 것으로 원활한 의사소통의 한 방법이다. 일반적으로 사회와 산업계에서는 "발표(presentation)"라는 용어로 많이 사용된다. 특히 최근에는 컴퓨터와 빔프로젝터의 사용이 보편화되면서 발표는 "파워포인트 등과 같은 발표용 전문소프트웨어로 작성된 발표문서를 빔프로젝터를 통하여 보여주며, 그 내용을 설명하는 것"을 의미한다. 즉, 실생활에서 발표한다는 것은 발표문서를 작성하고 이것을 다른 사람들 앞에서 설명하여 전달하는 것을 의미한다.

14.1 성공적인 발표를 위한 고려사항

일반적으로 성공적인 발표를 수행하기 위하기 위해서는 발표에 대한 철저한 기획과 준비를 필요로 한다. 일반적으로 성공적인 발표를 위해 고려해야 할 원칙으로는 발표자의 준비자세를 강조하는 3S(Self-Prepared, Self-Confident, Self-Operating) 원칙과 마케팅 분야 등에서 성공적인 발표를 위한 고려요소를 강조하는 3P(product, place, people) 원칙이 있다. 이러한 원칙들은 공학분야에서의 성공적인 발표를 위해서도 적용될 수 있다.

14.1.1 3S(3-Self) 원칙과 3P 원칙

발표의 3S 원칙은 발표자의 준비 자세를 강조하는 원칙으로, 발표자는 성공적인 발표를 위해 첫째 완벽하게 준비하고(Self-Prepared), 둘째 자신 있게(Self-Confident), 셋째 발표과정에서 예기치 않게 발생할 수 있는 돌발상황에 침착하게 대응하여 발표의 진행을 원활하게 하는 자기조절(Self-Operating) 능력을 갖춰야 함을 의미한다. 이러한 발표의 3S 원칙을 준수하기 위해 충분한 발표 준비와 발표에 대한 충분한 예행연습, 그리고 질문과 돌발상황에 대한 충분한 사전 대비를 세워야 한다.

발표의 3P 원칙은 마케팅 분야에서 성공적인 발표를 위해 강조하고 있는 원칙으로, 성공적인 발표를 위해 "Product"와 "Place", 그리고 "People"을 고려해야 한다는 의미이다. "Product"는 "무엇을 발표할 것인가?"를 고려해야 한다. 많은 발표자는 자신이 전달하는 발표 주제와 목표를 정확히 설정하지 못해 발표에 실패한다. 따라서 실제 발표장에서 어떤 내용은 전달하지 못하였더라도 반드시 전달해야 할 핵심 내용이 무엇인가? 청중이 궁금해 하는 것이 무엇인가에 대한 질문으로 자신에게 던져보기를 바란다. 발표의 주제와 목표를 정확하게 설정하여 인식하고, 발표과정에 이것을 반복적으로 강조할 수 있도록 하는 것이 바람직하다. "Place"는 "어디서 발표할 것인가?"를 고려해야 한다는 의미이다. 똑같은 발표 주제라 하더라도 그것을 발표하는 장소에 따라 해당 발표 주제를 전달하는 방식은 달라진다. 여기서 발표 장소는 시간 개념과 공간 개념 둘 다 포함한다. 발표 장소가 대중적인 성격의 장소인지 아니면 중소규모의 개인적인 장소인지에 따라 또는 상업적 목적의 장소인지, 아니면 교육적 목적의 장소인지에 따라 같은 주제를 전달하더라도 그 방식은 달라질 수 있다. 그리고 마지막으로 "People"은 "누구에게 발표할 것인가?"를 고려해야 한다는 의미이다. 발표는 발표자와 그 발표를 듣는 사람이 존재하는데, 발표자와 듣는 사람 사이의 관계와 역할은 항상 고정되고 일방적인 것이 아니라 상대적이다. 만약 발표자가 회사의 CEO이고, 듣는 사람이 부하 직원인 경우의 발표와 발표자가 평직원이고 듣는 사람이 상급 관리자인 경우의 발표는 설령 같은 주제를 발표한다고 하더라도 전혀 다른 형태와 분위기의 발표가 되게 된다. 따라서 같은 주제라고 하더라도 전달하는 내용의 난이도와 깊이가 다르게 될 수 있다. 즉, 발표자와 그 발표를 듣는 사람의 요구 수준에 따라 발표의 형식과 표현은 물론 발표 주제의 관점도 달라질 수 있다. 예를 들면, 주제가 개발 방법론에 대한 것이었더라도 기술적 지식이 부족한 사람들이 주요 참석 대상이면 발표 주제는 '개발 방법론' 자체에 대한 것이 아니라, 그것의 효과나 예측 성과, 문제점과 대안의 제시가 될 수 있을 것이다. 반면 소프트웨어 개발 실무 인원이 참석하는 자리라면 실제 방법론의 적용 사례와 기획, 코딩, 디버깅, 패치, 보안에 관한 내용을 상세하게 이야기해야 할 것이다. 그러나 발표 주제의 관점이 다르다고 하여 발표의 목적이 변하는 것은 아니다. "새로운 개발 방법론의 도입"이라는 목적은 두 가지 발표 모두에서 여전히 유용한 목표라는 점은 유념해야 한다.

마케팅 분야의 이러한 3P 원칙은 공학 분야의 발표에도 그대로 효과적으로 적용되는데, 여기서 "product"는 공학 분야의 발표 주제에 해당한다. 3P를 고려해서 발표를 준비하거나 실제로 발표한다면 최소한 평범한 수준의 발표이다. 화려하지만 별다른 전달 내용이 없는 실패한 발표는 막을 수 있다. 즉, 3P를 고려해서 발표하면, 발표문서를 얼마나 잘 준비했는지, 적절한 표현을 사용했는지, 또는 발표 기술을 잘 활용했는지에 따라 훌륭한 발표가 되고, 평범한 수준의 발표가 될 수도 있겠지만 적어도 실패한 발표는 되지 않는다. 성공적인 발표는 화려하고 멋진 발표를 의미하는 것이 절대 아니다. 어떤 상황에서도 전하고자 하는 바를 전달하는 것이 성공적인 발표이다. 3P를 고려한 충분한 논리적 설득력을 갖지 못하고 시각적인 포장만 있는 발표는 실패한 것임을 의미한다.

14.1.2 발표에서의 의사전달 방법

발표과정에서의 의사전달은 기본적으로 소리(sound) 언어를 통해 이루어지기 때문에 발표를 위한 언어구사 능력(language proficiency)은 매우 중요한 요소이다. 그러나 언어구사 능력에만 의존하는 발표는 일방적인 방향으로의 전달이기 때문에 어느 정도 발표시간이 지나게 되면 지루함을 유발하여 집중력과 긴장도를 떨어트리게 된다.

발표과정에서 발표자와 그 발표를 듣는 사람들 사이의 의사전달은 이외에도 발표자의 표정이나 몸동작(body language), 손동작(visual hand), 발표자의 발표 태도, 그리고 발표자와 그 발표를 듣는 사람들 사이의 눈 맞춤(eye contact) 등 다양한 방법으로 수행된다. 성공적인 발표를 위해서는 발표문서를 설명하는 적절한 언어구사 능력은 물론 발표과정의 적재적소에서 적절한 수준의 몸동작이나 손동작, 발표를 듣는 사람들과의 눈맞춤 등을 사용해야 한다. 즉, 성공적인 발표를 위해서 발표를 진행하는 동안 발표자와 듣는 사람들 사이에 지속적으로 집중력과 긴장감을 유지해야 하는데, 이를 위해서는 다양한 형태의 의사전달 수단을 사용하는 것이 바람직하다. 다만, 과도한 몸동작이나 손짓, 또는 특정인에 대한 지속적인 눈맞춤의 사용은 때에 따라 역효과를 가져올 수 있음은 유념해야 한다. 목소리의 높낮이를 적당히 이용하라.

14.2 발표 시나리오의 준비

발표문서를 작성하고 나면, 반드시 발표문서를 어떻게 발표할 것인지 즉, 발표문서의 각 페이지에서 설명할 내용들을 미리 계획하고 준비해야 한다. 특히 발표 경험이 적은 사람들의 경우에는 이러한 발표 시나리오의 준비는 필수적이다. 발표는 처음 시작할 때의 인상이 중요한 데, 경험이 많은 발표자의 경우에도 처음에는 약간 긴장하는 경우가 많으므로, 특히 발표의 처음 시작부분에서의 시나리오는 특별히 신경을 써서 준비하는 것이 바람직하다. 그리고 마무리를 깔끔하게 해야 좋은 인상을 남길 수 있으므로 발표의 마무리를 위한 시나리오도 미리 잘 고려해 두어야 한다.

14.2.1 발표 시나리오의 고려사항

발표문서 작성 후 사전 시나리오를 준비할 때는 특별히 다음과 같은 사항들을 고려해서 준비해야 한다.

- KISS(Keep It Short and Simple) 원칙 : 발표문서의 작성과 마찬가지로 발표과정에서의 설명은 가능하면 짧고 간단명료하게 하는 것이 좋다. 발표내용을 전달하기 위해 많은 과장된 수식어를 사용하거나 지나치게 많은 예를 제시하여 상세하게 설명하려고 시도하면 자칫 이로 인해 전달할 핵심 내용에 대한 집중력을 떨어트리고, 때에 따라 예기치 못한 돌발상황을 초래할 수도 있다. 따라서 발표에서는 전달할 핵심내용을 간단명료하게 전달하는 것이 바람직하다.
- 발표에서의 언어구사는 듣는 사람들과 대화하는 형식으로 해야 한다. 특히 책을 읽는 형태의 발표나 말의 고저 없이 일정한 톤의 지루한 말을 지속해서 사용하는 반드시 피해야 한다.
- 발표자는 발표과정 동안 가능한 한 발표를 듣는 사람들(청중)을 바라보고 발표해야 한다. 발표자가 청중들을 바라보게 되면 청중들도 발표자를 응시하게 됨으로써 어느 정도의 긴장도와 집중력을 가지게 된다.
- 발표자는 단정한 복장을 갖추고 발표를 해야 한다. 이것은 발표를 듣는 사람들에 대한 예의이고 하지만 발표에 임하는 발표자의 정성과 준비를 나타내는 측면도 있다. 일반적으로 발표자가 단정한 복장을 갖추고 발표하면 그 발표를 듣는 사람

들도 그에 상응해서 듣는 예의를 나타내게 되어 결과적으로 발표의 집중력을 높이게 되는데, 이것은 성공적인 발표를 위해 발표자가 유도해야 하는 것이다.

- 발표자는 반드시 발표 시간을 엄수해야 한다. 발표 경험이 적은 발표자의 경우 발표과정에서 특정 부분(특히 발표의 시작 부분)에 지나친 상세 설명이나 과도한 부연설명 등으로 많은 시간을 소비해서 정작 전달해야 할 내용의 전달은 시간 부족으로 급하게 하거나 못하는 경우가 있고, 또는 발표를 통해 전달할 핵심내용만을 지나치게 간단명료한 설명만으로 진행하여 발표를 끝내고도 많은 시간이 남게 되는 경우가 있다. 성공적인 발표는 약속된 시간 동안에 발표자의 의도된 내용을 정확하게 전달하는 것이다. 발표자는 발표의 마무리 부분에서 2～3개의 질문을 받고 응답할 수 있는 시간의 여유를 고려해서 발표의 진행이 지나치게 느리거나 빠르지 않도록 발표의 진행 속도를 조절하여 전체 발표가 약속된 시간에 끝날 수 있도록 해야 한다.

14.2.2 발표의 시작과 마무리

축구 경기에서 "시작 5분과 마지막 5분이 중요하다"라는 말이 있는 것처럼, 발표에서는 발표의 시작방법에 따라 발표과정에서 발표를 듣는 사람들의 호기심과 긴장도를 유도할 수 있고, 그 발표의 마무리 방법에 따라 듣는 사람들이 발표주제에 대한 기억과 발표에 대한 인상과 다르게 할 수 있다. 따라서 발표 시나리오를 준비할 경우, 특별히 발표의 시작을 어떻게 할 것인지, 그리고 발표 마무리를 어떻게 인상 깊게 할 것 인지를 고려해야 한다. 발표 시작부분과 마지막 부분의 시나리오를 준비할 때 고려할 사항들은 다음과 같다.

(1) 발표 시작을 위한 고려사항

- 청중들이 발표에 대한 기대감을 가질 수 있도록 유도해야 한다.
- 발표주제에 대한 논리적인 설득력을 있는 완벽한 서론을 준비해야 한다.
- 인사말과 태도 등 청중들의 관심과 집중을 유도할 수 있는 오픈 멘트를 준비해야 한다.
- 발표에 대한 강한 자신감을 표출해야 한다.

(2) **발표 마무리를 위한 고려사항**

- 발표내용에 대한 간단한 요약을 언급해야 한다.
- 발표에 대한 분명하고 완벽한 마무리를 해야 한다. 즉, 시간 부족이 시달려 급하게 마무리하는 듯한 인상을 남겨서는 안 된다.
- 발표에 대한 긍정적인 인상을 남길 수 있도록 해야 한다. 즉, 발표 시간 내에 받지 못한 질문이나 자료요구 등에 대한 추후 응답의지 등을 표출함으로써 청중에게 발표 후에도 발표자에 대한 신뢰를 갖도록 해야 한다.

14.3 바람직한 발표방법

14.3.1 바람직한 발표태도

성공적인 발표는 잘 작성된 발표문서와 잘 계획된 발표시나리오의 준비 외에도 발표자의 기본적인 발표능력과 태도에 의해서도 많은 영향을 받는다. 발표자의 발표능력은 많은 발표경험을 통해 개선할 수 있고 이를 위해서 많은 시간이 필요하다. 그러나 발표자의 발표태도는 준비과정에서의 충분한 고려와 연습을 통해 빠른 시간 내에서 개선할 수 있다. 여기서는 발표자의 올바른 발표태도를 중심으로 발표과정에서 발표자가 유념해야 사항들을 설명한다.

- 발표할 때의 말투나 태도에서 반복적인 버릇을 나타내지 않도록 유념해야 한다. 자칫 이러한 버릇이 청중들의 관심을 유도하여 발표에 대한 집중을 방해할 수도 있다. 예를 들면, 발표자는 발표 도중 무의식적으로 지나치게 많은 움직임은 피해야 한다. 이러한 행동은 청중들의 주의를 산만하게 한다.
- 발표자는 발표할 때 시선을 항상 청중에게 두어야 한다. 즉, 발표할 때, 발표화면을 응시하는 시간을 최소화하고 가능하면 청중들을 응시하면서 발표해야 한다. 시선을 바닥이나 발표장의 천장 등을 응시하는 것은 청중들에게 발표에 대한 신뢰감을 주지 못한다. 그리고 특정인을 계속적으로 응시하는 등의 태도도 바람직하지 않다.
- 빔 프로젝터를 이용하여 발표하는 경우, 발표자의 몸이나 발표자의 그림자 등으로 발표 화면을 가리지 않도록 해야 한다.

- 청중들이 지루해하거나 주의가 산만하다고 느낄 경우, 모두가 깜짝 놀랄만한 행동이나 말의 톤을 사용하는 것도 하나의 방법이다. 청중들의 호기심을 유발할 수 있는 돌발적인 질문 등을 던져 청중들로 하여금 발표자에게 관심을 갖도록 유도하거나 청중들이 공감할 수 있는 사례나 경험담 등을 소개해서 청중들이 관심을 다시 집중하도록 하는 것은 좋은 방법이 될 수 있다. 다만 이러한 돌발적이고 이벤트적 행동은 극히 제한적으로 사용해야 한다.
- 발표과정에서 적절한 멈춤 등을 통해 적절하게 쉬는 시간을 갖도록 해서 청중들에게 발표내용을 이해하고 소화할 수 있는 시간을 제공해야 한다. 그리고 적절한 흥미를 유도할 수 있는 유머와 예시를 준비해서 청중들의 지루함을 덜어주어야 한다.
- 발표자는 발표를 하는 동안 청중들의 반응을 살펴 상황에 따른 적절한 대응을 해야 한다. 그리고 발표 도중 청중들의 반응을 살펴, 경우에 따라서는 반복 설명 등을 하여야 한다.
- 발표 도중의 간단한 질문은 발표의 진행에 큰 방해가 되지 않는 범위에서 간단명료하게 응답하면 되지만 많은 시간의 답변이 필요한 경우에는 추후의 질문시간을 이용하도록 유도해야 한다.
- 소수의 청중만을 대상으로 하는 발표를 피해야 한다. 발표자는 모든 청중을 대상으로 발표내용을 전달할 수 있어야 한다.
- 청중들이 전문적이지 않다면 지나치게 기술적이고 전문적인 용어나 약어를 사용하는 것은 피해야 한다. 그리고 발표의 시작부분에서 발표의 진행방향과 진행순서를 분명하게 제시해야 한다. 또한 지속적으로 청중들에게는 반드시 발표내용의 중요성에 대한 강조하는 것이 바람직하다.
- 발표자는 불충분한 자료 및 발표준비에 부담을 느낀 나머지 발표의 시작부분에서 섣부르게 미리 사과를 표시하는 것은 좋은 방법이 아니다.
- 발표할 때 설명을 지나치게 단조로운 톤으로 하는 것은 피해야 한다. 즉, 발표문서를 그대로 읽은 형태의 발표를 피하고, 가능하면 청중들이 발표문서의 내용을 읽는다는 것을 전제로 발표문서의 내용에 대한 부연설명이나 보조 설명을 대화하는 방식으로 설명해야 한다.

14.3.2 질의응답 방법

일반적으로 발표에서 질문-응답은 반드시 고려해야 할 요소이다. 발표에서 질문은 발표자와 청중들 사이의 긍정적인 상호작용을 유도하고, 발표자의 발표내용에 대한 청중들의 잘못된 이해를 바로 잡을 수 있다. 또한 발표자 관점에서 청중들의 질문을 듣고 청중의 이해수준과 관심사항들을 파악하여 발표의 진행에 융통성을 가질 수 있다.

한편 발표자 관점에서 청중의 질문이 위와 같은 긍정적인 측면도 있지만 예상하지 못한 돌발상황을 유발하는 계기가 될 수도 있다는 점에서 부담스러운 측면이 있다. 따라서 발표자는 발표과정에서 질문을 적절하게 활용하여 발표과정에서 청중들과의 상호작용을 유도하도록 하면서도 미리 예상 가능한 질문에 대한 응답을 준비하여 돌발 상황이 발생되지 않고 발표자의 의도대로 발표가 진행될 수 있도록 해야 한다.

발표 후 질의응답 시간을 갖는다. 사회자는 질문의 빈도를 적절히 조정하고, 질문의 의도를 잘 파악하여 적당하게 대응해야 한다. 발표자는 발표 준비과정에서 나름대로 예상되는 질문에 응답할 내용을 먼저 예상하고 이에 대한 적절한 응답을 준비해 두어야 한다. 발표자가 청중의 질문을 효과적으로 다루는 기술을 습득해야 좋은 발표를 할 수 있다. 발표자가 청중의 질문에 적절하게 대처하기 위해서는 다음과 같은 사항들을 고려해야 한다.

- 발표자는 질문자의 질문을 끝까지 듣고 응답하는 것이 바람직하다. 발표자가 질문자의 질문 도중에 답을 하게 되면, 발표의 진행을 제어하는 데 문제가 발생할 수 있다. 만약 질문자의 질문이 너무 긴 경우에는 중간을 질문을 끊고 답을 하는 것도 방법도 있다. 상황에 따라 적당히 대처하라.
- 발표자는 질문을 다시 한번 정리해서 반복하여 언급하고 응답 하는 것이 좋다. 때에 따라 질문이 발표장의 전체 청중에게 전달되지 못하는 경우가 있는데, 이때 발표자는 질문을 다시 한번 반복해서 확인하는 것은 청중들의 주의를 환기하는 효과가 있다. 그리고 질문자의 질문 의도를 정확하게 이해하였는지를 확인시켜주는 의미도 있다.
- 질문에 응답할 때, 질문자 이외의 청중에게도 반드시 시선을 돌려가며 답을 하라. 그렇지 않을 경우, 자칫 전체 발표가 발표자와 질문자 사이의 개인적인 대화 분위기로 흐르게 될 수 있다.

발표자 입장에서는 모든 질문에 정확하게 응답을 하는 것이 가장 바람직하지만, 때에 따라서는 그렇게 할 수 없는 경우도 발생한다. 이 경우 질문에 대한 답을 잘 모르겠음을 정직하게 얘기하는 것이 진행에 도움이 된다. 이를 어설프게 혹은 애매모호하게 응답하는 것은 발표장 분위기를 예기치 못한 논쟁의 상황으로 몰아갈 수 있다. 너무 많은 질문에 계속해서 "잘 모른다"라고 응답하면 사회자가 나서서 발표에 대해 적당한 제어를 한다. 잘 모르겠는 질문이면 "다시 확인해 보고 알려 드리겠습니다" 또는 "확인해 보고, 발표 후에 논의해 보시죠"라는 형태의 응답도 적절히 사용하라.

질문을 받다 보면, 다양한 형태의 질문들이 발생할 수 있는데, 그 유형을 정리하면 다음과 같다.

- 같은 내용으로 여러 사람들에 의해 반복되는 질문들
- 발표의 진행을 방해하려는 의도된 악의를 가진 질문들
- 질문자의 자기과시를 위한 질문들
- 아직 설명되지 않은 발표 후반부의 내용에 대한 성급한 질문들
- 명확하게 응답하기 어려워서 많은 논쟁을 야기할 수 있는 질문들
- 현실적으로 불가능하거나 발생가능성이 희박한 가정에 근거한 질문들
- 질문의 핵심이 모호한 횡설수설한 질문들
- 발표자의 통제나 의견을 무시한 막무가내식의 질문들

일반적으로 발표를 충실히 준비하고, 예상되는 질문과 그에 대한 응답을 발표 전 고려하여 연습한다면, 실제 발표 후 질문에 답변하는 데에는 특별한 문제가 발생하지 않는다. 발표과정에서 문제가 되는 것은 위에서 설명한 것과 같은 유형의 질문들이 발생하는 경우인데, 이 경우 발표자의 지식보다는 발표 경험과 질문자들을 다루는 대처 방법의 습득이 필요하다. 이와 같은 유형의 질문에 여러분들은 어떻게 적절하게 대처할 것인지를 발표에 앞서 고려할 필요가 있다. 이러한 유형의 질문에 대해 발표 경험이 많은 사람들이 효과적으로 대처하는 요령에 대해 생각해 보는 시간을 갖기 바란다.

| 연 | 습 | 문 | 제 |

1. 설득력 있는 발표를 위해 준비하기 위해 고려해야 할 사항을 제시하라.

2. 효과적인 발표 시나리오를 준비하기 위해 고려해야 할 사항에 대해 설명하라.

3. 발표 시에 발표자가 유의해야 할 발표 태도에 관해 설명하라.

4. 발표를 할 때, 발표를 듣는 사람들과의 교감이 중요하다. 성공적인 발표를 위해 발표자가 발표를 듣는 사람들과 교감을 가질 수 있는 방법에 대해 조사해 보라.

5. 성공적인 발표를 위한 3S 원칙과 3P 원칙에 관해 설명하라.

6. 발표 과정에서 발표자와 청중들 사이의 의사전달 방법에 관해 설명하고, 발표가 설득력을 얻기 위해서 발표자는 어떠한 의사전달 방법을 고려해야 하는지 알아보라.

7. 발표 시간의 관리 방법을 조사하고, 여러분이 발표를 한다면 어떤 방법으로 발표의 시간 관리를 할 것인지 생각해 보라.

8. 14.2절에서 설명한 예측할 수 없는 돌발적인 각 유형의 질문들에 대해 여러분들의 적절한 대처방법을 생각해 보라. 그리고 보편적으로 많이 알려진 대처방법들을 동료들과 토의하고 그 내용을 제시하라.

9. 인터넷이나 유튜브 등을 보면 기업홍보나 올림픽 유치 등 성공적인 발표의 사례를 설명하는 발표 동영상 자료들을 찾을 수 있다. 성공적인 발표의 사례로 볼 수 있는 발표 동영상들을 조사하고, 그러한 발표의 성공 요인을 조사하라.

10. 기업이나 상품소개 등과 같은 홍보 성격의 발표와 공학 논문발표 등과 같은 전문지식을 발표하는 세미나 성격의 발표와의 공통점과 차이점에 대해 알아보고, 각 발표준비에서 특별히 유념해야 할 사항들에 대해 조사해 보라.

11. 취업면접에서 여러분 자신을 소개하는 발표를 해야 한다라고 가정하고, 여러분의 취업경쟁력을 홍보할 수 있는 발표를 위한 시나리오를 준비해 보라.

12. 발표를 필요한 발표자의 복장과 태도에 관해 설명하라.

13. 발표하고 있는데, 청중들이 발표 내용에 흥미를 보이지 않는 것처럼 느껴진다면, 이 때 발표자는 어떻게 하면 발표를 성공적으로 할 수 있는지 조사하라.

14. 교재 13장과 14장의 내용을 다른 사람들에게 설명하기 위해 발표해야 한다라고 가정하고, 발표 시나리오를 준비해서 발표해 보라.

찾아보기 Index

- 정호연
  서울대학교 산업공학 공학박사
  현) 전주대학교 산업공학과 교수
- 유규선
  한국과학기술원 토목환경 공학박사
  현) 전주대학교 토목환경공학과 교수
- 이상곤
  일본 국립 도쿠시마대학교 지능정보공학 박사
  현) 전주대학교 컴퓨터공학과 교수
- 이석한
  중앙대학교 영상공학 박사
  현) 전주대학교 정보통신공학과 교수
- 문성철
  한국과학기술연구원 HCI&Robotics 박사
  현) 전주대학교 산업공학과 교수
- 장미영
  전북대학교 국어국문학과 문학박사
  현) 전주대학교 수퍼스타칼리지 교수

공학인을 위한 문서작성과 발표 정가 18,000원

발 행 2023년 3월 10일 2판 1쇄
저 자 정호연 · 유규선 · 이상곤 · 이석한 · 문성철 · 장미영
발행인 정우용
발행처 도서출판 동화기술
경기도 파주시 광인사길 201(문발동, 파주출판도시)
Tel (031)955-4211~6 donghwapub@nate.com
Fax (031)955-4217 www.donghwapub.co.kr
(등록) 1977년 12월 19일/9-16호

Printed in Korea
ISBN 978-89-425-9462-7